U0392070

数据要素教程

DATA
ELEMENT
TUTORIAL

杨东　白银　著

人民出版社

序 言

建构促进新质生产力发展的
数据要素知识体系

周成虎[*]

自党的十九届四中全会将数据与劳动、资本、土地、知识、技术和管理并列确定为重要的生产要素以来，我国先后印发了"数据二十条"、《"数据要素 ×"三年行动计划（2024—2026 年）》等一系列相关文件，旨在激活数据要素潜能，发挥数据要素的放大、叠加、倍增作用，做强做优做大数字经济。作为一种全新的生产要素，数据要素因其显著的乘数效应和创新引擎作用，逐渐被认定为新质生产力的核心生产要素，必将成为促进全球经济增长的新动能和重要引擎。数据作为一个战略资源，也必将成为各国战略必争的新战场。

数据要素相较于劳动力、资本、土地等传统生产要素，其价值的实现在于高效流通使用、叠加使用和更新迭代。数据要素所具有的虚拟使能性、可复制性、非消耗性等与传统生产要素不同的特征，在数据生产、流通、使用等过程中涉及的活动主体、利益主体及权利内容均具有多元化特征，呈现出复杂共生、相互依存、动态变化等特点。目前国内外理论和实务界虽对数据要素相关问题展开了讨论，但未形成科学系统的数据要素知识体系，尚需建构能够促进新质生产力发展的中国自主数据要素知识体

---

* 中国科学院院士、国际欧亚科学院院士。

系，以回应时代之问，以满足数据要素教学、科研和学习之需。杨东教授是中国从事数据要素经济理论研究较早的学者之一，提出了"共票""以链治链""法链"等新的数据要素理论与方法，《数据要素教程》则是其理论方法研究与具体实践的体现。

《数据要素教程》共分为十二章，从一般理论和具体制度两个维度展开论述。在一般理论维度，本书前四章分别介绍了数据要素的基本概念、基础理论、市场体系、权益配置等，阐述了我国在产权方面经历了三次大的改革，第一次是改革开放初期的土地产权改革，第二次是2005年进行的国有股权分置改革，第三次是当前的数据产权改革。在"数据二十条"提出的资源持有权、数据加工使用权、数据产品经营权"三权分置"的基础上，将收益权作为一项单独的权利加以规定，建立以数据收益权为核心的权益体系，化"三权"为"四权"。并按照"谁投入、谁贡献、谁受益"的原则，着重保护数据要素各参与方的投入产出收益。通过收益权的确立，确保个人、企业、公共数据的价值收益共享。

在具体制度维度，本书后八章以数据要素价值最大化和数据要素安全保护为主线，重点介绍了数据资产的登记制度、数据要素的资源—资产—资本三化、数据资产的定价体系、数据交易所、数据要素的市场激励与收益分配、公共数据的开放利用与授权运营、数据要素的跨境流通、数据要素的安全治理。包括基于中国光大、中国移动数据要素价值化的典型案例，系统讨论了数据要素资源化、资产化和资本化的全过程。就团队调研上海数据交易所、北京国际大数据交易所、贵阳大数据交易所、深圳数据交易所等数据交易所获悉的情况，比较分析了数据交易所的运行模式。在数据要素市场激励与收益分配的讨论中，系统阐述了兼顾"粮票""股票""钞票"于一体的"共票"理论，即激励数据相关主体积极参与数据活动，促进数据要素的开放共享，以实现数据价值的最大化，并将"共票"作为大众参与创造数据的对价，使大众分享数据经济红利。为在数字化条件下社会主义促进机会公平、推进共同富裕，开辟了比数字资本主义更广阔的前景。目前，该理论已被国家自然基金管理委员会列入最新的专项项目申请指南。此外，还提出了"双维监管""以链治链""法链"等能够适应数字经济发展的数据要素监管和治理理论，这些新型理论建立在法律、科技、管理等诸多交叉学科的基础上，不仅有助于解决传统分业监管、属地监管在数字经济时代存在滞后性的问题，还降低了监管成本，构建积极主动、动态及时、分布式的有效监管和治理体系。

　　《数据要素教程》是我国首部数据要素教程，其内容不仅包含大量前瞻性、科学性和未来性的原创理论，还广泛吸收了团队基于实地调研获取的国内外经典案例，兼顾理论创新与实践需要，是一本难得的数据要素研究著作。期望这部著作能够为推动中国数据要素知识体系的构建贡献智慧，为中国乃至世界数字经济的健康有序发展注入理论动力。

　　是为序！

2024 年 3 月 28 日于北京

目　录

前　言

　　人类社会正迈向数字文明新时代，数据要素作为一种新型的生产要素，是数字经济发展的核心引擎。2019 年党的十九届四中全会首次提出将数据作为生产要素参与分配。2020 年《中共中央、国务院关于构建更加完善的要素市场化配置体制机制的意见》中正式把数据作为生产要素单独列出，并提出了促进数据要素市场化配置的改革方向。2022 年《中共中央、国务院关于构建数据基础制度更好发挥数据要素作用的意见》（以下简称为"数据二十条"）指出，"充分发挥我国海量数据规模和丰富应用场景优势，激活数据要素潜能，做强做优做大数字经济，增强经济发展新动能，构筑国家竞争新优势"。2024 年国家数据局等 17 部门联合印发的《"数据要素 ×"三年行动计划（2024—2026 年）》，开篇便指出"发挥数据要素的放大、叠加、倍增作用，构建以数据为关键要素的数字经济，是推动高质量发展的必然要求"，强调"充分发挥数据要素乘数效应，赋能经济社会发展"。

　　数据要素是数字化、网络化、智能化的基础，已快速融入生产、分配、流通、消费和社会服务管理等各环节，深刻改变着生产方式、生活方式和社会治理方式，对人类社会的影响日益凸显。作为一种新型的生产要素，数据要素具有无形性、可复制性和非损耗性等特征，其基础理论、价值实现规律、流通交易体系、监管方式等都不同于传统的生产要素。这也意味着对数据要素的学习和研究，无法完全借鉴传统生产要素的知识体

1

系，而需要基于实践需求进行更多的理论创新。笔者团队潜心研究数据要素理论多年，深入展开理论探索与实践。

在理论探索方面，笔者提出"数字文明"（digital civilization）、"共票"（Coken）、"双维监管"（twin-dimension regulatory system）、"以链治链"（the governance of blockchain by the RegChain）、"法链"（RegChain）等中国原创的与数据要素相关的理论。2017 年，出版全球第一部区块链法律著作《链金有法：区块链商业实践与法律指南》，率先从法律角度对区块链的应用和实践进行了创新性的分析，为数据要素领域的区块链战略提供了指导。2018 年提出了中国原创的数据理论"共票"，在 2023 年被国家自然科学基金委员会列入"元宇宙理论与技术基础研究"专项项目申请指南，研究方向为"融合共票机制的元宇宙数字资产理论与方法研究"。2018年，出版专著《区块链 + 监管 = 法链》，该书是中国第一本将区块链与众筹理论、数字经济、数字文明相结合的著作。2019 年，在英国著名出版社 Author House 出版第一部介绍中国区块链监管的英文著作 *Blockchain and Coken Economics: A New Economic Era*，该书系统地阐述了共票经济学；2019 年，在贵阳举办的中国国际大数据产业博览会上最早提出"数据经济"；同年，发布国内第一个数据治理研究报告，在《经济参考报》上发表的数据治理理论文章获得习近平总书记肯定性长文批示。2021 年，出版专著《数字经济理论与治理》，该书是国内率先系统性论述数据要素市场建设和数字治理的著作。2022 年，受全国人大常委会财经委的委托，撰写全国首个数字经济立法研究报告——《数字经济立法研究报告》，建议制定《数字经济促进法》《数据法》等一系列涉及数据要素的相关立法。特别是对数据要素市场治理提出了体系化的架构设计，得到全国人大领导的高度肯定。2023 年，受国家发改委高新技术司的委托研究起草了《全国人民代表大会常务委员会关于构建数据要素产权制度的决定（专家建议稿）》；同年，深度参与"数据二十条"的起草工作，并在国家发改委官网上发表关于"数据二十条"的解读文章。2024年，和黄尹旭老师合作撰写的文章《"利益—权利"双元共生："数据要素×"的价值创造》在《中国社会科学》上发表。文章提出以中国原创数据理论"共票"为基础，创设数据要素"利益—权利"双元共生新模式，实现从公正价格形成到数据价值创造的转换，建立多方主体参与数据要素流通的激励、分配机制，推进共同富裕。

在实践落地方面，自2015年起笔者先后赴贵州、娄底、杭州、上海等地开展与当地地方政府的合作，探索具有中国特色的公共数据流通机制及理论研究。2016年，深度参与中国首家数据市场化交易公司——中国联通数据集成公司数据开放、共享、流通等的场景化落地项目。2017年，研究设计的娄底住建行业减负平台，通过数据赋能为企业减负增效，利用技术手段推动公共数据开放共享中的可信机制建设，有力支撑了数字政府建设与数据资源的开发利用。2020年，受自然资源部和北京市不动产登记中心委托，研究推动利用区块链技术提高自然资源登记效率。

2023年，与中国光大银行深度合作，组建跨学科团队进行专门性研究，目前已经形成《企业数据资源会计核算实施方案》和《商业银行数据要素金融产品与服务研究报告》等研究成果。这些成果将为深化数据要素市场化改革、促进数据要素自主有序流动提供支持和指导。与深圳数据交易所开展产学研系列项目，共同推进数据合规、定价、登记等方面的制度建构和实践落地。同年，与中国移动咪咕公司深度合作，开展"共票"理论落地项目。该项目打通了视彩号确权系统和咪咕公司自有短视频生态，构建了一套从版权保护到版权增值的机制。

此外，笔者还积极推进数据要素研究平台创建工作。2022年，牵头成立了全国第一家数字经济与数字治理方面的研究会——北京数字经济与数字治理法治研究会；2023年，与深圳数据交易所合作，深度参与共建中国人民大学社会科学高等研究院（深圳）数据要素与社会发展研究中心，该中心是人大深圳高研院（深圳）首批下设的七大研究中心之一。2023年，在北京举办的第四届"未来法治与数字法学"国际论坛上，同协会成员代表共同启动国际数字法学协会，该协会是国际上第一个在数字法学领域成立的国际性、非官方、非营利的学术组织，等等。

与传统的生产要素不同，数据要素具有更强的技术性、未来性和前瞻性，我国应当在宏观、体系和多维框架下，基于科学的范式展开，建构具有时代性和本土性的中国自主数据要素知识体系，这也是数字中国乃至于数字文明的题中之义。笔者系统性提出了数据市场化落地、数据要素开发利用、数据要素价值实现等数据要素的理论框架。

其一，基于前沿的科学范式，建构中国自主的数据要素知识体系。数据要素作为一种全新的生产要素，具备虚拟使能性、可复制性、非消耗性等与传统生产要素截然不同的特征，对促进数字经济发展和社会治理具有重要的赋能功能。其特殊性、重要性和未来性是学习和研究数据要素的起点，也是建构数据要素知识体系基础的关键所在。在此基础上构建的数据要素知识体系，不应受限于传统生产要素已经形成的知识体系框架，还应反映数字时代的发展需求，在追求人类文明新形态的理论创新和范式革命的基础上展开。纵观人类科学范式演进过程，主要形成了四大范式：第一为实验科学范式，以经验认识为特征；第二为理论科学范式，以模型和归纳为特征；第三为计算科学范式，以模拟仿真为特征；第四为数据密集型科学发现范式，以在大数据中查找和挖掘信息和知识为特征。笔者提出的"第五范式"是坚持以马克思主义世界观为方法论的科学范式，是研究数据要素最为科学的范式之一。它以区块链作为四维空间下的底层技术，以人工智能、大数据、云计算等为支撑技术，将经验认识、模型、仿真、数据等方法进行融合重构，重塑科学边界和学科边界，通过规避普朗克指出的认知链条的局限性和锚定钱学森所提出的"灵境工程"（Meta Synthetic Engineering）之中的四维空间，应对数字文明、数字社会、数字经济的机遇与挑战，实现科学范式的革命。

其二，适用系统性分析方法，全面剖析和解决数据要素基本问题。数字经济呈现"平台（platform）—数据（data）—算法（algorithm）三维竞争结构"（以下简称为"PDA范式"）。其中数字经济平台正在成为市场经济中的新的法律主体，是数字经济的组织基础；数据成为市场竞争的核心要素，是数字经济繁荣发展的核心驱动力；平台利用算法等技术为数据赋能，是数字经济的匹配权力。PDA范式是基于中国特色社会主义而原创的数字经济理论。通过规制法律主体、释放数据价值和利用多种设计与操作算法形成规则，基于算法的赋能，不仅可以建立数据要素生产流通使用全过程的算法审查、监测预警等制度，也可以防范技术与监管之间的鸿沟所导致的"自发解除管制"现象。基于PDA范式可以系统地剖析和呈现数据要素发展的核心框架，全面分析数据要素市场的多元化、动态化、体系化样态。

其三，坚持以人民为中心，建构以数据收益权为核心的"四权分置"体系。我国在产权方面经历了三次大的改革，第一次是改革开放初期的土地产权改革，第二次是2005年进行的国有股权分置改革，第三次是当前的数据产权改革，相比于过往的产权制度改革，数据的产权配置问题更为复杂。《数据二十条》提出探索性"建立数据资源持有权、数据加工使用权、数据产品经营权等分置的产权运行机制"。在"三权"后加"等"作为兜底，意味着数据权利不限于所列举的三项权利。本书认为我国有必要在"三权分置"的基础上，将数据收益权作为一项单独的权利加以规定，形成以数据收益权为中心的"四权分置"产权机制。这是因为数据收益权是数据经济活动乃至数据全生命周期中都不可或缺的一部分。而且确保社会经济发展成果为特定或不特定主体所享有，更是党和国家"以人民为中心"理念的重要体现。

其四，推动共同富裕的实现，基于"共票"理论助力收益分配机制。

分配公平是实现社会福利的前提性条件，也是实现共同富裕的应有之义。数据收益分配主要存在两个问题：一是按照什么标准分配？二是如何落实分配制度？就前者而言，党的十九届四中全会提出，我国应探索建立健全由市场评价贡献、按贡献决定报酬的机制，这一机制有利于数据资源的优化配置，也有利于数据利益科学公正的分配。对于后者，依据马克思的观点，每个人的劳动都是其对社会的贡献。"共票"是数字经济背景下应运而生的全新数字化权益凭证。来源于"众筹"的"共票"理论以区块链为技术基础，能实现数据的确权、定价与交易，激发平台开放数据之内生动力，平衡数据价值分配，实现利益共享。"共票"可以作为大众参与创造数据的对价，使大众分享数据经济红利，从而激发共享数据之动力。

目前，笔者的团队与中国移动咪咕公司正在合作开展"共票"理论落地项目。以"共票"作为理论依据，中国移动咪咕公司打造"视彩号"内容传播体系，构建优质"视彩号"筛选机制并写入区块链智能合约，无论是原创作者、二创达人，还是为内容点赞、打赏、分享的用户，都可以通过对优质内容的传播和助力获得相应收益，形成商业闭环和良性内容生态。具体而言，"共票"作为数据贡献或劳动的转换凭证正在进行落地实践。不同于普通积分制的积分获取标准主要与消费者的消费金额挂钩，"共票"的获取依据主要包括：一是数据主体提供数据，并以数据质量和形成的影响为标准获得"共票"激励。其他数据参与者也可基于智能合约所形成的共识（主要包括权利授予和收益分配等内容）对这些数据进行加工，并基于其二次（或 N 次）加工行为获得"共票"激励。二是多次推荐和转发相关数据或数据产品。在此途径中，数据参与者主要以其参与次数和提升数据产品影响力及其本身的数据劳动获得"共票"激励。如此，整体上通过"共票"不断分享中增值以回报初始贡献者，形成反复迭代模式，充分激发数据主体的创造积极性和参与积极性。

其五，适应数据要素的新型特征，建构以区块链为基础的"法链"治理体系。在万物互联的信息时代，传统的治理模式难以适应数据要素市场的快速变化，已经陷入治理低效甚至是无效的境地。若直接套用工业时代的监管逻辑可能会扼杀数字经济所带来的活力，同时损害数字技术创新的动力。数据结构方面的安全治理离不开区块链技术。区块链作为具有防篡改等特性的新兴技术手段，将大幅改进重要数据的共享和储存模式。将区块链应用到核心数据、重要数据储存中，有助于在信息对称的基础上实现信任对称。我国宜借力区块链、人工智能等技术，建立"法链"治理体系。其中"以链治链"的监管模式可以满足链群的安全风险防护需求。"以法入链"的智能化监管，可以节约监管成本以及提升监管效率。改变了传统监管和治理的条块分割等问题，着眼于构建新型监管和治理体系构架和方案，形成链下传统监管和链上"以链治链"的双维双层、链上链下协同式监管和治理体系。

数据要素不仅成为数字经济持续发展壮大的核心引擎，还成为了引领全球经济增长的主要动力源和国家之间竞争的主战场。我国亟须建构和形成中国自主的数据要素知识体系，以满足数字经济乃至数字文明的需要。本书是基于中国国情并吸收国外最新成果与经验，结合数据要素运行的基本特征展开的，较为全面地介绍了数据要素。相信通过这本书，读者可以更为深入、系统地了解数据要素，也希冀本书能够为中国自主的数据要素知识体系建设贡献力量。

第一章　数据要素的基本概念

在数字经济时代，数据要素已经上升为关键性和基础性的生产要素，成为数字经济新引擎的原动力。党的十九届四中全会首次提出将数据作为生产要素参与分配，2020 年中共中央、国务院发布的《关于构建更加完善的要素市场化配置体制机制的意见》进一步将数据纳入了生产要素的范围，明确要用市场化配置来激活数据这一生产要素。2022 年中共中央、国务院发布了《关于构建数据基础制度更好发挥数据要素作用的意见》（以下简称《数据二十条》），指出"数据作为新型生产要素，是数字化、网络化、智能化的基础，已快速融入生产、分配、流通、消费和社会服务管理等各环节，深刻改变着生产方式、生活方式和社会治理方式"。《数据二十条》作为数据要素战略的纲领性文件，具有里程碑式意义。数据要素作为一种新的生产要素，在数据生产要素化过程中，其内涵外延实际上发生了一定的改变，也产生或重新定义了大量相关的基本概念，譬如数据分类中的个人数据、企业数据、公共数据；数据价值实现中的数据要素资源化、资产化和资本化；以及数据参与主体中的数据架构商、数据经营商、数据服务商等概念，本章将对类似概念进行界定和辨析。

第一节　数据要素的内涵外延

2020 年 3 月，中共中央、国务院发布《关于构建更加完善的要素市场化配置体制机制的意见》，在世界上首次将数据视为新的生产要素。数据要素作为新的生产要素，是数字经济发展的核心引擎的功能被普遍知晓，但对于数据要素的本体论认识实际上尚未形成统一。

一、数据要素概念的历史演进

2014 年"大数据"首次写入政府工作报告。2019 年党的十九届四中全会首次提出将数据作为生产要素参与分配。2020 年中共中央、国务院发布的《关于构建更加完善的要素市场化配置体制机制的意见》正式把数据作为生产要素单独列出，并提出了促进数据要素市场化配置的改革方向。2021 年 3 月《中华人民共和国国民经济和社会发展第十四个五年规划和 2035 年远景目标纲要》指出，"迎接数字时代，激活数据要素潜能，推进网络强国建设，加快建设数字经济、数字社会、数字政府，以数字化转型整体驱动生产方式、生活方式和治理方式变革"。同年 11 月，工业和信息化部印发的《"十四五"大数据产业发展规划》将"加快培育数据要素市场"作为主要任务之一，强调建立数据要素价值体系、健全数据要素市场规则和提升数据要素配置作用等等。2021 年年底，国务院印发的《"十四五"数字经济发展规划》指出，"数据要素是数字经济深化发展的核心引擎"，并提出强化高质量数据要素供给、加快数据要素市场化流通、创新数据要素开发利用机制等充分发挥数据要素作用的措施。2021 年 11 月，工业和信息化部印发的《"十四五"大数据产业发展规划》指出，"加快数据要素化，开展要素市场化配置改革试点示范，发挥数据要素在连接创新、激活资金、培育人才等的倍增作用，培育数据驱动的产融合作、协同创新等新模式。推动要素数据化，引导各类主体提升数据驱动的生产要素配置能力，促进劳动力、资金、技术等要素在行业间、产业间、区域间的合理配置，提升全要素生产率"。2022年中共中央、国务院发布的《数据二十条》指出，"充分发挥我国海量数据规模和丰富应用场景优势，激活数据要素潜能，做强做优做大数字经济，增强经济发展新动能，构筑国家竞争新优势"。2023年中共中央、国务院印发的《数字中国建设整体布局规划》指出，"数字中国建设按照'2522'的整体框架进行布局"，将"打通数字基础设施大动脉"和"畅通数据资源大循环"作为夯实数字中国建设的两大基础。

　　数据要素价值实现的过程是数据资源化、数据资产化和数据资本化的过程，其中数据资源化是指对数据"提纯"的过程，即提高数据资源质量的过程[①]，也是数据价值实现的起点。不同于煤炭等资源的开采利用，数据资源化涉及数据的采集、清洗、隐私加密，以及个人授权等。数据资源化是在数字经济时代非常重要的概念，有助于更好地理解和利用其数据要素，充分实现数据价值最大化。数据资产化是指数据采集、开发利用并通过流通和交易给使用者或所有者带来经济利益的过程，也即将数据作为一种有价值的资产，将其转化为收益的过程。

　　数据资产化是数据经济化的过程，将数据转化为商业价值。数据资本化是数据作为一种资本形式进行投资和增值的过程，强调数据的投资价值和回报。数据金融化则是数据作为金融产品和金融工具进行交易和投资的过程，将数据融入金融领域。它涉及将数据作为交易的对象，进行买卖、投资和交易。数据金融化可以通过数据交易市场、数据衍生品、数据

[①]　李海舰、赵丽：《数据成为生产要素：特征、机制与价值形态演进》，《上海经济研究》2021年第8期。

指数基金等金融工具来实现。它使得数据成为一种可以被交易、估值和投机的资产类别。可以说，数据资本化是数据资产化的一种形式，数据资产化、资本化和金融化都体现了数据作为一种有价值的资源在商业和经济领域的应用和转化过程。它们共同推动了数据驱动的经济发展和商业模式的变革。

二、数据要素的基本特征梳理

2022 年 11 月国家工业信息安全发展研究中心等机构共同编写的《中国数据要素市场发展报告（2021—2022）》指出，数据要素有别于其他生产要素的特点主要有：（1）虚拟使能性。数据要素的本质是把物理空间的物质通过"0—1"编码形式呈现在虚拟空间，作为虚拟空间中的虚拟资源。（2）无限收敛性。数据要素具有可重新编程性和数据均质性，可以被循环无限使用，也能够突破物理空间而收敛于最优资源配置。（3）智能即时性。基于低成本的算力和高智能的算法，可以实现对数据要素的即时处理、分析和反馈，进而动态响应智能决策、敏捷生产，以及多样化需求。（4）泛在赋能性。随着各行业各领域数字化转型进程的不断加快，数据要素渗透到生产生活的各个环节，为产业提质降本增效、政府治理体系和治理能力现代化广泛赋能。

上述特点存在其合理性，但部分并非数据要素的本体特征且不够全面，其特征还应当包括：（1）数据具有非竞争性。数据的复制成本低，且同一数据可同时存在于多个位置，因此数据几乎可以无限地共享。与传统商品交易不同，在数据的交易中，随着交易规模的扩大，交易价格下降。（2）数据具有非消耗性。区别于资本、劳动、土地等传统要素，数据在形态上是不损耗的，数据并不会像传统资产那样自然地衰减或耗尽。相反，在使用数据的过程中又会产生新的数据，使用得越多，数据的体量越大，这给数据的折旧问题带来挑战。（3）数据具有时效性。数据是时刻更新的，尽管交易中可以约定所交易的数据是实时更新的或是历史产生的，但时效性是影响数据价值的重要特征之一。数据的价值可能随着时间的推移而贬值，贬值的速度取决于数据的类型和市场需求。（4）数据具有场景性。数据的价值与其应用场景有关。同一数据在不同的应用场景会产生不同价值。现阶段数据供给者较难对数据进行统一定价，在交易时多采用买方约价结合市场化议价的方式确定价格。

此外，数据要素还有一些综合性特征，包括但不限于：其一，数据的权属较难界定。数据价值形成过程中包括数据的获取、存储、分析和应用等多个环节，参与各个环节的主体对数据价值的创造作出了贡献，导致数据在其生命周期中拥有多个支配主体，进一步造成数据权属难以界定的问题。其二，数据可以实现融合增值。单一数据的价值往往有限，但是与其他数据结合使用时，能够挖掘的有效信息更多，数据的价值也会增加。其三，数据的价值受其准确性影响。只有通过对数据进行挖掘、分析，并基于其包含的有效信息进行决策，才能给数据拥有者带来价值。当数据准确性较高时，数据拥有者能够基于该数据作出正确决策，从而提高数据为其带来利益的可能性；然而，如果基于一份不准确，甚至错误的数据所作出的决策可能给数据拥有者带来损失。可见数据的准确性将直接影响数据价值。其四，数据的价值受其完整性影响。数据的价值随其完整性的增加而增加，一个数据集包含的年份越长，变量越多，其包含的有效信息越多，市场需求也越大，数据的价值也越大。

三、数据要素类型的主要归纳

数据要素的开发利用应当建立在科学的类型化基础上，并基于不同的数据类型建构不同的产权配置机制、访问控制机制、合规审查义务、安全保障规则、收益分配机制等等。本书主要梳理了以下几种常见的数据要素类型。

（一）个人数据、企业数据和公共数据

我国《数据二十条》按照数据产权不同，将数据分为个人数据、企业数据、公共数据三大类型，明确了淡化所有权、强调使用权的构建方向。尽管从数据实际生成与持有角度来看，这三种数据类型存在复杂交叉，但是总体来说其中包含的数据相对全面，并且有助于形成更为细致的分类系统，下文在分析概念时将结合《数据二十条》的内容对三个概念进行剖析。

1. 个人数据

欧盟《一般数据保护条例》（GDPR）第 4 条第 1 款规定，"个人数据"指的是任何已识别或可识别的自然人（"数据主体"）相关的信息。个人数据大多由公共部门和企业实际持有。包括两种主要类型：一是主要描述或标识特定自然人信息的数据，如姓名和身份证号码，具有侦查性，独立于数据持有者的系统或应用软件；二是自然人与数据持有者交互产生的描述行为痕迹信息，此类数据的吸引力较弱，通常依赖于数据持有者的表格、系统和软件。

在个人数据方面，一方面，明确数据的处理受个人授权范围的限制，强调个人的数据自决利益的保护。特别是《数据二十条》禁止采取"一揽子"授权、强制同意等方式过度收集个人信息，这与《个人信息保护法》所规定的"知情同意权"相关内容契合，在制度层面打通了数据与个人信息之间的联系。另一方面，由受托者代表个人利益监督市场主体的对个人数据的处理行为。在个人信息处理过程中，由于个人与数据处理者之间不对等关系，信息处理者可以单方面地掌控个人信息处理过程，而个人因为处理过程不公开以及信息技术壁垒等问题，对该过程的绝大多数事项不知情。通过受托者监管的方式，可以有效地解决该困境，更为专业地保障个

人的利益。①

2. 企业数据

在欧盟委员会看来，企业数据是指"企业持有的数据"，企业在网上收集的数据、企业通过物联网设备收集的数据等，均落入该概念范畴。② 在《数据二十条》中并没有明确界定企业数据的范围，给予数据分类一定的包容性和可扩展性，因此在现有的文献解读中，通常采用"产生 + 排除"方式，即由企业采集加工产生，并排除其中涉及个人信息（个人数据）和公共利益（公共数据）的部分来界定企业数据。

企业数据生成的方式是多样的，而在数据的产生中，各企业付出的资源和劳动都有所不同，根据这种差异性，我们一般依照数据的加工程度对其进行分类，但是在实际应用中，由于企业数据具有一定的复杂性，所以也会存在其他的分类方式。企业在数据的全生命周期中，赋予数据多样的业务价值，因此无论是以哪种方式对企业数据进行细化，都需要一套规则来对其进行数据资产价值的评估。

在企业数据方面，一是明确"市场主体享有依法依规持有、使用、获取收益的权益，保障其投入的劳动和其他要素贡献获得合理回报"。肯定了市场主体参与数据经济活动获得权益和回报的合法性和正当性，将在根本上提高市场主体生产经营数据的积极性，为数据要素市场注入活力。二是提出"探索企业数据授权使用新模式"，明确国有企业、行业龙头企业、互联网平台企业的带头作用，并强调这些企业与中小微企业双向公平授权。以防范数据垄断行为和不正当竞争行为的发生，保障数据要素市场的

---

① 杨东：《构建数据产权、突出收益分配、强化安全治理　助力数字经济和实体经济深度融合》，《经营管理者》2023 年第 4 期。

② See Directorate-General for Communication Networks, Content and Techonlogy, "Guidance on Sharing Private Sector Data in the European Data Economy", Commission Staff Working Document, 2018, pp.1-3.

健康有序发展。三是强调"加强数据采集和质量评估标准制定",此类标准的制定是数据来源合法和数据可信可用的基础,只有数据符合相应的标准,数据的质量才能得到保障,才能科学赋能数字经济和社会治理,真正实现我国从"数据大国"向"数据强国"的转变。[①]

3.公共数据

公共数据是指国家机关、事业单位,经依法授权具有管理公共事务职能的组织,以及供水、供电、供气、公共交通等提供公共服务的组织,在履行公共管理和服务职责过程中收集和产生的数据。公共数据的属性特征不仅具有一般数据资源的特征,如非物质性、非排他性等,而且由于其来源的特殊性,其还存在公共性、权威性、敏感性、稀缺性、高价值性、多元性等独特的属性。公共数据的来源主要分为五个部分:政务数据、公共企事业单位数据、专业组织数据、社会团体数据、公共服务领域的其他数据。公共数据授权运营的基础在于如何界定公共数据,以及制定相应的分类分级标准。公共数据分类分级是目前地方标准的重点,大多地方目前按主题、行业和服务等多维度进行分类,按敏感程度进行分级。但是由于公共数据种类繁多,且在应用过程中的需求不尽相同等原因,对公共数据按照某些标准(如行业、应用场景等)对公共数据严格分类,实际上并不能在很大程度上提高公共数据管理效率,反而会在分类过程中产生诸多问题。2019 年至今,上海、福建、浙江、重庆等地出台了专门的公共数据分类分级指南。浙江省地方标准《公共数据分类分级指南》根据公共数据破坏后的危害程度来由高至低确定 4 级数据的安全级别:敏感(L4)、较敏感(L3)、低敏感(L2)、不敏感(L1)。

在公共数据方面,一是各级党政机关、企事业单位应当"加强汇聚共

[①] 杨东:《构建数据产权、突出收益分配、强化安全治理 助力数字经济和实体经济深度融合》,《经营管理者》2023 年第 4 期。

享和开放开发"。在"我国政府数据资源占全国数据资源的比重超过 3/4，但开放的规模却不足美国的 10％，个人和企业可以利用的规模更是不及美国的 7％"的背景下，加强公共数据的开放开发，是当前亟须落实的核心问题，对于全面优化我国数据资源结构具有重要的作用。二是应当充分保护数据安全和个人隐私，按照"原始数据不出域、数据可用不可见"的要求的方式向社会提供，强调我国数据基础制度应当以数据安全和个人隐私的保护为底线或者红线，任何主体不可逾越。三是将公共数据的使用分为"有条件无偿使用"和"有条件有偿使用"。这也是《数据二十条》的一个重大创新，在充分平衡国家利益、公共利益和个人利益的基础上进行的制度创设，有利于实现数据的公平公正使用。①

（二）原始数据、脱敏处理数据、模型化数据和人工智能化数据

2020 年 12 月，国家发展改革委、中央网信办、工业和信息化部、国家能源局联合印发的《关于加快构建全国一体化大数据中心协同创新体系的指导意见》第六条"加速数据流通融合"就明确指出，要"完善覆盖原始数据、脱敏处理数据、模型化数据和人工智能化数据等不同数据开发层级的新型大数据综合交易机制"。按照数据流通、交易数据要素的价值深度，将数据划分为四种要素形态。②

1. 原始数据

是指从数据源收集到的未经处理的初始数据。即通过物理传感器、网络爬虫、问卷调查等途径获取到的未经处理、加工、开发的原始信号数据，零次数据是对目标观察、跟踪和记录的结果，例如气象领域的高空卫星原始信号、网络领域的网络流量数据包等。

---

① 杨东：《构建数据产权、突出收益分配、强化安全治理　助力数字经济和实体经济深度融合》，《经营管理者》2023 年第 4 期。

② 于施洋等：《论数据要素市场》，人民出版社 2023 年版，第 42 页。

2. 脱敏处理数据

是在保护隐私的前提下对原始数据进行处理的结果。即为便于数据流通，确保数据安全和隐私保护，需要将原始数据中敏感或涉及隐私的数据进行脱敏处理后形成的数据。前两种要素形态都是数据本身。

3. 模型化数据

是指通过对原始数据进行建模，提取有用的特征或模式，以便更好地理解数据和进行进一步的分析。如互联网企业用于精准营销的用户画像"标签"，其本身也是一种数据，但需要在原始和脱敏数据基础上结合用户需求进行模型化开发，要素形态是"数据＋服务"。

4. 人工智能化数据

即在前三层数据之上结合机器学习等技术形成的智能化能力，比如人脸识别、语言识别等，其主要依托海量数据实现，要素形态则是服务。人工智能化数据的目的主要是利用先进的技术来发现数据中的模式、趋势或规律，并提供更精确的分析和预测。

（三）原生数据和衍生数据

按照是否依赖于现有数据为标准，可以将数据分为原生数据和衍生数据。两者相辅相成，共同构成了数据分析和决策支持的基础。

原生数据是指不依赖于现有数据而产生的数据。譬如，超市的销售数据、仪器直接探测到的传感器数据、网站中个人用户的日志数据、医院里的医疗记录、金融机构的交易数据等等。衍生数据则是指原生数据被记录、存储后，经过算法加工、计算、聚合而成的系统的、可读取的、有使用价值的数据。[①] 一般用于得出更深入的见解和支持决策。比如，我们可

[①] 高郦梅：《企业公开数据的法律保护：模式选择与实现路径》，《中国政法大学学报》2021 年第 3 期。

以将上述原始数据进行处理，从原始销售数据中得到月度销售总额，从传感器数据中得到温度变化趋势，从网站日志信息得到用户情感分析，从原始医疗记录得到患者健康指标，从金融机构交易数据得到投资组合价值，等等。

（四）基础层数据、中间层数据和应用层数据

按照数据仓库三层结构来分，可以分为基础层数据、中间层数据和应用层数据，不同层次对数据的集成性、灵活性等要求不同。

1. 基础层数据

将业务原始数据进行清洗、去重、单位统一等工作后，装入基础层，在这一层的数据通常按照业务系统的分类方式分类并且以方便业务系统处理为原则进行数据的初步处理，以便进行对应。以唯品金融为例，基础层的数据包含外部清洗数据、业务清洗数据、日志清洗数据，是最接近数据源的一层。

2. 中间层数据

中间层以中性共享、灵活可扩展、稳定性强、规范易读为原则建立主题模型，以唯品金融为例，在其中间层中储存的主题模型主要分为财务主题、客户主题、订单主题、流量主题等，清晰的分类主题使其在后续多方共享中达到更高的便利性。

3. 应用层数据

应用层是用来储存提供给数据产品和数据分析的数据的，这些数据会存放在 mysql 系统或 hbase 系统等，为了线上系统或者数据挖掘分析服务，以唯品金融为例，其应用层包含分析集市、风控集市、报表集市、算法集市、指标汇总等等。

第二节　数据要素的基本概念比较

明确数据要素基础概念是在更好地理解、管理和利用数据的关键。数据要素作为一种新型的生产要素，与之相关的概念亦产生了"新"的变化。目前无论是在理论研究还是在实践探索中均未形成完全一致的界定，本书基于一般性理解予以介绍。

一、数据收集、数据存储、数据共享、数据销毁

数据全生命周期是指数据从收集、存储、分析、传输、共享，到最终销毁或归档等的整个过程。这些阶段有序地组成了数据的完整生命周期，每个阶段都存在不同处理规则、权益机制和保护方式。

数据的收集（采集）是指"根据系统自身需求和用户需求收集相关数据的行为"[①]，也即从不同来源获取数据的过程，包括采集数据、记录数据、传感器数据、用户输入等等。数据收集通常是数据处理和管理过程的第一步。

数据存储是指将数据保存在一个或多个地方，以供将来的访问、查询和使用。数据存储是数据管理过程中的一个关键组成部分，它可以涵盖各种不同的数据类型，包括文本、图像、音频、视频、结构化数据和非结构化数据。数据存储可以采用不同的方式，包括数据库系统、云存储、物理存储设备等。数据存储的设计需要考虑数据的安全性、可靠性和可扩展性。

数据分析是指使用各种技术和工具来识别、理解和解释数据中的模式、趋势和关系，以获得有益的信息和洞见。数据分析一般包括描述性分析、

[①]　何源:《数据法学》，北京大学出版社 2020 年版，第 103 页。

探索性分析和预测性分析。其中描述性分析通常是指描述数据的特征，如均值、中位数、标准差等；探索性分析通过探索数据来分析特定的模式和关联；预测性分析即使用统计和机器学习方法来预测未来事件或趋势。

数据传输数据的传输是指将数据从一个地点、设备或系统传送到另一个地点、设备或系统的过程。这包括数据在网络、通信通道或存储设备之间的移动。数据传输可以采用不同的方法和协议，以确保数据的有效、安全和可靠传递。

数据共享是指在需要的情况下，将存储的数据提供给其他人或组织。数据共享可以用于协作、研究、商业合作等多种情景。在进行数据共享时，必须确保数据的隐私和安全，遵循适用的法律法规，可能需要采用加密、权限控制等措施。

数据销毁是指彻底删除或销毁不再需要的数据，以确保数据不会被未经授权的人访问或恢复。数据销毁可以涉及物理销毁，如破坏存储设备，或逻辑销毁，如通过覆盖数据或使用专门的数据销毁工具来删除数据。数据销毁通常受到隐私法规的监管，特别是在不再需要数据时，必须遵守数据保护法规。

数据的归档是一项重要的数据管理实践，旨在将不再频繁访问或使用的数据移动到较低成本、较低性能的存储层次中，以释放高性能存储资源并满足合规性和法规要求。

二、数据供给方、数据需求方、数据架构商、数据运营商、数据服务商

最简单的数据流通交易模式仅由数据供给方和数据需求方组成。其中数据供给方通常是指提供数据产品和服务的组织、个人或实体。数据需求方是指"有数据需求，通过数据交易场所获得交易的相关产品和服务，并

进行付费的公民、法人和其他组织，遵守合法性、诚实信用等原则"①。为提高数据流通交易的效率和安全性，在数据供给方和数据需求方二元框架下，产生了数据交易磋商、授权运营和服务保障的第三方机构。

《数据二十条》强调"围绕促进数据要素合规高效、安全有序流通和交易需要，培育一批数据商和第三方专业服务机构"。《广东省数据流通交易管理办法（试行）》对"数据商"进行了定义，是指"为数据交易双方提供数据产品开发、发布、承销和数据资产的合规化、标准化、增值化等服务机构"②，并指出数据商应当具备相关数据、技术和商务资质，履行数据安全保护义务，承担社会责任，在安全可信的环境下加工处理数据形成产品和服务，通过数据资产登记后进入市场交易③。对于"第三方专业服务机构"，则是指提供数据集成、数据经纪、合规认证、安全审计、数据公证、数据保险、数据托管、资产评估、争议仲裁、风险评估、人才培训等专业服务的机构。④ 应当说，两者之间界限并不清晰，且容易产生混同。

本书认为依据功能的不同，可以分为数据架构商、运营商和服务商。其中数据架构商是实现数据流通交易的重要枢纽，属于数据供给方与数据需求方之间建立联系以促进无摩擦、安全的数据流通与共享的第三方机构。数据运营商是指"由市大数据主管部门依法依规选择对政府数据资源开发利用运营工作的专业数据公司"⑤，在实践中主要表现为数据集团。数据服务商是指提供各种与数据相关的服务的公司或组织。这些服务可以涵盖数据收集、存储、分析、可视化、安全性、隐私保护、数据清洗、数据挖掘等各个方面。

---

① 《贵州省数据流通交易管理办法（试行）》第十七条。
② 《广东省数据流通交易管理办法（试行）》第四条。
③ 《广东省数据流通交易管理办法（试行）》第十九条。
④ 《广东省数据流通交易管理办法（试行）》第四条。
⑤ 《遵义市政府数据资源开发利用管理办法（试行）》第三条。

三、数据资源持有权、数据加工使用权、数据产品经营权、数据收益权

《数据二十条》明确指出，"建立数据资源持有权、数据加工使用权、数据产品经营权等分置的产权运行机制"，但未对其进行具体的解释。在理论界逐渐形成了一些定义，其中数据资源持有权是指："对通过公开收集、购买、正常经营活动中获取的数据享有权益，可以通过选择是否开发、转让、共享等直接或间接途径获得利益。"[①]数据加工使用权是指"经由数据持有权人授权，对原始数据、数据资源享有的使用、分析、加工数据的权利"[②]。数据产品经营权是指"数据持有权人或经由授权的其他主体作为数据市场主体，对加工数据形成的数据产品享有的自主经营权和收益权"[③]。数据收益权则是指权利人基于自身的数据权益，通过使用权让渡或自由交易行为获取收益的权利。

四、数据资源、数据资产与数据资本

数据资源是载荷或记录信息的按一定规则排列组合的物理符号的集合。可以是数字、文字、图像，也可以是计算机代码的集合。[④] 关于数据资产的定义，目前还没有一个统一的说法。有论者认为数据资产是拥有数据权属（勘探权、使用权、所有权）、有价值、可计量、可读取的网络空

---

①　方竞等：《数据基础制度下隐私计算的实践与思考》，《信息通信技术与政策》2023 年第 4 期。

②　孙莹：《企业数据确权与授权机制研究》，《比较法研究》2023 年第 3 期。

③　孙莹：《企业数据确权与授权机制研究》，《比较法研究》2023 年第 3 期。

④　国家工业信息安全发展研究中心：《中国数据要素市场发展报告（2020—2021）》，2021 年，第 2 页。

间中的数据集。① 也有观点认为，数据资产是指"由企业拥有或者控制的，能够为企业带来未来经济利益的，以物理或电子方式记录的数据资源，如文件资料、电子数据等"②。还有观点认为，从企业应用的角度，数据资产是"企业过去的交易或事项形成的，由企业合法拥有或控制，且预期在未来一定时期内为企业带来经济利益的以电子方式记录的数据资源"③。综合来看，数据资产具有价值可计量、数据可应用、产品可流通的特点。

数据资源是数据的自然维度，数据资产是数据的经济维度。数据资源强调数据在生产经营活动中采集加工形成，由数据生产者（自然人、法人、非法人组织）向数据来源方（自然人和非自然人）采集形成数据资源。将部分经过加工的数据认定为数据资源而不是数据产品，区分两者最关键的差别在于加工行为是否是实质性加工或者具有创新性劳动，数据产品强调对数据资源投入实质性加工和创新性劳动，形成的可以是数据也可以是数据衍生产品。对数据资源投入实质性加工和创新性劳动形成的数据，显著的例子之一是数据集，数据集是原始数据的一种可用状态，只是与原始数据大小不一样。数据衍生产品中具有代表性的是模型产品，例如此前广受关注的 ChatGPT 就是利用大量数据训练形成的智能模型。

数据资源一定程度上具有非竞争性，这意味着数据资源本身的价值并不因数据使用者的增多而减少，由于复制数据具有零损耗和成本低廉的特点④，新增数据使用者的边际成本几乎为零。事实上，不同于土地、资本、劳动等传统生产要素，数据不仅不会因多次利用导致价值减损，反而在经

---

① 朱扬勇、叶雅珍：《从数据的属性看数据资产》，《大数据》2018 年第 6 期。
② 中国信息通信研究院云计算与大数据研究所：《数据资产管理实践白皮书（2.0 版）》，2018 年，第 1 页。
③ 瞭望智库、中国光大银行：《商业银行数据资产估值白皮书》，2021 年，第 17 页。
④ 殷继国：《大数据市场反垄断规制的理论逻辑与基本路径》，《政治与法律》2019 年第 10 期。

过多次算法运算与挖掘分析后成为价值更大的衍生数据。① 数据资源的非排他性意味着数据使用者无法排除他人对数据的使用，但也有研究指出数据可以具备部分的排他性，理由在于数据控制者可以通过加密等技术限制未获授权的数据使用，有关数据权属的法律制度在某种程度上也可以产生部分的排他效果。② 然而，就数据资源的天然属性而言，非排他性更符合数据要素本质，所谓部分可排他性，依赖技术和制度的外部干预，排他效果需要以极大的排他费用作为对价实现。几近零成本的可复制性、非法使用损害的隐蔽性以及高昂的额外排他成本带来控制数据资产转售的难题，可能损害数据资产合法权益人的正当利益，也就影响了数据源供给者和处理者交易数据产品的积极性。

　　就数据资产而言，首先，数据资产价值受数据规模影响，这意味着不同的数据集组合可以带来不同的价值，数据资产组合越多彼此之间相互结合越可能产生新的数据资产，进而提高数据集合的整体价值。其次，数据资产价值与数据开发利用的特定应用场景相关，一般来说随着数据产品中包含的有效数据内容的增多数据资产价值越大，反映出规模报酬递增性。③ 但是，在诸如决策辅助的应用场景下，输入数据总量或规模对计算结果的贡献在达到特定值之后可能下降，这意味着数据价值与数据产品规模之间的关系并非总是正相关。在诸如道路信息导航等一些时效性要求较强的应用场景中，数据的生成时间更可能是决定数据价值的关键因素。最后，数据资产价值还与使用者的异质性密切相关。数据价值的最终实现体现于数据使用中，没有被使用的数据只能被视为一种资产负债。由于数据处理目的、技术能力、已持有数据资产组合不同，不同数据买方对同一数

---

① 唐要家：《数据产权的经济分析》，《社会科学辑刊》2021 年第 1 期。

② 李勇坚：《数据要素的经济学含义及相关政策建议》，《江西社会科学》2022 年第 3 期。

③ 熊巧琴、汤珂：《数据要素的界权、交易和定价研究进展》，《经济学动态》2021 年第 2 期。

据产品的保留价格与出价意愿也不同。

　　商品化的数据若能实现增值，则成为数据资本。[①] 资本是马克思主义政治经济学中的核心概念，资本化是数据发展历程中新近出现的阶段，也是经济整体呈现金融化发展的产物。马克思认为，虚拟资本的形成方式就是收入的资本化（capitalization）[②]，并指出"只有直接生产剩余价值的劳动是生产劳动，只有直接生产剩余价值的劳动能力的行使者是生产工人，就是说，只有直接在生产过程中为了资本的价值增殖而消费的劳动才是生产劳动"[③]。因此，数据资本的生产过程可以分为两个阶段，分别是数据信息的生产过程和数据增值的生产过程。在数据信息的生产过程中，数据主体往往基于自己的搜索行为、点餐行为、打车行为等产生的数据，而数据平台也并非基于雇佣和被雇佣关系获取的数据，故具有其特殊性。在数据增值的生产过程中，数据加工过程耗费一定的生产资料价值，并补偿数据工人活劳动耗费的价值，当平台获得的价值超过活劳动价值时，则构成这一生产过程的剩余价值。当将这一价值被看作全部预付资本的产物时，剩余价值转化为利润，数据资本的利润就产生于数据工人的剩余劳动[④]。

　　总体而言，目前我国正处于数据发展的上升期，但在众多研究中也暴露出了相关概念芜杂、标准不尽统一的问题。关于数据的各项概念，其含义可能因个别字的不同而产生较大差异，如数据资源、数据资产与数据资本。而以上问题则可能导致相关研究之间的误用或误解，从而影响结果的正确性。

---

① 宋宪萍：《数据资本的利润来源及其极化效应》，《马克思主义研究》2022 年第 5 期。
② 刘震、张立榕：《数据资本形成及其特征的政治经济学分析》，《学习与探索》2023 年第 9 期。
③ 《马克思恩格斯文集》第 8 卷，人民出版社 2009 年版，第 520 页。
④ 宋宪萍：《数据资本的利润来源及其极化效应》，《马克思主义研究》2022 年第 5 期。

第二章　数据要素的基础理论

与传统的生产要素不同，数据要素作为一种新的生产要素，应当在宏观、体系和多维框架下展开讨论。本书基于笔者长期以来的研究，介绍了包括 PDA 范式、共票组织、要素、规则理论、"法链"治理体系等，高度契合数字经济发展的新型基础理论。

第一节　数据要素的价格与价值：PDA 范式

数字经济呈现"平台（platform）—数据（data）—算法（algorithm）三维竞争结构"（以下简称"PDA 范式"）。平台是数字经济的组织基础，数据是平台的核心竞争力量，平台利用算法等技术为数据赋能，强化平台数据控制力以排除市场竞争。[①]PDA 范式是基于中国特色社会主义而原创的数字经济理论。通过规制组织、释放数据价值和利用多种设计与操作算法形成规则，以全面分析数据要素市场的多元化、动态化、体系化样态。PDA 范式下数据主体组织模式如图 2-1 所示。

---

① 参见杨东、徐信予：《数字经济理论与治理》，中国社会科学出版社 2021 年版，第 36 页。

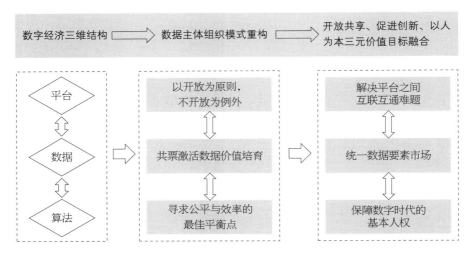

图 2-1　PDA 范式下数据主体组织模式图

资料来源：杨东、高一乘：《论"元宇宙"主体组织模式的重构》，《上海大学学报（社会科学版）》
2022 年第 5 期。

一、组织：数字经济平台成为新的法律主体

数字平台是指"可以收集、处理并传输生产、分配、交换与消费等经济活动信息的一般性数字化基础设施"[①]，"它为数字化的人类生产与再生产活动提供基础性的算力、数据存储、工具和规则"[②]。拥有数字基础设施地位的元平台凭借其掌控的数据优势、技术力量、资金支持，能超越时空限制连接各类主体，提供社交、搜索、金融等综合性服务，通过"以平台衍生平台"不断扩张商业生态版图，传统相关市场界限被打破，传统经营者的市场地位也被弱化。[③] 数字经济平台作为巨大的数据流量入口，在"平台—数据—算法"三维结构下，通过算法控制

[①]　谢富胜等：《平台经济全球化的政治经济学分析》，《中国社会科学》2019 年第 12 期。
[②]　谢富胜等：《平台经济全球化的政治经济学分析》，《中国社会科学》2019 年第 12 期。
[③]　参见杨东、黄尹旭：《元平台：数字经济反垄断法新论》，《中国人民大学学报》2022
　　年第 2 期。

数据，提供信息检索、内容发布、竞价等多种功能，形成了新的组织规则。①

　　平台经济运行的核心是平台组织本身，数字经济平台作为一种有别于传统工业经济的新型经济组织，以大数据、区块链等技术结合算法，聚合不计其数的各类交易主体和交易行为，综合了信息搜索、竞价、信息调配等社交和金融服务，通过数据的采集、利用、共享，为交易效率的提升、交易规则的制定和秩序维护构建交互联动的经济生态。② 一方面，应当规范平台数据流通和共享。数字经济平台构筑数据孤岛看似是基于自身利益考量的理性选择，但整体而言却阻碍了包括该平台在内的数字生态共同体良性发展。开放平台有助于联通数据孤岛，从而保障市场竞争公平性，为其他中小企业营造良好生存空间，提升消费者福利。遵循开放平台原则能使数据价值得以充分利用，实现各方互惠共赢。故数字经济平台对数据以开放为原则，不开放为例外，如此可以有效解决不同平台之间数据互联互通的问题，有助于实现数据的高速流通和价值最大化。另一方面，应当防止平台不当干预数据要素价格。在一般性交易中"数字经济平台企业利用大数据工具和 AI 对平台的企业与个人用户提供不同价格的相同服务或商品，从生产者剩余和消费者剩余两端获取利润，削弱了社会福利最大化的实现"。在数据要素市场交易中，平台在数据要素价格应当基于公平合理的展开，避免"大数据杀熟"情况的发生。当然，数字经济平台的规制层面，应当在融入科技监管，综合性采用行业自律和公法约束，以平台为抓手规制私权力易遭滥用等行为。

––––––––––––

① 　杨东、乐乐：《元宇宙数字资产的刑法保护》，《国家检察官学院学报》2022 年第 6 期。

② 　杨东、徐信予：《数字经济理论与治理》，中国社会科学出版社 2021 年版，第 40 页。

二、要素：数据成为市场竞争的核心要素

2020 年，中共中央、国务院在世界范围内首次提出土地、劳动力、资本、技术和数据五大生产要素理论，号召加快培育数据要素以及市场化配置[①]。2021 年年底，国务院印发的《"十四五"数字经济发展规划》指出，"数据要素是数字经济深化发展的核心引擎"。与传统的土地、劳动力、技术、资本等生产要素相比，经过生产加工形成的结构性数据具有高初始固定成本、零边际成本、累积溢出效应三大特点[②]，其焦点为提高效率，降低成本，完善组织方式及利益分配机制。随着社会生产中数据日益发挥重要作用，围绕数据的一系列行为，如采集储存和交易流动、数据共享和价值实现，以及利益分配等极有可能使社会经济体制发生颠覆性变革，相对于所有权及权利边界的界定，新法律主、客体的法律关系调整与重构可能更为重要。[③] 与此同时，数据流量一定程度上取代了原先价格具有的中心地位，平台力量主要体现为平台掌控的数据流量优势。因此，应当突破传统的市场支配地位认定，新增以数据流量为核心的滥用相对地位认定标准。[④]

三、规则：算法是数字经济的匹配权力

平台经济以敏感的数据采集和传输系统、发达的算力和功能强大的数

---

① 《中共中央　国务院关于构建更加完善的要素市场化配置体制机制的意见》，2020 年 3 月 30 日。

② 刘玉奇、王强：《数字化视角下的数据生产要素与资源配置重构研究——新零售与数字化转型》，《商业经济研究》2019 年第 16 期。

③ 王利明：《数据共享与个人信息保护》，《现代法学》2019 年第 1 期；张新宝：《从隐私到个人信息：利益再衡量的理论与制度安排》，《中国法学》2015 年第 3 期。

④ 黄尹旭、杨东：《超越传统市场力量：超级平台何以垄断？——社交平台的垄断源泉》，《社会科学》2021 年第 9 期。

据处理算法为基础。① 通常利用算法等技术来收集、分析数据，并通过强化平台的数据控制力或者流量入口，提高进入壁垒及排除市场竞争，增强其在市场中的力量。其商业模式通过数据驱动，不仅能通过自动定价算法追踪、预测和影响交易者或协助决策，也能对竞争者数据进行瞬息之间的采集、决策与执行。②

　　算法技术是数据要素市场的重要底层技术基础。以算法为技术基础的智能合约可以自动处理包括复杂运算和数据流通交易的重复任务，可以通过设计、修改连接以实现数据的交互利用，以至于影响要素市场竞争，改变数据要素市场结构特征。《数据二十条》指出："企业应严格遵守反垄断法等相关法律规定，不得利用数据、算法等优势和技术手段排除、限制竞争，实施不正当竞争。"也正是基于现实的需求。实践中，算法不仅可以通过设置激励机制，在经营者之间达成难以监测到的隐性合谋；还可以通过数据挖掘和分析提高平台定价透明度，在寡头市场中强化策略互动，形成默示合谋，使得整个市场资源集中于少数大型平台。③。借助算法操作，数字平台得以实现基础数据的价值转换，影响信息匹配。④ 对此，一方面，应当加强建立数据要素生产流通使用全过程的算法审查、监测预警等制度；另一方面，应当防范技术与监管之间的鸿沟所导致的"自发解除管制"（spontaneous deregulation）现象。⑤

---

① 谢富胜等：《平台经济全球化的政治经济学分析》，《中国社会科学》2019 年第 12 期。

② 杨东、徐信予：《数字经济理论与治理》，中国社会科学出版社 2021 年版，第 42 页。

③ 杨东、徐信予：《数字经济理论与治理》，中国社会科学出版社 2021 年版，第 42 页。

④ 杨东、臧俊恒：《数字平台的反垄断规制》，《武汉大学学报（哲学社会科学版）》2021年第 2 期。

⑤ Alexander F. Krupp, "Privacy Is Not Dead: Expressively Using Law to Push Back Against Corporate Deregulators and Meaningfully Protect Data Privacy Rights", *Georgia Law Review*,Vol.57, No.2（2023）,pp.875−918.

第二节　数据要素的收益分配：Coken 模式

共票（Coken）是数字经济背景下应运而生的全新数字化权益凭证。随着元宇宙时代来临，共票理论的价值愈发凸显。只有在保护数据安全的同时畅通数据开放共享，才能更好地实现数据价值最大化。来源于"众筹"的共票理论以区块链为技术基础，能实现数据的确权、定价与交易，激发平台开放数据之内生动力，平衡数据价值分配，实现利益共享。①

一、共票作为权益凭证构建数据流通的内生激励机制

共票概念来源于众筹金融"WeFinance"，其核心含义是借助区块链技术实现数据权益的共创共建共享。② 共票可以作为大众参与创造数据的对价，使大众分享数据经济红利，从而激发共享数据之动力。对于政府而言，共票能衡量相关机构提供数据的质量并作为其考核凭证之一，并根据共票指导构建政府相关部门之间的实时信息交换机制，建立起能够有效获取真实、可靠信息的核心政府节点。③ 对于平台和个人而言，共票作为权益凭证也能使其共享数据红利，且共票能在一定范围内自由流通，可用于兑换一定的实物或公共服务。共票构建的内生激励机制能从根源上打通大平台、银行、政府三座数据孤岛，推动数据开放共享。

---

① 杨东：《"共票"：区块链治理新维度》，《东方法学》2019 年第 3 期。
② 杨东：《"共票"：区块链治理新维度》，《东方法学》2019 年第 3 期。
③ 黄尹旭：《区块链应用技术的金融市场基础设施之治理——以数字货币为例》，《东方法学》2020 年第 5 期。

二、共票将技术治理内嵌入数据流通与价值实现过程中

在数据开放共享过程中，监管科技有利于联通平台之间、平台与政府之间的数据孤岛，实现数据实时共享的同时运用可视化技术对该过程进行监管，确保监管数据能被实时收集、触达，提升数据信息的安全性。然而，"技术监管"抑制了数据增值能力，也阻碍实现开放银行双向共享数据以及普惠共赢之目的，故应当向技术治理转变。在开放银行中，作为数据治理机制的共票理论辅之以内嵌式的技术辅助性监管措施，能在克服金融科技监管弊端的基础上充分发挥其优势，使人民共享普惠金融之利。例如，金融科技难以解决以信任为本质的抵押贷款问题，而共票理论与之结合能提供根本的信用保障。[①] 依托数字信任机制、借助区块链技术搭建去中心化自治组织的治理经验与元宇宙"去中心化"的基本特征相契合，能为元宇宙内部信任机制的组织自治提供借鉴。[②] 在共票理论指导下，由技术监管转变而来的技术治理内嵌入数据流通与价值实现过程中，能够充分释放治理红利由人民共享。

三、以共票理论实现数据价值分配共享，推动共同富裕实现

在我国数据要素市场中，劳动者以及数据、资本、技术、管理等要素提供者和拥有者都作出了劳动贡献，应当在整个新价值创造的过程中参与利益分配。[③] 作为利益分配机制的共票能让各参与方均获得相应价值回馈。

---

① 杨东、程向文：《以消费者为中心的开放银行数据共享机制研究》，《金融监管研究》2019 年第 10 期。

② 陈永伟、程华：《元宇宙的经济学：与现实经济的比较》，《财经问题研究》2022 年第 1 期。

③ 杨东：《数据要素市场化重塑政府治理模式》，《人民论坛》2020 年第 34 期。

在开放银行中，共票理论构造的双向互惠利益分配机制能够使消费者直接受益，同时消费者能获得更便捷的服务，提升消费体验从而间接受益。让每个参与者分享数据共享的红利，调动数据共享的积极性。在数据流动共享过程中，经共票赋值的数据能在不断分享中增值以回报初始贡献者，个人、平台企业、银行、政府均能从中受益。以开放平台企业为例，共票通过赋能数据使利益由平台、消费者和其他相关方共享，在保障企业数据权利的同时使各方能够获得因数据流通、加工、整合而产生的价值红利。通过红利分享之增长机制也能不断吸引新用户参与到平台生态中，为平台经济发展注入新生活力，推动平台和用户形成相互激励的良性生态。[①] 此外，鉴于区块链具有数字验证机制及不可篡改、可匿名等特征，能提升数据安全性，消减用户对个人数据隐私保护之担忧。开放平台企业、开放银行、开放政府本质是畅通数据开放共享以实现效益增值，利用共票理论合理分配数据价值使人民共享发展成果，推动元宇宙时代共同富裕实现。

第三节　数据要素的经济价值：从流量入口到资源优势

元宇宙是对移动互联网的迭代升级，通过重构和再造数据流量入口，实现数据价值的全面发挥。从要素资源竞争的视角来看，把握数据要素资源、将数据流量转化为经济发展新动能，是元宇宙发展的现实路径。

一、竞争中数据要素资源的作用凸显

从历史范畴来看，生产要素是随着社会生产力的发展而不断演化的，

---

① 杨东：《"共票"：区块链治理新维度》，《东方法学》2019 年第 3 期。

在农业经济时代，土地和劳动力是重要的生产要素；进入工业经济时代，为推动机器大生产，资本成为重要的生产要素，并衍生出技术、管理等生产要素。从生产要素的角度来看，我们正经历的从工业经济到数字经济的升级换代，也表明了从石油时代到数据时代的转变。数字时代的数据相当于工业革命时代的石油，是最重要的生产要素。其重要性主要体现在主体间的竞争上，具体包括市场主体间的竞争和国家间的竞争。

（一）市场主体之间的竞争

竞争是市场经济发展的不竭动力。围绕要素资源的争夺，市场主体不断巩固或增强自身市场力量。在工业经济时代，对市场主体市场力量的评价以定价为核心维度，主要依赖于市场份额评估和相关市场界定，本质上是价格中心主义范式的产物。数字经济时代，通过相关市场界定和市场份额评估已经不能准确评价市场主体的市场力量了。如在"360 诉腾讯案"中，法院就没有因超级平台占有极高的市场份额而认定其具有市场支配地位。[1] 在市场竞争中，数据成为重要的要素资源，以数据的收集和价值利用为核心，数字经济形成"平台—数据—算法"三维竞争结构[2]。具体而言，数据取代价格成为重要的竞争博弈工具：在信息不对称的市场中，市场主体交易对象的行为可以通过大数据来预测，从而服务于市场主体的竞争策略，锁定交易对象，获得交易机会。可见，数据优势可以直接转化为竞争优势。

依托"平台—数据—算法"三维竞争结构，数据作为数字平台推出差异化产品或服务的构成要素，推动平台形成跨市场多生态的影响力。并且，数据生产要素还能成为平台参与利益分配的支点，通过优良数据的展

---

① 　广东省高级人民法院民事判决书（2011）粤高法民三初字第 2 号。

② 　杨东：《论反垄断法的重构：应对数字经济的挑战》，《中国法学》2020 年第 3 期。

示，在融资中展现平台市场实力和长期回报价值，以获得资本青睐。以汇集和控制数据生产要素为目的，平台在算法等技术力量的加持下，不断强化数据控制力或者流量入口，提高其所涉市场的进入壁垒，强化其市场辐射强度和控制能力，实施向横、纵及混合市场延展的竞争策略。这种竞争战略使传统价格中心主义范式的市场力评估手段失灵。与电子商务平台、短视频平台等只在具体特定市场领域具有局部、专门流量的平台相比，社交平台、门户网站平台等因具有广域流量，更有可能成为数字市场的必需设施。尤其是社交平台，其对上下游产业具有更强的控制。基于此，其更能够在数据竞争中占据优势。

在近年的反垄断案件中，数据要素在竞争中的重要性也被多次论证。由于数据流量在竞争中的重要地位，"二选一"、流量限制、禁止分享等通过限制流量方式来封禁其他市场主体的行为会对市场竞争秩序造成较大影响。如在阿里巴巴"二选一"案中，阿里公司的流量控制能力就被反垄断执法部门认定为其具有市场支配地位的重要因素（国家市场监督管理总局行政处罚决定书国市监处〔2021〕28号）。典型案件如"蜂鸟之争""头腾大战"等，都是市场主体围绕数据流量展开的竞争。如在"头腾大战"中，字节跳动公司旗下的抖音APP以微信、QQ长达三年对其进行封禁和关闭API接口，违反《反垄断法》禁止的"滥用市场支配地位排除、限制竞争的垄断行为"为由，向腾讯提起反垄断诉讼。从传统反垄断法分析框架来看，本案主体所涉的短视频平台和社交平台显然不处于同一相关市场，腾讯公司的行为自然无法被认定为滥用市场支配地位。但作为新型生产要素，数据在动态情形下形成的"流量"如同一个通道，可以将两个看似不相关的市场连通起来。受益于自身功能，社交平台具有天然的用户和流量优势，而这些流量也是短视频平台发展的基础，社交平台作出的流量封禁行为无疑会阻滞对短视频平台的流量传导，影响其发展，而反观之，社交平台却能将流量传导至自身系统内的短视频应用上。如对微信视频号的传导，使后者在上线不到半年日活即破两亿①。市场主体数据竞争的白热化，也正说明了数据要素资源在竞争中至关重要的作用。

（二）国家间的竞争

随着数据在不同市场主体竞争中的作用越来越重要，数据作为战略资源在国际竞争中的地位也逐渐凸显。对于数据的抢夺可能是未来国别间竞争的核心之一，数据主权的概念开始被越来越多的国家认可。数字时代数据的流动是全球性的，用户也并非只基于一国之隅，把握用户和数据流量是一国在数字竞争中取得优势的重要基础。② 如在 2020 年备受关注的 TikTok 事件（TikTok 是字节跳动旗下的一款短视频社交平台，也称"美国版抖音"）中，字节跳动公司收购原属于上海某公司的一款音乐类短视频社交应用（Musical.ly）的行为，两家中国注册设立企业间的收购行为原不属于美国国家安全审查的范围，但美方坚持怀疑 TikTok 向中国政府泄露了美国用户数据，以"国家安全""隐私保护"为由将跨境企业收购的审查门槛降低至"实质商业行为地"，将审查权凌驾于他国数据主权之上，表现出数据霸权主义的倾向。TikTok 事件反映出美国正建设的数据战略模式，其意图在全球逐步构建一个美国利益优先的数据治理体系。

科技公司可以通过技术手段向全球范围内的用户提供优质的数字产品和服务，从而锁定数据流量入口。这不仅给全球范围市场主体带来竞争压力，还将影响不同国家数据战略和利益。TikTok 事件反映出美国数据霸权主义战略，其本质是美国运用政治手段打压中国科技企业"出海"，中美两国围绕 TikTok 核心技术——基于数据分析的个性化算法推荐技

---

① 杨东、王睿：《论流量传导行为对数字经济平台市场力量的影响》，《财经法学》2021 年第 4 期。

② 杨东、黄尹旭：《人工智能发展面临的风险挑战及应对策略》，《秘书工作》2023 年第 7 期。

术——的激励竞争，就是这种打压的具体手段①。除此之外，美国还利用其本国科技企业在他国商业竞争的科技优势，推行其全球数据战略。

二、锁定流量入口以取得数据资源优势

无论是市场主体间的竞争还是国家间的竞争，数据要素资源的地位都愈发重要。元宇宙作为数字经济的新场景和新的流量入口，其发展的逻辑应是在锁定流量入口的基础上，实现数据要素资源向发展优势的转化。

（一）数据流量锁定的实现逻辑

在数字经济时代，锁定数据流量入口并将数据转化为资源优势至关重要。在国内非银支付领域，支付宝和微信支付的案例值得研究。支付宝通过将阿里巴巴电子商务用户数据转化为支付数据，打造了蚂蚁金服集团；而微信基于其大量的用户数迅速建立起支付体系，依托海量数据形成的强大的流量入口，在短期内实现了赶超甚至部分超越支付宝，在第三方支付市场与支付宝并驾齐驱。

元宇宙开辟了数字经济发展的新场景，其本身可以带来巨大流量，且因创造了新的生产和生活方式，可加速数据流通，有利于实现数据价值，这能进一步稳定数据流量入口。要促进元宇宙发展，就需要锁定元宇宙数据流量入口，并将数据要素转化为发展的资源优势。以当前元宇宙头部公司为例，Meta 公司（原 Facebook）早期设立的部门"元宇宙"起初没有利用其全球近 30 亿用户的流量优势，在 2022 年公布的首份"元宇宙"财报中，该部门过去一年的营业收入不到 23 亿美元，亏损却超过 100 亿美

---

① 杨东、郑清洋：《从 TikTok 事件看数字人民币的路径选择：从流量入口到金融优势的转化》，《新疆师范大学学报（哲学社会科学版）》2021 年第 4 期。

元，针对此情形，Meta 公司目前已积极调整。相比 Meta 公司的"另起炉灶"，微软公司推动元宇宙发展的策略更多是对现有流量资源和平台的升级，基于广泛的用户流量优势和完整的资源板块，微软公司取得来自美国军方 219 亿美元的"元宇宙最高额合同"，完成与游戏制作公司"动视暴雪"687 亿美元的"元宇宙最大并购案"，在此战略下，微软公司的预期利润增长要高于 Meta 公司。[①]

元宇宙中源源不断的数据如要发挥价值，须通过分析处理，以实现元宇宙与现实世界虚实相生和交互体验。零散、不具有价值的数据经过智能算法等技术的分析处理后，成为一般意义上的大数据，元宇宙为数据的分析处理提供了场域。如作为内容平台时，元宇宙中的复合技术为用户在数字世界中的创造性活动和行为提供技术支撑，同时包括连接现实与数字世界的交互行为。这使元宇宙内用户根据贡献参与数据利益分配成为可能，增强了平台对用户的吸引力。在平台经济中，技术巨头可以通过技术手段对不同平台、产品的数据开放和共享进行调控，这种技术手段主要是依托技术端口进行流量控制，以达到"技术优势—流量入口"的正向循环。在技术层面，元宇宙是传统互联网的升级，是更高维度的复合技术系统。这就基本决定了元宇宙的发展也应延续此思路，沿着实现数据价值最大化的方向，并将其转化为资源优势。

（二）数据要素资源向发展优势的转化——以国家战略实施为例证

随着元宇宙时代的到来，国家战略博弈空间逐渐从传统的现实世界走向数字技术支持的虚实相融世界[②]。结合国家发展战略，元宇宙在协同推进"一带一路"倡议、人民币国际化战略时也应遵循该思路。数字经济

---

① 沈阳：《元宇宙不是法外之地》，《人民论坛》2022 年第 7 期。
② 翟崑：《元宇宙与数字时代的国家战略创新》，《人民论坛》2022 年第 7 期。

是"一带一路"沿线国家和地区经济发展的重要内容，但是数字基础设施落后、数据共享与跨境流动不畅、数字资产界定归属与流转规则不足等问题成为各国数字经济发展的主要难题。在内外双循环的发展背景下，帮助"一带一路"沿线国家和地区解决这些问题，对于提高我国数字贸易水平、推动数字产业"走出去"极为有利。元宇宙的发展能在很大程度上促成解决以上问题。

元宇宙是一个由各种技术逐步集成的数字生态系统[1]，其以区块链为底层技术，以 VR、AR 等为入口技术，以人工智能、大数据、云计算等为支撑技术，形成打通线上线下，实现主体、行为、产业、治理等全面数字化，重构数据流量入口和经济社会构造，形成基于身份、组织、资产、行为这一四维空间的"数据地球"和人类文明新形态，实现人类社会从工业文明向数字文明跃迁。[2] 紧抓元宇宙发展机遇，能够推进各国数字基础设施的建设和完善，进一步推动数字经济场景下数据的共享和利益分配。

当前，我们应以元宇宙的发展为抓手，推动我国全球数字战略的实施。元宇宙的发展可以推动我国与"一带一路"沿线国家和地区数字命运共同体的建设。如果其他国家在锁定沿线国家和地区大量用户的基础上推出与其他国家货币挂钩的具有全球支付功能的数字货币，这对于支付宝和微信必然造成冲击，且会增加人民币国际化的难度。可见，以国家战略实施为例，围绕数据要素资源为核心的元宇宙发展路径依然是必然选择。

---

[1] 高一乘、杨东:《应对元宇宙挑战：数据安全综合治理三维结构范式》,《行政管理改革》2022 年第 3 期。
[2] 杨东、梁伟亮:《论元宇宙价值单元：NFT 的功能、风险与监管》,《学习与探索》2022 年第 10 期。

第三章　数据要素的市场体系

2023 年中国信息通信研究院发布的《数据要素白皮书（2022 年）》指出，"数据要素市场以数据产品及服务为流通对象，以数据供方、需方为主体，通过流通实现参与方各自诉求的场所，是一系列制度和技术支撑的复杂系统"。数据要素市场体系涵摄内容极其丰富，是数字经济发展的核心内容之一。本章主要围绕数据要素的全生命周期、流通交易体系、治理体系等展开。

第一节　数据要素的全生命周期

数据全生命周期是指数据从收集、存储、处理、分析、传输、使用、销毁或归档的整个过程，象征着数据由"生"到"死"的生命历程。厘清数据全生命周期是实现数据价值最大化、明确各参与方权利义务、保障数据安全和隐私、提升数据质量等级的基本前提。本节通过将数据全生命周期分为生产、转移和终止三个大的阶段，结合其共同的特征展开讨论。

一、数据的生产阶段：数据的收集和存储

数据的收集和存储是保障数据库完整准确的基础，是数据作为新的生

产要素赋能数字经济的前提。数据的收集和储存应当依法遵守数据处理相关规则。我国《数据安全法》《个人信息保护法》等法律法规均作出了相应的规定。如《数据安全法》第三十二条规定："任何组织、个人收集数据,应当采取合法、正当的方式,不得窃取或者以其他非法方式获取数据。法律、行政法规对收集、使用数据的目的、范围有规定的,应当在法律、行政法规规定的目的和范围内收集、使用数据。"

目前我国有关数据信息收集的法律法规中提到的收集主体很宽泛,具有开放性。由于法律没有对主体作概念界定,也没有明示范围和资格等限制,似乎任何主体都可以收集数据。[①]美国除了中央和地方政府,企业和非营利组织也在收集数据。这些机构的数据通常与政府数据是互为补充的。同时,与非政府机构的统计数据相比,政府数据的独特优势在于全面性、一致性和可信性。但政府机构和非政府机构在收集数据时遵守的原则不同。

(一)政府机构数据收集的一般原则

我国《数据安全法》第三十八条规定:"国家机关为履行法定职责的需要收集、使用数据,应当在其履行法定职责的范围内依照法律、行政法规规定的条件和程序进行;对在履行职责中知悉的个人隐私、个人信息、商业秘密、保密商务信息等数据应当依法予以保密,不得泄露或者非法向他人提供。"美国政府收集数据的关键在于限定和保证数据的质量,以便能够对其进行解释和操作,这对数据的收集过程提出了极高的要求。根据学者汤姆·雷德曼(Tom Redman)的定义,高质量的数据必须"适合其在运营、决策和规划中的预期用途",因此,美国联邦政府在收集数据时主要遵循以下原则:

---

① 侯水平:《大数据时代数据信息收集的法律规制》,《党政研究》2018 年第 2 期。

1. 数据完整性

数据完整性对于联邦调查局、政府乃至整个美国都至关重要。即使是表面上的不当行为或不适当的活动，或对调查数据可信度的挥之不去的问题，都是不可接受的。为确保数据收集的完整性，联邦采取了严格的检查措施，以防止达到高调查回复率与报告数据造假事件之间的利益冲突，美国特别设有一些独立的监督机构，例如联邦调查局（FBI）和国家安全局（NSA），负责监督和审查政府收集数据的完整性。此外，政府还有特设的审计和评估机构，定期评估数据收集的效果，以确保数据的准确性。我国《个人信息保护法》第八条也规定："处理个人信息应当保证个人信息的质量，避免因个人信息不准确、不完整对个人权益造成不利影响。"

2. 数据准确性

所有联邦机构在进行的每一次数据收集工作中都强调准确性。数据收集的过程中，虽然获得高回复率很重要，但它不应胜过所收集数据的真实性，数据收集应防止任何涉嫌作假的情况，杜绝任何欺诈行为。为此，人口普查局每月对儿童保护服务（CPS）案件样本进行"再访谈"。再访谈是由不同的采访者对该家庭进行的第二次独立访谈。在每次重新面谈时，独立面试官会提出问题，以确定原来的实地代表是否进行了面谈并遵循了适当的程序。这一质量控制过程旨在确保实地代表正确地进行调查，并阻止和发现伪造。同时，联邦政府还纳入了检测数据质量问题的程序，最重要的是阻止和评估伪造的数据。

3. 数据相关性

数据质量始于相关性，即数据内容与用户感兴趣的领域之间的一致性级别。换句话说：数据在多大程度上回答了个人用户的问题。数据收集主体必须定期重新确定哪些数据与实现业务目标相关，为此进行相应的收集实践。这些目标不时发生变化，需要收集、存储和管理的数据的相关性也随之发生变化。例如，联邦政府收集的就业数据可以帮助政府决策者了解就业市场的情况，以便制定支持就业增长的政策。政府还收集关于人口、贫困、教育和健康等领域的数据，以便了解社会和经济的总体情况，并制定相应的政策。

4. 数据及时性

及时性指的是数据可用性和可访问性的预期时间。及时性是一个非常重要的衡量标准，因为过时的信息会导致个人作出糟糕的决定，公司会因此损失时间、金钱，政府会因此损失公信力。在美国，联邦政府通过多种途径维持数据的及时性。例如，政府要求纸质表格必须电子化，并对其进行跟踪，以便对涉案人员进行及时的调查；政府还通过在线调查和电话调查等方法快速收集数据，这些方法可以快速更新数据库中的数据。此外，政府还定期发布数据报告，以便公众了解数据的最新状况。政府还利用技术，如实时数据分析和大数据分析等，以更好地了解数据的最新状况。这些技术可以快速识别数据中的趋势和变化，从而帮助政府决策者快速作出决策。

（二）非政府机构数据收集的一般原则

不同于政府，美国的其他数据收集主体在收集数据时被指导应更多地考虑社会影响和合法性问题，虽然收集过程的严格度降低，但在应对后续的审查方面，这些收集主体仍然要付出诸多努力。我国《个人信息保护法》《个人信息保护法》包含公法与私法保护，非政府机构的数据收集行为也属于其调整对象。

1. 透明度原则

我国《个人信息保护法》第七条规定："处理个人信息应当遵循公开、透明原则，公开个人信息处理规则，明示处理的目的、方式和范围。"美国联邦贸易委员会已经发布了支持透明度原则的指导方针，建议企业：（1）提供更清晰、更简短和更标准化的隐私通知，使消费者能够更好地理解隐私保护政策；（2）根据数据的敏感度和使用性质，提供合理的数据访问控制;(3)加大对消费者的教育力度,使其了解商业数据隐私保护实践。

2.合法原则

我国《个人信息保护法》第五条规定:"处理个人信息应当遵循合法、正当、必要和诚信原则,不得通过误导、欺诈、胁迫等方式处理个人信息。"虽然美国法律没有明确规定,但联邦贸易委员会建议企业向消费者告知有关其数据收集的具体做法。在数据收集处理的目的与告知的有重大差别,或为某些目的收集敏感数据的情况下,应获得消费者同意。

3.目的限制原则

我国《个人信息保护法》第六条规定:"处理个人信息应当具有明确、合理的目的,并应当与处理目的直接相关,采取对个人权益影响最小的方式。收集个人信息,应当限于实现处理目的的最小范围,不得过度收集个人信息。"美国联邦贸易委员会建议采用隐私设计原则,如将数据收集范围限制在与特定交易或与企业相关的消费者内,或按法律要求或具体授权进行数据收集。

二、数据的转移阶段:数据的开放和共享

数字经济已经成为经济高质量发展的新动能,因此,须加快向数字产业化、产业数字化、数据价值化、数字化治理的"新四化"趋势转型。数字技术的发展推动数据互联互通,数据的全球化、流动性与资产化特征显著增强[1],2025年,数据的自由流通对全球经济的贡献有望突破11万亿美元。数据作为重要生产要素是数字经济时代竞争的核心资源和国家基础性战略资源。数据开放共享是驱动经济高质量发展之引擎,数据价值的充分释放和合理分配有助于全体人民共享数据红利。

---

① 张茉楠:《跨境数据流动:全球态势与中国对策》,《开放导报》2020年第2期。

（一）数据开放共享的障碍

数字经济已经成为经济高质量发展的新动能，而作为数字经济发展的原动力，激活数据要素潜能、释放数据要素价值成为推动数字经济发展的关键举措。然而，目前我国还存在数据孤岛、平台企业滥用数据优势等数据开放共享阻碍。

1. 数据孤岛阻碍数据要素开放流通

数字经济发展改变了传统就业和收入分配模式，也带来了以平台数据封锁为代表的数据垄断问题。大型平台企业将海量数据圈禁在平台商业生态系统内而不与外界联通，形成数据孤岛。此外，中国金融领域中相关数据持有者或提供者以及政府也存在数据孤岛问题。包括银行、证券等传统金融机构，电商平台、第三方支付平台等支付机构以及作为监管者的政府部门之间的数据信息均缺乏联通和利用。数据孤岛大大降低了数据的开放度、联通力和可用性，使数据价值难以充分释放，人民也难以共享数据利益。

在数据驱动型竞争环境下，数据是谋取、巩固、维持竞争优势的重要条件。平台以数据蕴含的衍生价值为盈利基础，并以此促使个性化服务发展及经营决策革新。[①] 掌控海量数据不仅能获得竞争优势，平台还能依此参与数据利益分配。具有强大实力和长远回报价值的平台企业能吸引更多优质投资者，进而获得正向金融反馈。[②] 因此，平台具有实施数据封锁的动因，平台企业之间因数据而起的争夺和纠纷也日益加剧。超级平台凭借其谈判优势和技术优势，可以通过关闭 API 接口、签订协议、颁布禁令、

---

① 杨东、臧俊恒：《数字平台的反垄断规制》，《武汉大学学报（哲学社会科学版）》2021年第2期。

② 黄尹旭、杨东：《超越传统市场力量：超级平台何以垄断？——社交平台的垄断源泉》，《社会科学》2021年第9期。

设置数据兼容格式等方式阻碍第三方获取数据，从而构筑数据孤岛。我国平台数据封锁的典型案例如微信封禁飞书案、蚁坊诉新浪微博案等。超级平台具有的数据优势会强化跨边网络效应、加大用户转换成本，从而构筑高市场进入壁垒，成为初创企业进入和中小企业发展之阻碍，也加剧了数据孤岛形成。平台用户的广覆盖范围和高参与度创造了极强的网络效应，并随着数据积累而自我强化，产生滚雪球般的用户反馈循环及盈利反馈循环。以微信为例，就用户反馈循环而言，微信凭借其庞大用户数量所具有的数据优势，能更好地对用户画像并有针对性地提高产品和服务质量，精确识别和利用商业机会，以此吸引更多用户，进而捕获更多数据，并在此基础上利用算法等技术升华数据价值。就盈利反馈循环而言，微信投入针对用户的定向广告所获收入可以再投资到平台上，从而吸引更多用户。这种提供定向广告的能力颇受广告商青睐，故微信也能从广告端获利更多。两种反馈效应共同作用，对市场进入形成强大阻碍。此外，高昂的用户转换成本导致消费者转向困难，从而产生锁定效应。目前我国即时通信市场微信已占据主导地位，作为熟人社交平台，微信能形成相互联系的闭环，还常常与电商、娱乐等平台联动，能基于锁定 C 端而控制 B 端[1]，从而将用户圈禁在平台生态系统内。面对高市场进入壁垒，消费者难以多栖，中小企业难以进入和发展，数据孤岛愈发不容易被打破。

　　于银行而言，传统银行业也存在数据垄断问题。不同银行内部锁闭着大量缺乏加工、利用的数据信息资源，既无法促进数据价值增长，也难以提升客户体验。由于传统银行控制着绝大部分金融业务数据，客户因受制于从特定银行 APP 或网点获取服务而难以接触到其他银行提供的新产品、新服务，无法进行最优选择，办事效率也大打折扣。[2] 于政府而言，我国

---

[1]　杨东、徐信予：《数字经济理论与治理》，中国社会科学出版社 2021 年版，第 185 页。

[2]　杨东、蔡仁杰：《开放银行：从数据孤岛到数据共享社会》，《金融博览》2019 年第 11 期。

绝大部分的公共数据由政府掌握，政府内部、政府与企业、政府与个人之间均存在层层数据壁垒，数据流通性匮乏导致了政府服务低效等弊端。当前各种单向数据流动也主要为满足政府管理之需，未将个人、企业等主体的需要纳入考量范畴。[①] 人民分享数据利益是一项重要的社会权，应通过权利模式对其予以保障，使政府获得更多正当性基础。[②] 占有数据优势的大平台、银行、政府构筑的数据孤岛会阻碍数据开放共享，影响数据价值实现。其中，实施数据封锁的大型平台企业是典型代表。

2. 平台企业滥用数据优势阻碍互联互通

平台企业滥用数据优势所形成的数据孤岛会扰乱相关市场乃至相邻市场的竞争秩序，阻碍初创企业和中小企业的进入发展，损害消费者利益。在市场有效竞争受损情形下，数据要素开放流通也会受到阻碍。当独特数据集成为竞争对手开发新产品或服务必不可少且无可替代的关键投入时，数据封锁行为将从根本上阻碍其他企业进入和扩张，甚至迫使其退出市场，从而削弱这些企业的竞争能力和创新动力，产生排斥市场有效竞争的消极效果。[③] 平台数据封锁产生的反竞争效果包括同一市场的横向反竞争效果和相邻市场的纵向反竞争效果。在对纵向市场的实际或潜在竞争对手实施封锁时，平台借助杠杆效应将其在核心业务领域的数据优势传导至新业务领域。[④] 如微信封禁飞书案中，微信通过封禁飞书链接将即时通信领域的市场力量传导至在线办公市场，从而产生了限制下游市场竞争的效果。超级平台数据丰富、算法先进、资本充实，处于弱

---

① 徐信予、杨东:《平台政府：数据开放共享的"治理红利"》,《行政管理改革》2021 年第 2 期。

② 李广德:《社会权司法化的正当性挑战及其出路》,《法律科学》2022 年第 2 期。

③ 陈兵:《我国〈反垄断法〉"滥用市场支配地位"条款适用问题辨识》,《法学》2011 年第 1 期。

④ 李丰团等:《大数据领域垄断的形成机理及反垄断规制》,《中国注册会计师》2021 年第 8 期。

势地位的中小企业会在数据封锁的压力下流失用户，愈发拉大了与平台巨头间的数据鸿沟，使其难以生存和发展。[①] 这与支持中小企业发展的共同富裕要求相悖。数据孤岛形成的用户锁定效应会损害消费者利益。例如，疫情期间在线会议需求激增，但微信对飞书等办公软件实施会议链接封锁行为，增加了线上会议消费者的使用成本并引致诸多不便因素。[②] 平台封锁使交易相对人难以扩大产出，产品或服务数量的减少可能会引致价格升高和质量下降的情况，降低社会总体福利水平，最终也会损害消费者利益。[③]

数据要素价值得以充分利用共享建立在良好市场竞争环境基础上。平台数据封锁破坏了公平竞争环境，从而阻碍了数据要素开放流动，不利于经济高质量发展及人民共享数据红利。超级平台滥用数据优势实施数据封锁行为引致反竞争效果，在传统反垄断法规制框架难以应对之情况下，应以 PDA 范式革新反垄断法从而推动平台开放数据。在以实现数据价值为核心的开放平台原则指导下，我国目前还存在开放银行和开放政府之实践，通过区块链等监管科技助力三座孤岛的数据实现开放流通，从而释放数据价值并为人民共享。

（二）数据开放共享的路径

我国应当立足中国数据要素市场化建设及数据利用的实际情况，考察国际公共数据开放的制度实践，探索数字经济下的公共数据开放共享的路径，以最大限度实现数据价值最大化。

---

① 杨东、臧俊恒：《数字平台的反垄断规制》，《武汉大学学报（哲学社会科学版）》2021年第 2 期。

② 杨东、徐信予：《数字经济理论与治理》，中国社会科学出版社 2021 年版，第 35 页。

③ 刘佳、张伟：《"互联网 +"语境下拒绝交易行为的反垄断法规制》，《商业研究》2017年第 11 期。

1. 开放大型平台企业破局数据垄断

数字经济时代,迈向更高质量的共同富裕有赖于"统一开放,竞争有序"的市场环境。数字平台具有显著的数据聚集效应,逐渐成为新时代社会财富的主要创造和分配场域,关涉经济高质量发展及人民共享改革成果[1]。因此需要开放平台以联通数据孤岛,充分发挥平台企业的生态普惠性,将数据要素红利回馈全体人民,从而促进共同富裕实现。为建立公平竞争的市场环境,需要适用反垄断法对平台数据封锁予以规制,构建以数据价值实现为核心的开放平台原则。

其一,市场支配地位认定困难。根据反垄断法,认定市场支配地位主要着眼于价格水平、需求替代、市场份额等因素,但这套分析框架难以适用于数据驱动型竞争环境中。数字经济背景下,网络效应、锁定效应、多边市场、动态跨界竞争等因素使相关市场难以界定,在模糊不清的相关市场语境下分析市场支配地位也不尽准确。其二,拒绝交易违法性认定困难。囿于保护企业自主经营权等考量,平台拒绝向竞争者开放数据是否构成"拒绝交易",面临着较高的举证壁垒。其三,平台通常会采取客观合理抗辩和效率抗辩。就客观合理抗辩而言,若平台能够证明向其他企业开放数据将会给其正常的生产经营活动带来额外不合理的负担,则数据封锁具有正当理由。由于平台企业掌控的数据涉及个人数据隐私和企业自身知识产权,故数据访问行为还受到《个人信息保护法》《数据安全法》及知识产权相关法律等限制。[2]此时须警惕平台假借数据隐私保护之名行歧视性拒绝交易之实。而效率抗辩即行为人证明所实施的数据封锁行为具有生产效率和创新效率,例如收回前期投资成本,降低未来投资风险,减少生产成本,提高生产效率,保护投资激励从而激发创新效率,防止竞争对手

---

[1] 孙晋:《数字平台的反垄断监管》,《中国社会科学》2021 年第 5 期。

[2] 黄尹旭:《论国家与公共数据的法律关系》,《北京航空航天大学学报(社会科学版)》2021 年第 3 期。

搭便车等。总体上看，传统反垄断法应对平台数据封锁问题存在一系列困境，这也导致当前数据孤岛问题难以彻底解决。

2. 开放银行助推金融数据利用共享

在金融科技迭代发展背景下，开放银行是传统商业银行变革之产物。我国开放银行呈市场驱动特性。基于金融实践创新的自主性和市场性，我国金融行业最初呈现明显的分散格局。金融机构、第三方供应商、政府机构三者形成割裂的金融数据孤岛，抑制了企业数据发展战略实施，恶化了用户经济生活体验，也妨碍了金融监管治理。随着信息技术时代转变为数据技术时代，数据聚合、分析、利用价值日益凸显。率先嗅到商机的数字平台企业依托其金融技术优势迅速发展，成为数据红利之优先获益者。数据共享之需要催生了共享经济和平台经济崛起，并逐渐覆盖经济生活各角落。随着互联网金融企业拥抱金融科技之优势显现，传统商业银行在"开放共享、数据驱动、业务模式重构"的冲击下变革为以客户利益为导向的开放银行，与金融科技企业、电商平台等展开合作。

除了体现金融业务模式创新，开放银行还是一种数据共享机制。其以消费者为中心，立足于平台架构，借助 API 技术建构出近似"跨行业的数据共享生态系统"，为第三方合作平台提供账户信息与支付服务，并实现双向金融数据资源共享，从而打破金融数据孤岛，实现数据高效触达和赋能，促进人民共享经济发展成果。从宏观视角而言，金融作为撬动经济增长之杠杆对财富创造和积累起到重要作用，金融发展与红利分配影响着个人分享发展成果。金融准入门槛高、交易成本高、信息不对称等原因会导致低收入群体或小微企业难以获得正规金融服务，从而可能进一步拉大社会贫富差距。需要扩大金融服务的覆盖面，使其能触及低收入群体和小微企业，从而帮助它们克服获取信贷及其他金融服务的困难。[①] 开放银行能

①　张晓晶：《金融发展与共同富裕：一个研究框架》，《经济学动态》2021 年第 12 期。

够有效通过外部场景的链接来缓解信息不对称等问题，突破抵押物缺乏之桎梏，给予低收入群体信贷机会，从而缩小收入差距分配。这对有效推动普惠金融业务形成发展，使低收入群体也能共享数据价值增长红利具有重要意义。① 整体而言，开放银行有利于创造三方互惠共赢的局面：银行消费者能获得更便捷、优质的服务；第三方机构有机会接触到新的消费者；银行除了能创造和获取价值外，还能用非货币收益助推品牌建设并提升消费者忠诚度。通过资源协调互补，充分发挥生态系统网络效应之优势。借助生态系统中其他合作伙伴的资源力量创造价值并由全体成员共享，从而构建良性金融生态系统。

开放银行推动金融数据整合和资源共享的同时，还应警惕金融科技企业因过度创新而突破了金融规范性，继而触碰监管红线。可以在维护消费者利益的前提下，以竞争法思维来论证此类金融数据开放机制的适当性与必要性，划分开放银行驱动类型，划定数据权属，规范 API 技术架构、第三方授权标准，在传统监管基础上引入监管科技形塑双维监管体系。金融科技对于促进普惠金融发展等发挥了积极作用，但其也呈现"双刃剑"形态。监管难以应对金融科技之异化，导致金融"普而不惠"等问题出现。例如，当个人或小微企业向银行贷款时，金融科技公司会利用导客引流优势收取高昂的中介费。故应推动监管向治理转变，倡导不同价值链的机构遵循"双向共享原则"，通过"共票"理论平衡数据价值分配，引导金融科技向善。从而优化治理效力，在发挥开放银行数据共享优势的同时最小化风险。

3. 开放政府形塑数据财政雏形生成

湖南省娄底市借助区块链技术打造的政务一网通案例是开放政府的典

---

① 杨东、程向文：《以消费者为中心的开放银行数据共享机制研究》，《金融监管研究》2019 年第 10 期。

型实践，为实现政府数据价值、探索从土地财政到数据财政的转型提供了良好借鉴。区块链技术将政府部门之间的森严层级打破，将各部门通过联盟链的方式进行连接，将去中心化的模式架构应用于政府内部，取代了原有的中心机构，不仅促进了原各中心机构职能的高效运行，更推动了数据在多部门多领域之间无障碍流动，打通了数据信息上传下达的渠道。作为政府区块链实践之引领者，娄底市以区块链作为底层技术打造的智慧政府系统（"四网互通"①）解决了政务数据传递与验证等相关问题。区块链政府数据交换中台为所有机构建立区块链账户，基于区块链的智能合约对上链数据共享的权限授权管理，使各部门能根据需求和权限灵活使用数据。对于所有上链数据均以对应机构的区块链账户作为数据属主进行加密，确保共享数据权责清晰、信息安全不可篡改。对于所有的数据共享查询，均基于使用机构的区块链账户进行事务记录存证，确保数据访问留痕和可追溯。

"区块链＋政务"的典型应用案例主要存在于不动产领域。其中，不动产区块链信息共享平台项目是以区块链技术为基础，以不动产登记信息为核心的跨部门、跨时间、全流程的信息共享体系。其提供了不动产登记过程中"交易—评估—备案—缴税—登记—发证—信贷"全流程的一体化政务服务，实现不动产登记过程信息在政府单位、金融机构、社会组织之间安全、可控、可信的共享和协作。"区块链＋不动产交易纳税登记平台"将区块链技术深度应用到房地产交易生命周期全环节，能实现不动产交易登记"一窗受理、一链办结"，最大限度优化审批流程，提升了不动产领域政府服务的科学性和便捷性。同时也减少了偷税漏税风险，有效管理了税源税基。②

---

① 国土资源信息系统（不动产登记系统、国土资源政务系统）、房产交易管理系统与房地产税征收管理系统（国地税合并）互联互通工作。

② 杨东、徐信予：《数字经济理论与治理》，中国社会科学出版社2021年版，第108—109页。

娄底市借助区块链技术打造的全国第一个政务信息资源共享系统，既能够打造诚信经济新体系、简化群众办事流程、提高政府效能，也能在确保数据安全性与完整性的前提下推动各部门之间的政务数据共享，实现多部门数据实时验证、实时反馈，最大化释放数据资源价值。这一开放政府实践帮助地方政府实现了从土地财政到数据财政的突破，推动数据价值实现从而赋利于民。

三、数据的终止阶段：数据的删除和遗忘

大数据时代，数据处理技术正在不断地弱化社会遗忘的能力，导致我们很多数据都被永久性记忆。正如论者所言，"我们的个人数据就像达摩克利斯剑一样悬在头上，多年之后也会因为一件私事或者一次遗憾的购买记录而被翻出来再次刺痛我们"[1]。数据的收集与利用作为一项系统性信息处理工程，涉及海量数据的收集、储存、加工、共享等处理环节，而每一环节的数据都可能由不同的单位及其工作人员经手处理并进行了备份，这导致数据被多处记忆，进而难以彻底遗忘，存在被泄露和不当使用的风险。因而有必要赋予数据主体被遗忘权，给予数据主体请求数据处理者、网络中心等信息保存者"遗忘"相关数据的权利。

虽然我国《个人信息保护法》第四十七条规定了信息主体具有请求信息处理者删除其个人信息的权益。但是其中的个人信息删除请求权与本书所讨论的"被遗忘权"尚存在较大区别：（1）个人信息删除请求权是实现相关信息被遗忘的一种手段，但并非唯一手段。《个人信息保护法》规定在符合法定情形的情况下个人信息处理者应当主动删除和信息主体也可以

---

[1] ［英］迈尔·舍恩伯格、库克耶：《大数据时代》，盛杨燕、周涛译，浙江人民出版社2013年版，第222页。

请求删除，这实际上说明了我国只有在法定情形下才会删除相关信息，所强调的是数据主体主动提出删除请求的权利。与之不同，"被遗忘权"则是"以'遗忘'（即删除）为原则，以不删除为例外"①，故而"被遗忘权"的情形更广，需要"遗忘"的个人信息更多，所侧重的则是信息处理者的"遗忘"义务。（2）个人信息删除请求权是一种存在于"一对一"关系中的权益，即个人信息处理者只对自己记录的特定信息主体的相关信息具有删除义务，对于其他信息处理者的信息处理行为不存在连带义务；而"被遗忘权"突破了"一对一"的关系，在满足被遗忘的条件下，个人信息处理者不仅要自己删除相关信息，还需要通知其他信息处理者删除。②（3）个人信息删除请求权在于保障信息主体在其信息存在错误或在无法定及约定情况下，可以及时地删除相关个人信息③，所强调的是当前的信息状态。而"被遗忘权"构建的目的则在于避免信息主体受到长期受到负面历史信息困扰，以解决"互联网从来不会忘记"的问题，这使得"被遗忘权"往往是基于公共利益和个人利益平衡后，作出的便于保障信息主体人格尊严的价值选择。基于上述比较，个人信息删除实际上是一种实现相关权利的方式，同信息储存、信息传输一样。可以作为"被遗忘权"和信息异议权等权利的一项请求事项。具体到隐私保护领域，由于数据处理者和数据主体的不平等性，以及数据主体牺牲个人数据而维护公共利益的主观目的，对于数据主体应当给予更多的权益保护，而且这种权益保护应当是系统的，也即不仅数据处理者要自己"遗忘"相关信息，还需要通知其他信息处理者"遗忘"。

　　一般认为，"被遗忘权"起源于法语中的"被忘却权"（droit à

---

① 王利明：《论个人信息删除权》，《东方法学》2022年第1期。

② 王利明：《论个人信息删除权》，《东方法学》2022年第1期。

③ 刘学涛、李月：《大数据时代被遗忘权本土化的考量——兼以与个人信息删除权的比较为视角》，《科技与法律》2020年第2期。

l'oubli），其最初的含义是指犯人享有的不希望其犯罪档案被公众所获取，以对抗公众之前的权利。[1]2014年欧洲法院对"谷歌诉西班牙数据库"一案作出判决，要求谷歌公司直接承担对个人数据的删除责任，该案裁判文书中首次使用了"被遗忘权"（the right to be forgotten）这一法律术语。之后逐渐发展为以欧盟 GDPR 为典型的适用于线上数据的"被遗忘权"。但正如维基百科的创始人将"被遗忘权"描述为"完全疯狂"（completely insane）的权利[2]，已经披露的信息很难在客观上归于消失而存在于网络或相关系统中。对此，应当从管理部门的技术和义务角度以及数据主体个人救济层面保障数据的被遗忘权。一方面，由于被记录甚至披露的数据很难彻底地被遗忘，应当通过密码学和数据安全技术予以解决，但在法律层面上应当明确相关机构的安保义务，明文禁止相关行政机构、事业单位和社会组织超期使用个人数据记录，否则须承担相应的行政责任。另一方面，应当赋予数据主体救济权，对于相关网络平台非法保存公开超期的个人数据的，可以以隐私权遭到侵害而主张停止侵害并要求赔偿[3]。

第二节　数据要素的流通交易体系

《数据二十条》在"总体要求"部分指出，"以促进数据合规高效流通使用、赋能实体经济为主线，以数据产权、流通交易、收益分配、安全治理为重点"构建数据基础制度，并专门对"建立合规高效、场内外结合的

---

[1]　段卫利：《被遗忘权的概念分析——以分析法学的权利理论为工具》，《河南大学学报（社会科学版）》2018 年第 5 期。

[2]　McKay Cunningham，"Privacy Law that does not Protect Privacy, Forgetting the Right to be Forgotten"，*Buffalo Law Review*,Vol.65,No.3（2017），pp.495–546.

[3]　白银：《个人信用信息利用与隐私保护的平衡路径》，《征信》2021 年第 7 期。

数据要素流通和交易制度"提出具体意见，这些都为数据要素流通交易体系的建构指明了方向。应当说，数据要素的流通交易体系极其复杂，不仅包括数据价值实现过程中的流通交易关系，数据流通交易的场所或领域，还包括数据流通交易的管理和服务。

一、数据要素流通交易的主体

数据要素交易参与主体主要包括数据供给方、数据需求方和第三方服务机构。而第三方服务机构则可以分为"一体两翼"（见图 3-1），即以数据架构商为中心，其功能主要在于形成数据交易的中间方或桥梁；数据运营商主要承接公共数据的开放和运营；数据服务商则主要是提供法律服务、技术服务、评估服务等专业服务，保障整个数据要素流通交易的有序进行。

图 3-1　数据要素流通主体"一体两翼"示意图

资料来源：笔者自绘。

（一）数据架构商

在数据供给方和需求方之间需要由第三方机构提供磋商服务和场所支持，本书认为此处的第三方机构可以统称为数据架构商，充当连接不同技术、部门、系统或团队之间的人员或角色，以确保数据流程之间的协调和集成。这种协调和集成是为了确保数据流通交易系统成功实施和顺畅运行。主要包括数据经纪人和数据交易所。

1. 数据经纪人

数据经纪人 / 经纪商（data broker）是指"从公开渠道收集数据、从第三方购买数据、从网络上爬取数据，以获得关于用户的数据，并将这些数据进行处理、加工之后进行出售或共享的数据经营机构"[1]。与美国相比（见图 3-2），我国的数据交易市场还处于初期阶段，但已经有了一些专业的数据经纪人，2021 年广州市海珠区于率先发布了我国首份数据经纪人试点工作方案。基于业务类型的多样性，数据经纪人可能扮演交易卖方、中介人、行纪人或者受托人角色。具体而言，"交易自有数据场景下，数据经纪人是交易活动的卖方。交易外采数据场景下，数据经纪人若将数据买入后再卖出的，则为交易卖方；若以自己名义替数据提供方从事数据交易活动的，则为行纪人；若不作为交易当事人，仅为数据供需双方提供信息媒介与撮合服务的，则为中介人。设立数据信托的，数据经纪人扮演受托人角色"[2]。

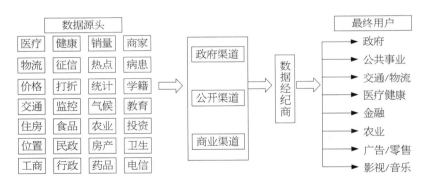

图 3-2 美国数据交易体系

资料来源：王丽颖、王花蕾：《美国数据经纪商监管制度对我国数据服务业发展的启示》，《信息安全与通信保密》2022 年第 3 期。

---

[1] Federal Trade Commission, "Data Brokers: A Call for Transparency and Accountability", 2014-5, https://www.ftc.gov/system/files/documents/reports/data-brokers-call-transparency-accountability-report-federal-trade-commission-may-2014/140527databrokerreport.pdf.

[2] 包晓丽、杜万里：《数据可信交易体系的制度构建——基于场内交易视角》，《电子政务》2023 年第 6 期。

以下为两个数据经纪人的案例。

📖 案例 1

首个依托数据经纪模式达成的数据交易：
顺丰科技 & 圣辉征信

作为数据要素市场化配置的重要一环，数据经纪对促进数据流通和共享，减轻"数据孤岛"现象，有效解决数据流通交易的复杂性和市场信任缺失问题有着关键的媒介作用。

2022 年 12 月，基于贵阳大数据交易所的创新探索，成功推动顺丰科技有限公司（以下简称"顺丰科技"）与圣辉征信有限公司（以下简称"圣辉征信"）达成合作，贵阳大数据交易所通过数据中介机构——数交数据经纪（深圳）有限公司，引入顺丰科技入驻贵阳大数据交易所，通过广东广和律师事务所提供数据合规服务保障、发挥顺丰科技的"物流＋科技"优势，与圣辉征信达成合作，提供可信数据核验产品赋能银行信贷场景。这次合作是全国首个通过数据交易所，结合数据经纪、数据合规服务为基础路径，以物流大数据为驱动要素，赋能征信业务，最终实现服务金融场景的数据流通合作案例。充分发挥了数据经纪在数据中介服务、数据流通交易等方面的专业优势来有效活跃数据交易市场。①

---

① 贵阳大数据交易所：《"全国首例！贵阳大数据交易所创新探索 数据交易'破题'之道"》，2022 年 12 月 7 日，见 http://dsj.guizhou.gov.cn/xwzx/snyw/202212/t20221207_77374504.html。

📖 **案例 2**

全国首笔个人数据合规流转场内交易:
B2B2C 全新模式的运用

B2B2C（网络购物商业模式）模式是数据经纪人模式的一种。数据经纪人通常是通过收集消费者数据，创建消费者个人数据文档，并随后将这些数据出售或分享给他人。2023 年 5 月，全国首笔个人数据合规流转交易在贵阳大数据交易所场内完成。此笔交易是贵阳大数据交易所促进个人数据合规使用、规范交易、合法收益的创新实践，也是探索 B2B2C 数据交易全新商业模式。①

在实际市场运作中。根据与数据经纪人发生交易关系的卖方与买方身份的不同，可将数据经纪人分为以下三类②：

一是消费者对企业（customer to business，C2B）分销模式。用户将个人数据提供给数据经纪人（通常是数据产品提供者），数据经纪人向用户支付一定的商品、货币、服务等价物或其他对价利益，并将汇总的个人信息出售给买方，如图 3-3 所示。

图 3-3　C2B 模式

资料来源：笔者自绘。

———————————

① 方亚丽：《贵阳大数据交易所完成首笔个人数据合规流转场内交易》，2023 年 5 月 11 日，见 http://xxzx.guizhou.gov.cn/gzdsj/202305/t20230511_79653895.html。
② 《国内外数据交易模式对比分析》，2022 年 4 月 26 日，见 https://www.secrss.com/articles/41788。

二是企业对企业（business to business，B2B）集中销售模式。此种模式下的数据经纪人通常发挥数据交易平台的功能：支持查询相关数据集，以中间人身份为数据提供方和数据购买方提供数据交易撮合服务，如图3-4所示。

图 3-4　B2B 模式

资料来源：笔者自绘。

三是企业对企业对消费者（business to business to customer, B2B2C）分销集销混合模式。数据平台以数据经纪人身份，收集用户个人数据并将其转让、共享于他人，如图3-5所示。

图 3-5　B2B2C 模式

资料来源：笔者自绘。

首笔个人数据合规流转交易是在个人用户知情且明确授权的情况下，委托贵阳大数据交易所联合好活（贵州）网络科技有限公司，利用数字化、隐私计算等技术采集求职者的个人简历数据，加工处理成数据产品，确保用户数据可用不可见，保障个人隐私，并通过贵阳大数据交易所"数据产品交易价格计算器"结合好活的简历价格计算模型和应用场景，对个人简历数据提供交易估价参考。最终，个人用户通过平台获得其个人简历数据产品交易的收益分成，让个人数据实现可持有、可使用、可流通、可交易、可收益，让求职者边找工作边挣钱。[①]

2. 数据交易所

数据交易所是指用于促进数据买卖、共享和流通的机构、平台或生态系统。数据交易平台则可进一步定性为，数据交易所的重要组成部分和实现数据交易的具体工具。在"数商分离"的框架下，两者经常被混用，共同指向进行数据交易撮合的场所。

（1）国内外数据交易平台发展现状

为使信息资产交易建立在反映市场供求的均衡价格基础之上，美国学者曾构想建立全美统一的信息交易市场，实现个人信息的公开集中交易[②]；同样为解决信息交易市场不活跃的问题也有学者建议引入信息交易特许交易商制度[③]。近年来，国内外数据交易市场培育以数据交易平台建设为主要实践方向之一，如交易清洗后个人数据的日本 Data Plaza，专注于位置数据分析交易的美国 Foursquare（于 2020 年合并数据交易平台 Factual），交易汽车、能源、农业、医疗以及零售行业数据的法国 Dawex 等，国内最早成立的数据交易平台是由中关村大数据交易产业联盟承建的中关村数海大数据交易平台，截至 2023 年年底国内已经建立包括贵阳大数据交易所、北京国际大数据交易所在内的数十家数据交易平台。就空间结构而言，数据交易平台多分布于数字经济较为活跃的国家或地区。作为数字经济大国，我国的数据交易平台大多数分布在经济较为发达的东部沿海地区，集中于京津冀地区、长三角地区和珠三角地区，呈现区域性市场

---

① 方亚丽：《贵阳大数据交易所完成首笔个人数据合规流转场内交易》，2023 年 5 月 11 日，见 http://xxzx.guizhou.gov.cn/gzdsj/202305/t20230511_79653895.html。

② Kenneth C. Laudon，"Markets and Privacy"，*Communications of the ACM*, Vol.39,No.9（1996），pp.99−104.

③ Christina Aperjis, Bernardo A. Huberman, "A Market for Unbiased Private Data: Paying Individuals According to Their Privacy Attitudes", *First Monday*, Vol. 17, No. 5（2012），pp.1−17.

的特征。① 数据价值的实现有赖于聚合效应，数据交易平台地区间分布的不平衡在一定程度上也造成了区域数据分散化，难以发挥数据交易平台推动数据要素市场化配置的最大效用。②

近年来，国内外数据交易平台呈现综合化、服务化的发展趋势，作为交易中介由单一的居间服务商向数据资源综合服务商转型，在数据交易中愈发扮演基础设施的角色。一方面，数据交易平台提供市场主体准入审核，并对交易数据来源的合法性进行检验与登记；提供数据清洗、笔名或匿名化加工等服务，依个人信息保护和数据安全合规要求将原始数据处理成可供交易的状态，实现数据商品化转换。另一方面，数据交易平台积极发挥交易中介的作用，为数据买卖双方匹配交易对手或为买方提供"量身定制"的数据产品，结合数据资产质量和未来应用场景本着市场化的原则对数据资产进行价值评估与定价，推动数据要素实现资本转化。此外，在交易完成后数据交易平台依然就买方对数据产品的使用进行监督，同时以登记的方式防止数据产品的非法转售。

（2）数据交易平台交易模式效率分析

当前，数据交易平台交易的数据产品，可分为两大类：初级数据产品和高级数据产品。前者包括数据 API（应用程序接口）、数据云服务、技术支撑、离线数据包等；后者包括可视化的数据分析报告等解决方案、针对特定业务场景的数据应用系统与软件、与云融合的各类大数据技术产品等。③ 从现有行业实践来看，我国数据交易平台可以划分为单纯中介型数据交易平台与中介加处理型数据交易平台。前者以中关村数海大数据交易

---

①　陈舟等：《我国数据交易平台建设的现实困境与破解之道》，《改革》2022 年第 2 期。

②　杨艳等：《数据要素市场化配置与区域经济发展——基于数据交易平台的视角》，《社会科学研究》2021 年第 6 期。

③　欧阳日辉、龚伟：《基于价值和市场评价贡献的数据要素定价机制》，《改革》2022 年第 3 期。

平台为代表，交易平台本身不从事数据存储、分析业务，仅就数据交易提供买卖渠道，交易对象主要是初级数据产品，既包括初始数据，也包括经过简单处理、甄别后的组合数据。后者以贵阳大数据交易所和北京国际大数据交易所等为典型，交易平台就数据交易提供一般中介服务，同时也提供数据清洗、建模、分析等深度处理服务，高级数据产品是此类交易平台主要的交易对象，而未经处理的个人数据等底层数据被排除在交易范围之外。

单纯中介型数据交易平台与中介加处理型数据交易平台各有优势。首先，单纯中介型数据交易平台的准入门槛低、对交易主体的资格限制较少，相比采用严格主体资格审核的中介加处理型数据交易平台更能调动各方主体参与数据交易的积极性。然而，中介加处理型数据交易平台的参与主体多为政府机构、大型企业和资质较为良好的社会组织，这意味着此类交易平台比单纯中介型数据交易平台汇聚更多质量好、可信度高、来源合法的数据集合，数据交易的安全性和稳定性得以提升。此外，中介加处理型数据交易平台一般不直接交易底层数据，只交易清洗、加工、整理之后形成的数据产品，通过质量优化和价值提升使数据资产更好地匹配市场买家的需求，提高数据交易成交概率。事实上，由于兼顾交易安全和交易效率，中介加处理型数据交易平台已经逐渐成为主流的数据交易平台类型，扮演全国统一数据要素市场基础设施的重要角色，后续的论述也将重点围绕此类数据交易平台展开。

（3）数据交易所

数据交易所，是指依法设立的为数据交易的集中和有组织的交易提供场所、设施，履行国家有关法律法规、规章、政策规定的职责，实行自律性管理的法人。① 其职能主要包括：①提供数据交易的场所和设施；②制

---

① 参见《贵阳大数据交易所 702 公约》第一部分"公约总则"。

定数据交易所的业务规则；③接受数据交易申请、安排不同数据品种的交易；④组织、监督数据交易；⑤对会员进行监管；⑥对数据交易对象进行监管；⑦设立数据交易登记结算机构①；等等。自 2015 年全国首个数据交易所——贵阳大数据交易所正式挂牌运营，数据交易所的发展经历了两个阶段，第一阶段是 2015—2020 年（1.0 时代），在此阶段国内先后涌现出近 30 家数据交易所；第二阶段是 2021 年至今，北方大数据交易所、上海数据交易所、西部数据交易中心等机构密集开始启动建设，并逐步转入试运营和正式运营阶段，目前由地方政府发起、主导或批复的数据交易所已达到 44 家（不含香港大数据交易所），数据交易进入 2.0 时代②。

我国数据交易所主要形成了佣金收取、会员制、增值式交易服务等多种盈利模式。其中，通过收取交易手续费创收的佣金模式，简单易行且门槛低，但是会抑制交易需求，导致催生绕开平台交易的问题。例如，贵阳大数据交易所成立之初对促成的每一笔交易收取 10% 的佣金，2016 年 4 月宣布取消交易佣金制。目前佣金率不断降低，当前市场整体佣金率 1%—5% 不等。通过收取会员费创收的会员制模式有利于催生企业之间的长期数据合作，同时在交易安全性和交易质量方面更容易得到保障，华东江苏大数据交易中心采取此模式，目前拥有 6000 多家会员。增值式交易服务模式，即数据交易所跳出"中间人"身份，承担部分数据清洗、数据标识、数据挖掘等数据服务商的职能和角色，而这也是我们将在之后所讨论的所商关系与发展趋势。

总体而言，目前数据交易场内交易和场外交易"冰火两重天"，以数据交易所交易为代表的场内交易情况普遍不理想，且相较场外交易效率更低、成本更高，导致数据潜在提供者进场交易的意愿不高。此外，还存在

---

① 参见《贵阳大数据交易所 702 公约》第十五部分"大数据交易所的职能"。
② 《全国 44 家数据交易所规模、股权、标的、模式分析》，2023 年 7 月 5 日，见 https://finance.sina.com.cn/wm/2023-07-05/doc-imyzrqryq9754549.shtml。

以下问题：其一，数据交易量较少，大部分数据交易所年交易量都未超过亿元。其二，数据交易业务单一，数据交易生态系统还有待改善，目前仍然停留在交易撮合业务，尚未拓展到数据估值、定价、清算等方面。其三，数据交易技术服务方面缺乏有效突破，数据溯源、确权、汇总、分析等方面的技术支撑体系还有待提高[①]，以保障数据交易安全、提高数据交易效率、满足数据交易需求。

（二）数据运营商

数据运营商是指大数据主管部门依法依规选择对政府数据资源开发利用运营工作的专业数据公司。[②] 目前江苏、无锡、广州等省市都在推进数据运营机构或数据要素资源流通运营服务体系的建设。[③] 我国数据运营商主要以数据集团的形式存在，数据集团是"以数据为核心业务的具有功能保障属性的市场竞争类企业，功能定位是构建数据要素市场、激发数据要素潜能、保障数据安全"[④]。在实践中已经形成了一些典型案例。

1.合肥大数据资产运营公司

合肥大数据资产运营公司将主营业务分为四种，并设置了与适应业务发展对应的组织架构：统筹算力基础设施建设运营；承接数据领域政府重大基础性、系统性、示范性应用工程，利用信息技术为政府提供设计、咨询、建设、运营的全流程项目服务；培育数字经济产业生态：建设一支数字经济发展基金、夯实一个数字产业孵化创新平台、打造一个数字经济园区、集聚一批生态发展合作圈；统筹政府和社会数据运营，探索推动数据

---

① 刘奕等：《基于数据价值链的数据要素交易机制创新研究》，《学习与探索》2023年第4期。
② 《遵义市政府数据资源开发利用管理办法（试行）》第三条。
③ 《江苏省数字经济促进条例》第六十一条、《无锡市优化营商环境条例》第二十七条、《广州市数字经济促进条例》第六十六条。
④ 孟群舒：《上海成立数据集团构筑发展新优势》，《解放日报》2022年9月30日。

作为生产要素的创新应用。

2. 上海数据集团有限公司

2022 年 5 月《上海市人民政府关于同意组建上海数据集团有限公司的批复》中明确，"经研究，同意组建上海数据集团有限公司（以下简称'上海数据集团'）"。其成立目的和意义主要包括加快打造数据要素市场化配置核心载体，加快推动公共数据和国企数据汇聚、流通、开发利用主要平台，以及保障公共数据和国企数据市场化运营安全底线。上海数据集团并将公共数据、国企数据、行业数据及其他社会数据的统一授权、集中运营，是我国公共数据授权运营的一个创新举措。

在起步阶段，"上海数据集团将推动'两大整合'，一是将上海本地国企的主要数据业务进行整合，化零为整，握指成拳；二是将推动公共数据资源与交通、教育、卫生、文旅等行业数据资源作整合，实现'1+1>2'"①，以加快数字经济发展。应当说，上海数据集团商业模式优势主要体现在两个方面：一方面，上海数据集团是特许经营模式。根据《上海市数据条例》，上海市建立公共数据授权运营机制，上海市授权上海数据集团开展上海市公共数据运营业务，上海数据集团就成为上海市拥有合法授权的数据资源、数据产品的供应商，而过往很多企业从事数据运营之所以举步维艰，就是因为没有获得这样一个合法授权，数据资源的获取不合法，企业发展就无从谈起。另一方面，上海数据集团作为上海市公共数据授权运营主体，在授权范围内实施数据开发利用，提供数据产品和服务，开展数据资源整合和布局，实现各类数据的融合治理、开发利用。

上海数据集团以数据收集存储、加工处理、交易流通为主业，业务模式分为四大块：一是数据基础设施建设与运营。作为数据基础设施建设与运营方，上海数据集团负责数据采集、汇聚、存储、共享、传输网络、安

---

① 张懿：《首家国企数据集团"探路"数据要素价值释放》，《文汇报》2022 年 9 月 30 日。

全等基础设施的建设与运营。二是数字资产供给及交易。作为数字资产的供给方和交易商，基于特许经营和授权的公共数据、国企数据与其他社会数据的供给；针对市场需求，向数据需求方提供合规、安全的数据产品；提供数据标准化、评估定价、支付结算等交易服务。三是基于大数据的增值服务。数据只有经过加工才能赋能各行各业、提高效率，作为大数据增值服务商，上海数据集团基于大数据分析，为企业、行业和城市数字化提供数据咨询、解决方案、行业数据平台和数据信任安全等增值服务。上海数据集团基于大数据的分析，可以为企业为行业为城市数字化提供数据咨询解决方案、行业数据平台和数据信誉安全等增值服务。四是构建数据产业生态圈。数据产业需要生态圈，只有几家企业是形不成生态圈的，也并不是所有业务、所有业态都由上海数据集团来提供，上海数据集团主要是作为数据产业生态体系的建设者，通过投资孵化培育一大批相关的生态圈企业推动产业生态圈的蓬勃发展。[1]

3. 南京大数据集团有限公司

南京大数据集团有限公司是南京市委、市政府为建设智慧城市和发展数字经济，整合全市数据资源进行市场化运营而批准成立的市属国有集团。[2] 其批准成立是为了"促进各类数据资源归集、管理利用和再开发，形成集聚和放大效应，为南京数字经济发展构建公共服务基础设施"，助力智慧南京城市治理中的大数据产业蓬勃发展。[3]

南京大数据集团的主要发展方向为：一是以数据要素市场化配置为契机，开发建设区域性数据要素市场，以编制政府数据目录、制定数据共享责任清单为基础，以制定数据交易、数据交换规则为重点，以技术

---

[1]　张懿：《首家国企数据集团"探路"数据要素价值释放》，《文汇报》2022 年 9 月 30 日。

[2]　南京大数据集团有限公司：《集团概况》，见 https://www.njbigdata.cn/jgjj.html。

[3]　南京市人民政府国有资产监督管理委员会：《南京大数据集团有限公司（集团简介）》，2021 年 7 月 21 日，见 http://gzw.nanjing.gov.cn/jgqyjj/202101/t20210126_2805344.html。

和运行机制创新为特色，抢抓数据要素市场培育创建的先机，力争在全国数据要素市场的建设中树立一流标准，赢得一席之地。二是以提升"我的南京"APP 和开发"智慧城市大脑"两个综合应用平台为重点，进一步发挥数据在城市管理和城市治理中的作用①。以"我的南京"APP 日常运营数据为基础，进一步汇聚其他重要的公安、交通、城管、文旅、卫健、房管、应急、市场监管、农业、环保、基层治理、电力、教育、电信、银行等城市数据，打造南京"智慧城市大脑"综合管理平台。三是以数据要素市场培育促进数据红利释放为核心，促进大数据产业生态的构建与发展。②

总体而言，通过与国内典型数据集团经验发展的分析和借鉴，我们认为数据集团应包括但不限于以下四个主要职能：城市数据基础设施建设与运营、数字产业化和产业数字化应用场景开发、数据要素市场投资和孵化，以及城市数字经济发展研究，具体实施方式可因各地的数据要素市场发展成熟程度因地制宜。③

（三）数据服务商

数据服务商是指提供专业、市场化的数据产品生产、加工及相关保障服务的机构。根据业务内容的不同，可分为两大类别：一类专注于将非标准数据转化为可交易的数据标的物，其涉及领域包括数据采集标注、数据存储、数据运算、数据分析和数据营销等，主营业务包括数据发布、数据开发、数据承销和数据资产管理等方面；另一类则包括数据估值、数据评

---

① 杨凡：《南京大数据集团公司揭牌并启动运营》，《南京日报》2020 年 6 月 19 日。
② 南京市人民政府国有资产监督管理委员会：《南京大数据集团有限公司（集团简介）》，2021 年 7 月 21 日，见 http://gzw.nanjing.gov.cn/jgqyjj/202101/t20210126_2805344.html。
③ 栾晓曦等：《国内数据集团主营业务发展方向思考》，见 https://www.iii.tsinghua.edu.cn/info/1131/3454.htm。

级、数据审计、数据托管、数据公证、数据安全等多种服务，为支持前者的发展提供了配套性服务。① 本书所指的数据服务商侧重于探究第二类数据服务商的特性。对于后者，主要涉及律师事务所、会计师事务所、公证机构等，譬如数据合规评估服务商、数据质量评估服务商、数据治理服务商、数据安全服务商，以及数据咨询服务商，等等。

上海数据交易所主张将数据交易环节化、细致化，创造性地提出"数商"概念。根据上海数据交易所的解释，"数商"即"以数据作为业务活动的主要对象或主要生产原料的经济主体，是数据要素价值的发现者和价值实现的赋能者，是跨组织数据要素的联结者和服务提供者"。具体而言，上海数据交易所提出了十类数商的概念，其中大多属于本书所讨论的数据服务商，譬如：（1）数据资产评估服务商。即根据委托对评估基准日特定目的下的数据资产价值进行评定和估算，并出具资产评估报告的专业服务机构。（2）数据合规评估服务商。即提供数据合规评估相关法律服务，并出具数据合规评估报告的专业服务机构。（3）数据质量评估服务商。即依据评估框架，按照确定的评价方法提供数据质量评估服务，并出具数据质量评估报告的专业服务机构。（4）数据治理服务商，即提供数据治理关键技术等服务内容，通过适当的规则和流程，管理数据的可用性、易用性、完整性和安全性的机构。（5）数据安全服务商。即通过技术工具或解决方案，保障数据安全和数据隐私，及提供数据安全评估、认证、审计等服务的机构。（6）数据咨询服务商。即提供有关数据管理、数字化转型、技术解决方案、数据应用场景分析等咨询服务的机构。等等。

其中较为典型的案例为北京市中伦律师事务所提供的数据服务业务。北京市中伦律师事务所担任发行法律顾问的智己汽车"用户数据权益创

---

① 周毅：《基于数据价值链的数据要素市场建设理路探索》，《图书与情报》2023 年第 2 期。

新计划"数据资产在上海数据交易所完成发行，中伦律师事务所协助智己汽车完成了数据流梳理、数据处理关系规范、合法性基础论证等工作，出具了法律评估意见书，智己汽车凭借"用户数据权益创新计划"荣获上海数据交易所"年度数据资产创新奖"。中伦律师事务所协助百行征信就征信数据产品进行审核，涉及各行各业的数据源合作方以及支付数据、电信数据、互联网数据等丰富的各类数据的综合应用，对于数据产品合规工作的开展提供可落地的具体建议，在推进征信产品可解释，保护信息主体权益的同时有效促进业务创新尝试，帮助百行征信实现业务合规开展。

二、数据要素流通交易的对象

交易对象是整个交易体系中关键的组成部分，其性质和特征直接影响到市场的运行和参与者的行为。目前，我国数据要素流通交易对象仍处于探索之中，在实践中，分为可交易的对象和禁止交易的对象，其中前者主要包括数据产品和服务，后者主要针对基于违法违规行为处理的原始数据或衍生数据。

（一）数据要素市场可以交易的对象

2019 年 8 月国家市场监督管理总局、中国国家标准化管理委员会发布的《信息安全技术数据交易服务安全要求》（GB/T37932—2019）对数据交易的定义为"供需双方对原始数据或加工处理后的数据依照交易过程进行的活动"。实际上将数据对象界定为原始数据及其衍生品。全国信息技术标准化技术委员会大数据标准工作组编写的《数据要素流通标准化白皮书（2022 版）》将数据产品视为数据交易的对象，所谓数据产品，即"利用数据辅助作出决策的一种产品，数据产品包含了供应原始数据、数据加工过程、数据展示、数据结论、数据解决方案等服务和形式"①。

地方性数据条例也对数据交易对象进行了界定，总体上分为两种：一种是将"数据产品和服务"作为数据交易对象。譬如《深圳经济特区数据条例》第六十七条明确规定："市场主体合法处理数据形成的数据产品和服务，可以依法交易"；《陕西省大数据条例》第三十六条规定："市场主体合法处理数据形成的数据产品和服务，可以依法交易"；《重庆市数据条例》第三十三条规定："自然人、法人和非法人组织……对依法加工形成的数据产品和服务，可以依法获取收益。"另一种是将"经过处理、无法识别且不能复原的数据"作为数据交易对象。例如，《天津市促进大数据发展应用条例》第二十九条规定："依法获取的各类数据经处理无法识别特定数据提供者且不能复原的，可以交易、交换或者以其他方式开发利用"；《海南省大数据开发应用条例》第三十九条规定："依法获取的各类数据经处理无法识别特定数据提供者且不能复原的，或经过特定数据提供者明确授权的，可以交易、交换或者以其他方式开发应用"；《安徽省大数据发展条例》第二十六条规定："依法获取的各类数据经过处理无法识别特定个人且不能复原的，或者经过特定数据提供者明确授权的，可以交易、交换或者以其他方式开发利用"；等等。在地方政府规章方面，《成都市公共数据管理应用规定》第三十四条强调"探索开展大数据衍生产品交易"，《上海市大数据发展实施意见》第二部分则提出"推动面向应用场景的商业数据衍生产品交易"。因此，基于现行国家标准和地方性法规规章的规定，数据交易对象主要是数据产品和数据服务。

鉴于原始数据隐私风险高且权属模糊，不仅容易引发纠纷，而且增加了交易成本，目前各数据交易所主要围绕数据产品和服务交易展开。北京

---

① 全国信息技术标准化技术委员会大数据标准工作组：《数据要素流通标准化白皮书（2022版）》，2022年，第5页。

国际大数据交易所以数据产品为交易内容，并将其划分为数据服务、数据接口、数据包和数据报告。山东数据交易有限公司也将数据交易的对象限于"数据产品或服务"①。进言之，"从规范、实践和价值等层面的综合考察可知，当前数据交易主要指的是加工处理后形成的数据衍生产品和服务的交易活动"②。数据交易内容如图 3-6 所示。

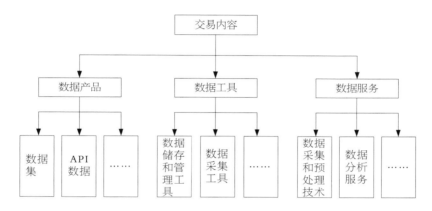

图 3-6　数据交易内容

资料来源：笔者自绘。

1. 数据产品

数据产品，是指"用于交易的原始数据和加工处理后的数据衍生产品。包括但不限于数据集、数据分析报告、数据可视化产品、数据指数、API数据、加密数据等"③。其核心是围绕着数据展开的，同时因为 API 数据属于一定的专业认知，故在此，我们仅对数据集与 API 数据展开进行阐述。

（1）数据集

数据集是指有一定主题，可以标志并被计算机处理的数据集合。北京

---

① 《山东数据交易有限公司数据交易规则》第十条规定："数据供方对外提供的数据或基于数据所提供的相关产品或服务。"

② 高郦梅：《论数据交易合同规则的适用》，《法商研究》2023 年第 4 期。

③ 《深圳市数据交易管理暂行办法》第十二条。

海天瑞声科技股份有限公司（以下简称"海天瑞声公司"）和禾多科技（北京）有限公司（以下简称"禾多科技公司"）完成了一笔人工智能算法训练数据产品交易就是典型案例。[①]海天瑞声公司作为数据需求方，需要自动驾驶数据来训练自己的自动驾驶系统，其来到北京国际大数据交易所。禾多科技公司作为自动驾驶领域有关企业，自己在经营中采集到了自动驾驶在真实场景的原始数据，包括道路状况、交通信号、车辆、行人、天气等自动驾驶中的数据。在北京国际大数据交易所的撮合下，二者达成合意。而这里禾多科技公司提供的数据，就是一个有关自动驾驶的数据集。

（2）API

API 即 Application Programming Interface，即应用程序接口，是一组定义软件组件之间交互的规范。它允许不同的软件系统之间相互通信，使它们能够有效地交换数据和功能。API 可以被视为一座桥梁，连接不同的软件，使它们能够协同工作而无须了解彼此的内部实现细节。

2. 数据工具

数据工具是指"可实现数据服务的软硬件工具，包括但不限于数据存储和管理工具、数据采集工具、数据清洗工具、数据分析工具、数据可视化工具、数据安全工具"[②]。这些工具的目的是帮助人们更有效地管理和利用数据，无论是在个人、企业还是科学研究等领域，包括数据分析工具、数据整合工具、数据质量工具，等等。

3. 数据服务

数据服务是指"卖方提供数据处理（收集、存储、使用、加工、传输等）服务能力，包括但不限于数据采集和预处理服务、数据建模、分析处理服务、数据可视化服务、数据安全服务等"[③]。在数据要素市场发展初

---

① 葛孟超：《一个数据产品的交易历程》，《人民日报》2022 年 11 月 28 日。
② 《深圳市数据交易管理暂行办法》第十二条。
③ 《深圳市数据交易管理暂行办法》第十二条。

期，囿于产权保护制度不完善或缺失，数据交易对象更多是服务而非财产。[①] 下文将结合相关案例进行简要介绍。

（1）数据采集和预处理服务

数据采集和预处理服务，即帮助客户从各种来源收集和整理数据，包括结构化数据和非结构化数据，以及对原始数据进行清洗和预处理，包括去除重复数据、处理缺失值、处理异常值等。在实践中已经出现了一些典型的应用服务。以火车采集器为例，火车采集器是一款专业的互联网数据抓取、处理、分析、挖掘软件，可以灵活迅速地抓取网页上散乱分布的数据信息，并通过一系列的分析处理，准确挖掘出所需数据。[②] 它主要应用于数据采集挖掘、垂直搜索、信息汇聚和门户、企业网信息汇聚、商业情报、论坛或博客迁移、智能信息代理、个人信息检索等领域。[③]

（2）数据分析服务

数据分析服务主要包括为客户提供各种数据分析，通过数据分析，可以发现数据中的模式、趋势和关联规则，为决策提供有价值的洞察和建议。典型的案例有 Data Hunter。Data Hunter 是北京数猎天下科技有限公司的注册商标名称，业务集中在大数据分析领域，主要产品包括 Data Analytics 数据分析平台、Data MAX 数据大屏展示平台和 Data Formula 企业数据中台。

① Data Analytics 数据分析平台，是业务驱动型可视化 BI 产品，为企业提供从数据采集、处理、分析、可视化于一体的完整解决方案。[④] 通过异构数据的整合导入、跨数据源关联、探索式分析、交互式实时数据展

① 刘雅君、张雅俊:《数据要素市场培育的制约因素及其突破路径》,《改革》2023 年第 9 期。

② 火车采集器:《基本介绍》,见 http://www.locoy.com/product。

③ 火车采集器:《火车采集器产品介绍》,见 http://old.locoy.com/Product/Introduce/。

④ 《Data Analytics 让数据真正为业务所用》,见 https://www.datahunter.cn/product/product_analytics.html。

示、多终端屏幕同步以及团队分享、讨论、预警等协作功能，解决企业的数据分析和协作问题。②Data Max 数据大屏展示平台。通常能够将大量数据以直观的方式呈现，帮助用户更好地理解和分析信息。基于专业、易用、酷炫的数据大屏可视化，满足政企客户各种场景的使用需求①。③Data Formula 企业数据中台。提供从数据归集、数据处理、数据治理、数据服务到数据资产管理的整体解决方案。可以解决企业面临的数据孤岛、数据不一致、数据维护混乱等问题，根据企业特有的业务架构，构建起一套统一的、标签化的、API 化的、可持续更新的数据资产管理平台，使企业真正做到自身能力与用户需求的持续对接。②

（3）数据安全服务

《数据二十条》将"安全治理"作为构建数据基础制度数据的四大重点之一，强调"探索有利于数据安全保护、有效利用、合规流通的产权制度和市场体系"，将数据安全作为基础的、核心的内容。数据安全服务是为了确保组织的数据在存储、传输和处理过程中充分保护免受未经授权的访问、泄露、篡改或破坏的一系列服务和措施。目前国内已然出现了一些典型的数据安全服务企业。譬如，奇安信科技集团股份有限公司、深信服科技股份有限公司、北京亿赛通科技发展有限责任公司等等。

（二）数据要素市场禁止交易的数据

2019 年国家市场监督管理总局、中国国家标准化管理委员会发布的《信息安全技术数据交易服务安全要求》指出，数据交易服务机构应根据我国相关法律法规，制定禁止交易的数据目录，目录至少应包括：（1）受法律保护的数据。（2）涉及个人信息的数据，除非获得了全部个人数据主

---

① 《Data MAX 全场景数据大屏可视化》，见 https://www.datahunter.cn/product/product_max.html。

② 《60 秒了解 Data Formula》，见 https://www.datahunter.cn/product/product_service.html。

体或未成年人的监护人的明示同意，或者进行了必要的去标识化处理以达到无法识别出个体的程度。（3）涉及他人知识产权和商业秘密等权利的数据，除非取得权利人明确许可。（4）从非法或违规渠道获取的数据。（5）与原供方所签订的合约要求禁止转售或公开的数据。（6）其他法律法规明确禁止交易的数据。

三、数据要素流通交易的管理

有序的数据要素流通交易体系是吸引更多潜在交易主体参与其中的前提，也是确保高质量基于开放流通实现价值最大化的基础。为实现数据要素流通交易的有序性、安全性，我国亟须建立科学合理的管理机制。

（一）建立国家统一数据交易平台

党的二十大报告明确提出要"构建全国统一大市场，深化要素市场化改革"[①]。而且系列战略部署表明，构建全国一体化的数据交易市场体系迎来了史无前例的政策利好关键窗口期，已经成为全面深化改革向纵深推进的重要改革任务之一。我们是否能通过建立国家统一数据交易平台来助推全国统一大市场的建设？目前国内外均未存在全国一体化的数据贸易平台，这仅是部分学者的构想，还有待我们探索其合理性。

1.国家统一数据交易平台职能

一般的数据交易平台即第三方平台，但在数字经济时代发展背景下，数据交易模式必然趋向于综合数据服务模式，这种新交易模式的转变，需要特色技术支撑、特色规则保障、特色生态延展，并且市场上存在着交易

---

① 习近平：《高举中国特色社会主义伟大旗帜　为全面建设社会主义现代化国家而团结奋斗——在中国共产党第二十次全国代表大会上的报告》，人民出版社2022年版，第29页。

所之外的其他数据交易平台，需要相互协调，规范交易流程，在这过程中面临一系列的问题亟待解决。在此基础上，我们构想建立统一的、由国家领导的数据交易平台，其设想的职能主要包含监管数据交易、制定统一规则、统筹数据开放、助推交易平台发展、促进国际数据交易。

（1）监管数据交易

由于数据的采集、存储、使用存在一定技术门槛，且主要由场景服务方生产形成，因此数据一部分掌握在企业等组织机构手中，尤其是个人数据。个人与数据处理者（生产企业）之间存在巨大的"鸿沟"，且两者之间地位也处于不对等状态。然而，纵观数据交易平台的监管基本以自我规制为主，这给予企业更多的操作空间，一定程度上助长了平台利用数据逐利甚至侵犯个人信息隐私行为的发生。而国家统一数据交易平台则是一种外部监督，对数据合规性进行审核。并记录评估数据交易平台的信用，建立信用评级、数据交易失信惩戒对象查询、数据交易不良行为记录查询系统，加强信用建设，以此激励推动数据交易环境的良性发展。同时，督促数据交易平台完善关键信息基础设施的建设，定期对其数据质量的完整性、准确性、真实性实施审查。在今后的实践监督中，同时完善对"内场"交易和"外场"交易的监管机制，实现交易要素和交易活动监管两步走。还可通过风险识别、数据脱敏技术、数据加密保护机制等，构建数据权限管控体系，增强风险防控和个人信息安全保障能力。

（2）制定统一规则

目前国家层面的数据交易法律法规尚未完善，各数据交易平台探索实施各自的数据交易规则，自成体系，导致交易流程产生信息错配，故而我国的数据交易仍以"粗放式"交易为主。而国家层面领导数据交易平台则需要和各交易平台协商制定出统一的交易规则，以总体性视角统筹顶层设计，调整数据交易平台的定价规则，规范数据标准，促进各地区、各领域、各行业数据交易平台的互联互通、信息共享，促使交易数据范围边界逐渐明晰，让交易数据流动整合，产生完整的商业价值，以此降低数据交易市场的交易成本，打破交易流通壁垒，提高社会数据交易效率。

（3）统筹数据开放

就目前而言，"我国的政府数据开放刚起步，全国开放数据集规模仅为美国的约11％，企业生产经营中来自政府的仅占7％"①。建立国家层面的统一平台意味着由国家主导直接与政府对接，帮助完善其数据开放动力机制，并且尽可能打破区域壁垒，扩大各地方政府开放数据的服务范围。国家统一的数据交易平台在这个层面类似于"中介"，将政府可公开或需要处理的数据收集，并在流通前进行必要的处理，再将数据流通给其他数据交易平台。经国家转手的数据极大增强其保密性，并且这样的处理也将使得政府可开放数据的数量大幅增加。

（4）助推交易平台发展

《中国数据交易行业发展现状研究与投资前景预测报告（2023—2030年）》指出，未来场外交易转向场内交易是大势所趋，预计到2050年，场内交易占比会达到四分之一到三分之一。大数据交易所成为一个足够重要的观察对象，但自从2015—2017年的井喷期结束后，近几年数据交易所发展遇冷。究其原因，往往是缺乏上层统筹领导、协调分工。国家统一的数据交易平台的职责之一就是应该重新为各数据交易所规划发展、功能定位，破除现在分割小市场的局面，而使数据交易市场互联，提高数据交易市场的流动性。同时统一的数据交易平台将充分发挥数据交易的集聚效应，使中国的数据交易向规模化、产业化发展，有效发挥数据交易平台的功能优势。在此基础上，提高了数据交易的频次和流量，这将有助于大数据交易所的进一步发展。目前，我国的数据交易所集中于经济发达地区，

---

① 王璟璇等：《全国一体化大数据中心引领下超大规模数据要素市场的体系架构与推进路径》，《电子政务》2021年第6期。

统一的交易平台有责任指导经济相对落后地区建设数据交易平台，在数字经济时代下，让经济落后地区吃到数字经济红利，带领全国的数据交易均衡协调充分发展，推进实现全国各族人民共同富裕。

（5）促进国际数据交易

大数据标准化已成为全球信息技术领域的热门议题，各国均处于同一起跑线，既是机遇也是挑战。我国数据类型繁多，有必要在国家层面组织研究，借鉴国际经验，结合中国实际，抓住数据交易的机遇，推动国际合作。此外，国家领导机构的公信力远高于其他交易平台，更有利于国际数据交易。通过国家主导的机构进行国际数据交易活动，将呈现更大规模、更安全、风险较低的特征，从而使跨境数据流通更为高效可靠。

2.统一数据交易平台的困境

在数字经济时代，去中心化的趋势已经十分显著。建立国家统一的数据交易平台则似乎让数据交易朝着中心化发展也存在其局限性。其一，风险高。尤其是对于数据这种特殊的生产要素，中心化的统一交易平台大大增加了数据泄露的风险，如果遇到网络袭击或者其他国家恶意的信息窃取，这个中心节点将受到前所未有的打击，甚至导致公民信息大量泄露，将对我国的安全以及公民的安全造成严重损害，而去中心化发展则会形成多个中心阶段，那么数据存储管理的风险会大大降低。其二，成本高。建立一个大规模的、统筹的机构往往需要高昂的建设成本，并且国家统一数据交易平台还具有监管功能，其中所耗费的监管成本不容小觑。而利用区块链技术建设去中心化的数据交易网络①的成本会远低于数据交易平台，并且更灵活、更高效。其三，市场机制运行受到干预。即使是国家领导的统一交易平台，在中心化模式下，仍然存在垄断的隐患，并且由国家来引

---

① 杨东、高清纯:《双边市场理论视角下数据交易平台规制研究》,《法治研究》2023 年第 2 期。

领数据交易或许会抑制其他数据交易平台的活力，因为它一定程度上干涉了市场对数据资源的配置作用，扰乱市场机制，过度调控会大大降低市场活力，不利于我国社会主义市场经济体制的健康有序发展。

不仅如此，国家统一的数据交易平台职能构想存在其优越性，但同样反映出其内在矛盾，即单一主体的职能过多反而导致分工不明，效率低下，许多调控如规定交易规则等均可通过法律法规进行具体规定，那么设置统一平台来执行这个职能是否太过于烦琐？且类似监管这类活动，我们能否保证统一平台比单独另设监管机构的执行效率更高？可能建设国家统一的数据交易平台并不能在这方面体现优越性。同时，在政府开放数据传递等活动过程中，国家统一的数据交易平台往往作为必要的流程，这将导致它的运行效率会决定整个流程的效率，且难以保证各独立流程同时进行，这反映了它的低效性和不灵活性。

（二）建立政府—交易平台—行业协会三位一体的监管体系

秉持管理路径的另一部分学者认为，应当建立一个更具灵活性、包容性的管理体系[①]，而不是过早将数据要素市场的顶层设计、数据交易的运营管理和监管全部收归单一的国家平台。数据交易平台应当承担起主体资格审核和数据内容合法审查的职能，释放数据要素价值；行业协会则应分有数据交易平台的监管权，成为数据交易主体的注册机构和数据贸易的登记机构，在过渡时期平衡好场内交易和场外交易，协调好多样化的数据交易模式。

1. 政府—交易平台—行业协会三位一体监管体系的运行模式

在政府—交易平台—行业协会三位一体的监管体系中，政府主要发挥开源、引领和规范的作用；平台发挥着展示、服务和自律的作用；协会则

---

① 田杰棠、刘露瑶：《交易模式、权利界定与数据要素市场培育》，《改革》2020 年第 7 期。

行使协调、连接和记录的职能。

（1）政府职能

与国际上大多数数据交易机构定位不同，我国将数据交易所定位为准公共服务机构，目的是赋能整个数字经济的发展。因此，建立数据交易所并非纯商业的行为，数据交易也不能完全放归市场调节。我国推动数据要素市场化既要有政策引导，又要有市场驱动，具有双重动力。并且，需要保证数据交易所的"利他性"，立足于服务机构、中介机构的定位。[①] 虽然以公司制的方式运转，国家却是其中最重要的战略投资方，平台背后也有政策背景。

此外，政府部门也是高质量数据的重要供给方。政府监管下的某些特殊数据交易也将市场中起到模范示范作用，一则引导市场主体依法通过数据交易所进行交易，二则明确交易所的交易规范与监管责任。对于公共交通、医疗、教育等社会数据市场的开拓，也需要政府的引领与监督，"通过对接数据资源、提供经纪服务，撮合进场交易，满足客户需求，参与价值分配，活跃数据要素市场。促进数据有序流通和市场化利用，加速数据与经济活动融合"[②]，将社会资源转变成可以量化的数字资产。

政府获得数据交易所管理权的方式大致有三种：政府直接出资建立数据交易所，国家进行国有化的数字化企业投资，在数据交易所的股权设计上采用国家主导、多元化股权、混合所有制的结构。此外，国家还可以通过掌握核心技术、出台相关法律等方式确立数据交易所的枢纽地位和权力边界。[③]

在"三位一体"的体系中，政府一方代表国家应当独有数据的管辖

---

① 江聃：《京沪深竞逐大数据交易所政府主导型数交平台谋变》，《证券时报》2021年12月29日。

② 江聃：《京沪深竞逐大数据交易所政府主导型数交平台谋变》，《证券时报》2021年12月29日。

③ 杜川、黄奇帆：《数据交易所必须由国家管理》，《第一财经日报》2021年10月25日。

权，以免数据被非法收集、运输、使用后构成对国家利益的侵害。为了解决当前数据交易平台活跃度低、交易量不足的等问题，政府应当帮助疏通政府部门的求购需求，进一步开放公共数据，满足海量的政府数据需求；倡导培养技术加工人才，填补在清洗脱敏、确权定价、接口维护各个环节的人才缺口，紧跟数据知识的更新换代；调整数据市场准入标准，适时出台反垄断法，既要防止鳌头企业利用数据、算法、技术手段排除限制竞争，也避免法律过早出场遏制市场自由发展的活力。

（2）交易平台职能

当前数据要素的市场化流通离不开数据交易平台。尽管单次数据交易可以在个人之间、企业之间一对一进行，但是对于大规模、常态化、保密要求高的数据来说，选择流程更加规范，人员更加专业，公信力更高的数据交易平台才是明智之选。想要吸引优质数据入场流通，数据交易平台需要保证数据交易成功率，控制数据交易的成本和风险系数，在规范流程和明晰标准之下提供在数据筛选、清洗、脱敏、加工等方面的专业服务，并在必要时为数据买卖双方提供法律支持，促进争端解决。

对于核心数据资源的管理不能仅靠政府，数据交易平台也应积极发挥作用。由于数据要素的非排他性，传统价高者得的销售模式不再适用，数据交易不应以买卖差价和销售利润的大小作为经营目标，更不应任由少数企业进行价格垄断，降低社会的经济效率和总体福利水平[1]。而对于普通数据资源交易，平台应努力规范流程、解决合规问题、降低交易成本、提高交易效率，整合企业之间流转的场外市场和非法买卖的地下市场，尽力实现安全、合规、大规模、高效率的数据流通的交易。

隐私泄露问题也是数据交易过程中的一大痛点，高价值数据主体往往因为数据的高敏感度而担忧个人或商业隐私泄露的问题而不愿进程交易，

---

① 范文仲：《数据交易所的定位和发展路径》，《中国银行业》2022 年第 6 期。

导致数据交易所"难以开张"。这便需要在数据交易所中引入隐私计算技术，保证数据"可用不可见"，虽然经由数据平台，但仍由权属主体唯一保留数据所有权，交易过程仅有交易数据使用权；同时，还须平衡好加密需求和技术成本之间的关系，以免交易收益无法覆盖数据采集和加工的成本。

作为数据流通的主要平台，数据交易所最重要的是做好"展示"与"服务"。要想释放数据要素的价值，首先要让大家明白数据流通的价值，在真实可信安全的流通过程中向社会各个主体展示数据碰撞、共享、融合之后的生态价值与社会价值。其次要让大家放下心来，明确交易各个环节的风险是如何被管控的，明晰权属主体和责任主体以及他们之间的关系，在公开、合规、详细的交易管理体系下安心入场。数据交易所初期应作为展示平台、流通平台，做好服务的角色，后期主动促成交易的形成，并在交易过程中承担更多责任，做好中介的角色。

（3）行业协会职能

"三位一体"机制的一个显著优势就是拥有更完善的容错机制和更开放的试错空间，这既给数据市场的多元发展路径奠定基础，也对监管体系提出了柔中带刚、坚中有韧的要求。在国家统一的数据交易法出台之前，协会需要承担起协调各个地方管理条例、辅助调解部分商业纠纷、维护市场公平公正、平稳运转的任务，作为缓冲地带和第三方中立机构而存在，平衡数据买卖双方、政府和市场之间的微妙关系，平息或解决冲突，同时忠实地记录问题，总结经验，帮助国家进行下一步试探性的定点探索。

协会还将成为数据交易管理过程中的信息管理"总机房"。已经确定由政府机构发放的机构代码、营业执照码等标识需在协会处注册登记，以保证企业认证与内容简介的统一。在试点探索过程中尚未取得合法地位的地区性交易凭证也应在协会备案，协会虽无权独立处置，但可作为第三方机构出面调停、记录、封存。同时，一些场外的点对点交易，如个人之间、企业之间、个人对企业之间的交易也应在协会备案。尽管当前无法明确场外交易的法律地位，但它们仍须处于整体管辖之下，在必要时由协会出手干预数据交易的质量和效果。

　　行业协会代表社会主体力量，是"三位一体"体系中最为灵活的组成部分，也适于沟通数据要素市场和其他社会主体之间的合作、衔接，促进数据要素释放的价值真正造福社会、有益于人民。政府可将对数据交易平台的监管权授予中国互联网协会，由其辅助行政部门对数据交易平台进行管理；也可以在数据交易所分层设计初有成效后，将数博会上早期各大数据交易所结成的同盟转化为专门的数据交易协会的雏形，在此基础上进一步吸纳各地交易所，按照等级给予协会中的不同职位，使其成为行业自治的实际运行机构。

　　2. 政府—交易平台—行业协会三位一体监管体系的运作状况

　　目前，政府端与平台端的连接正在稳步搭建。如 2022 年 6 月通过的《深圳经济特区数据条例》明确，深圳市人民政府应当加强数据资源整合和安全保护，依法推进公共数据共享开放，促进数据要素自主有序流动，加快数据要素市场培育，提高数据要素配置效率。政府部门还应协同高等院校、科研机构和企业在高端芯片、基础和工业软件、人工智能、区块链、大数据、云计算、信息安全等领域的数字关键核心技术攻关。为深圳数据交易有限公司的成立提供了坚实的政策背景和有力技术支撑。这一公司的股东构成均为深圳国资委和深圳市福田区财政局的全资企业，意味着新的数据交易平台为国有全资公司。据统计显示，"截至 2023 年 8 月，我国已有 226 个省级和城市的地方政府上线了数据开放平台，其中省级平台 22 个（不含直辖市和港澳台），城市平台 204 个（含直辖市、副省级与地级行政区）"[①]。政府部门的公共数据开源与地方数字政府建设紧密结合，

---

① 复旦大学数字与移动治理实验室：《中国地方公共数据开放利用报告——省域（2023年度）》，2023 年，第 4 页。

为高质量的数据交易产品开发提供基础。

数据交易平台的公益性质也在各环节的人才培养中逐渐显现。如贵州大数据交易所在 2023 年发起了公共大数据要素化专项赛，秉持"以国家重大需求为导向、以竞争协同机制为手段、以解决实际问题为目标"的思路，要求各参赛队解决细分行业的领域现实问题，形成具有社会价值、应用价值的解决方案。

（三）政府—交易平台—行业协会三位一体监管体系的前景分析

三位一体体系既可能作为稳定的管理体系继续运行下去，也可能作为形成国家统一数据市场的准备阶段，逐步过渡到统一平台的状态。前者要求政府、平台、协会司职更加明确，在管辖权的范围与分配上形成确定的行业规范。或是明确政府对协会和平台的统辖监管地位，或是建设成政府—协会对平台的分权管制，或是三者之间相互制衡以保证政府不会既当裁判员、又当运动员，平台能够专注于数据服务的提升、数据贸易的拓展、数据价值的释放，协会能够找准权力定位，成为制权衡权而不是扩权纵权的社会工具。后者则要求协会逐渐退位，通过法条法规的方式将协会承担的工作分配给政府和平台，乃至最后形成一个新的数据交易机构，将这些功能分布到机构的不同职能部门，使其配合得宜、运行得当。政府和平台也需要明确两者之间的关系，以及政府调节与市场调节在数据交易中的比重，同时做好应急预案，如在某些情况下保留特殊委员会，暂时成为政府和平台之间的缓冲地带，或新数据市场的开拓者、新数据规则的试验地。

第三节　数据要素市场的治理体系

数据要素作为一种新的生产要素，同传统的土地、劳动力、资本等生产要素具有显著的差异，已经难以继续套用传统生产要素的市场治理体系，而且局部的制度设计也很难形成体系。首先，分析当前数据要素市场治理的背景。数据要素市场治理体系的建设应当立足于人类数字文明、社会主义市场经济、国内大循环和国际大循环的背景，构建符合人类命运共同体的数据要素市场治理体系，等等。其次，确立数据要素市场治理的基本思维。数据要素市场治理不应为了治理而治理，而应当是通过科学合理的治理来赋能。最后，确立数据要素市场治理的基本遵循。拟构建以人为中心的数据要素市场治理体系，数据参与者应当在数据生产过程中获得利益，个人隐私也应当得到保护。

构建数据全生命周期治理体系。数据全生命周期是指包括数据的产生、收集、处理、共享、交易、删除等流程在内的数据从产生到消亡的全部阶段。首先，明确数据保护的底层逻辑。具体包括：隐私保护、信息安全、权属界定、流通共享和开放互换五个层面，并对不同的数据进行类型化保护。其次，研究数据要素市场的全流程治理。数据要素市场治理应当贯穿数据的产生到数据的消灭全生命周期，拟结合数据要素市场事前、事中和事后的具体特征和需求，制定与之相匹配的治理体系。最后，研究数据要素市场的三阶段重点治理内容。本书拟将数据要素市场分为数据供给阶段、数据流通交易阶段和数据开发利用阶段三个阶段，并梳理和研究每一阶段的治理重点，如数据供给阶段治理问题包括数据滥采滥用、数据主体隐私保护等；数据流通交易阶段治理问题包括数据流通方式的限制、数据交易市场主体的准入、数据交易场所的规范等；而数据开发利用阶段治理问题则包括数据计算规则的管控、数据产品的存在形式、质量标准以及使用方式等，这些都需要进行具体的制度设计，以全面构建数据要素市场治理体系。

一、数据要素治理主体：央地的有机衔接

我国传统的治理模式是"条块"模式，这一模式适用于有形的生产要素尚存合理性，但对于无形的、高速流转的数据要素则存在滞后性，我国应当基于数据要素本身的特殊性建构新型的兼顾央地纵向和多元主体横向有机衔接的治理模式。

（一）数据要素市场治理体系建设的整体布局

一方面，应当统筹协调好国家、行业及组织三层关系：坚持战略、辩证、创新和底线思维，并提出要应当统筹协调好国家、行业及组织等三个层次之间关系，梅宏院士在第四届数字中国建设峰会大数据分论坛上指出应重点把握以下四个方面：强化顶层设计，理顺权责边界；建立流通机制，促进市场配置；开展试点示范，推动应用落地；加强理论研究，提升技术能力。在"强化顶层设计，理顺权责边界"中应当"推动数据相关立法，明确数据确权、隐私保护、交易流通、数据跨境等管理要求；构建政府主导、多方参与的数据治理体系，厘清政府、行业、组织等在数据要素市场中的权责边界"[1]。另一方面，应当凝聚共识、实现数据治理四个目标：技术和数字的发展与创新，消费者权益保护，商业利益实现，以及公共利益和国家利益的实现[2]。

（二）数据要素市场治理体系建设的具体路径

长期以来，由于职责的不同，各部门对于数据的利用和保护态度不尽相同。譬如发展改革部门希望将数据的流通作为一个新动能，来促进数字

---

[1]　梅宏：《构建数据治理体系培育数据要素市场生态》，《软件和集成电路》2021 年第 5 期。

[2]　司晓：《数据要素市场呼唤数据治理新规则》，《图书与情报》2020 年第 3 期。

经济发展，而网络信息部门和国家安全部门等则基于国家安全和信息保护职责，则更偏向于数据的严格保护。两者目的均为推进数字社会的健康有序发展，但也难以形成统一步调。一方面，需要建立专门的机构以实现统筹管理。相关调研显示，近 15 个政府部门拥有数据管理权限，公共数据"九龙治水"的现象较为突出，多个部门治理手段不足、能力不匹配，各部门之间缺乏治理协同与分工合作。同时，尽管多个地方已经先行在省、市级层面成立大数据局等类似专门机构，加强针对大数据领域的管理、推动大数据产业发展，但各地类似机构的角色定位、职能权限、归口级别等仍存在一定差异，或不利于实现数据治理"全国一盘棋"、协调统筹推进数据要素全国统一大市场。2023 年 3 月，《党和国家机构改革方案》提出组建国家数据局，负责协调推进数据基础制度建设，统筹数据资源整合共享和开发利用，统筹推进数字中国、数字经济、数字社会规划和建设等工作。成立国家数据局是构建融合数据利用、产业规划、监督管理等为一体的数据治理制度的关键一步，将数据资源利用与监管有机结合，有助于提高公共数据治理体制效率，提升治理科学性、透明性，降低公共数据治理成本与预期的不确定性，解决目前公共数据治理主体多元、治理权分散等诸多问题。同时，在国家层面成立专门的数据治理机构将形塑垂直管理的公共数据治理体制，强化中央对全国数据资源的统筹规划，便利持续开展对地方数据治理工作的指导与协调。另一方面，也应当强化协同治理机制的构建。构建政府、平台、行业组织、企业及个人多元主体协同治理机制。健全共建共治共享的数据要素市场治理制度，提升数据要素市场治理效能。明确国家指导和监管职责、行业自律和协调功能以及组织符合数据要素治理的标准等内容。

首先，通过平台、数据、算法三元融合的方式，以监管科技强化事前事中监管范式。应用中国原创性数据要素市场治理措施，基于共票、"法链"等理论来应对数据要素市场治理问题，应进行内嵌法律、技术创新在内的数据要素市场化改革，通过平台、数据、算法三元融合的方式实现数据要素市场治理，以监管科技强化事前事中监管范式弱化事后处罚机制。其次，构建政府部门、企事业单位、社会公众对数据利益的共享机制，形成系统性的协同共治机制。针对数据治理工作，应当建立由政府主导、发动多方参与的数据分类分级制度，从不同维度廓清数据安全的责任和边界、数据权益归属与划分，明确各主体关于数据的权利义务，进而构建政府部门、企事业单位、社会公众对数据利益的共享机制，形成系统性的协同共治机制①。最后，构建以政府主导、不同组织谈判协商的治理体系。治理体系的构建，离不开均衡的治理主体结构以及科学的权属配置②。政府应当是多元共治治理格局的"召集人"，政府不仅可以召集、组织、指导各方参与治理，设计和维护协同规则，而且还可以作为"中间人"或"调节人"，推动各方建立互信、进行对话、广泛协商，实现治理成果效益的最大化。治理体系建立在不同序列组织之间基于共同目标进行谈判协商的基础之上，依赖各组织间的信任和彼此理解。

二、数据要素治理模式：治理的多元协同

目前国内外学界普遍认为对数据要素市场的协同治理应当在维护各主体数据权益的基础上，实现政府、个人、企业等多元主体对数据要素市场的协同共治，助力数据全流程合规和监管规则体系建设。

（一）数据要素市场多元主体治理的模式

我国数据交易市场未能真正实现多层次高质量发展的根本原因在于以

---

① 商希雪、韩海庭：《数据分类分级治理规范的体系化建构》，《电子政务》2022 年第 10 期。
② 宋方青、邱子键：《数据要素市场治理法治化：主体、权属与路径》，《上海经济研究》2022 年第 4 期。

强父爱主义为内核的数据交易治理范式存在功效失范、模式错位等问题，需要以弱父爱主义重构治理范式，通过数据交易安全管理制度、市场秩序管理制度、数据交易平台管理制度、可信数据交易体系等基础性规则，实现数据交易的"安全化""市场化""阳光化""可信化"。[①] 数据要素市场治理需要构建"大市场、大监管"市场监管体系，推动多元主体共同参与，以政府监管为补充，实现政府监管与市场调节相互激励。[②]

（二）数据要素市场不同主体之间的互动关系

当前"个人企业互动，国家中立监管"的二元主体结构与权利维护能力悬殊和府际利益分化的现实因素存在内在矛盾，政府、个人和企业构成的多元主体结构才是更为符合实际的数据要素主体互动格局，而分置为主权、所有权、人格权和用益权的数据权利（力）才是数据权属配置的理想状态。[③] 平台治理对制度提出了更高要求。过去，技术乐观主义在理论和实务界占据主导地位，社会普遍认为数字数据技术必会增进社会福祉，因而放任平台恣意扩张，以致市场失灵，由于平台经济治理议题的复杂性，其牵涉范围涵盖竞争政策、数据隐私、数字素养、人工智能治理、媒体政策等多个领域，政府、社会等多方主体需合力应对，才能实现对数字市场的有效治理。应依托行业数据主管部门，构建政府主导、多方参与的数据治理体系，厘清政府、企业等在数据要素市场中的权责边界，形成政务数据和公共数据开放共享机制。完善数据分类分级等管理制度和标准规范，明晰数据生产者、汇聚者、开发者、使用者等

---

① 徐玖玖：《从"数据"到"可交易数据"：数据交易法律治理范式的转向及其实现》，《电子政务》2022 年第 12 期。

② 陈思、马其家：《数据跨境流动监管协调的中国路径》，《中国流通经济》2022 年第 9 期。

③ 宋方青、邱子键：《数据要素市场治理法治化：主体、权属与路径》，《上海经济研究》2022 年第 4 期。

各方权利与责任。[①]

三、数据要素治理手段：技术的深度融合

推进数据要素市场治理与技术的深度融合。首先，研究数据要素市场治理与技术的关系。数据要素市场治理离不开技术的支撑。为此需要提升数据安全防范技术水平，在制度层面对数据产业链运行、技术操作行为等进行规范。其次，探索建立技术驱动型的数据要素市场治理路径。将其他子课题的提出的相应指标和标准转化为治理标准，并编写专门的"智能合约"以保障数据要素市场治理体系的互操作性。最后，建构一套以共票、"以链治链"基础理论的数据要素市场治理体系。基于共票、"以链治链"等理论进行展开，整体上实现对数据要素市场进行智能的监管和治理。

（一）运用数据流通相关安全技术，协同管理区块链数据

《数据二十条》指出，充分发挥协同治理作用，支持开展数据流通相关安全技术研发和服务，促进不同场景下数据要素安全可信流通。构建数据治理新体系离不开区块链、隐私计算等技术。区块链作为具有防篡改等特性的新兴技术手段，将大幅改进重要数据的共享和储存模式。将区块链应用到核心数据、重要数据储存中，有助于在信息对称的基础上实现信任对称。因此，可借助区块链技术并形塑"以链治数 + 以法入链"协同治理体系。

一方面，"以链治数"的监管模式可以满足链群的安全风险防护需求。针对区块链生态中存在的安全风险和多维监管需求，建立协同监管技术框

---

① 施羽暇：《培育数据要素市场的现状、问题与建议》，《信息通信技术与政策》2022 年第 1 期。

架、共性安全风险指标体系。另一方面，"以法入链"的智能化监管，可以节约监管成本以及提升监管效率。将法律语言转换为计算机可识别的干代码，并建立校验机制，为实现数据安全提供业务支撑。此外，隐私计算相关技术也可在维护隐私的前提下充分释放数据要素价值，保障数据安全，推进协同治理。由此，借助技术手段方可实现《数据二十条》指出的"数据要素安全可信流通"。

（二）双维治理监管数据算法，迎合数据制度创新

《数据二十条》明确了"安全可控、弹性包容"的数据治理原则，并提出应建立数据要素生产流通使用全过程的算法审查等制度。算法作为自动化决策的核心技术，在未来数字经济发展过程中将有越来越多的应用场景。而先进的算法在充分发挥海量数据优势的同时，也在催化难以预料的挑战和风险：算法本身具有无法消弭的黑箱属性，并且大数据杀熟等算法乱象频现，对数据安全造成巨大风险。对此，可在包括行为监管和审慎监管的传统双峰监管维度之外，加以科技治理维度，形成双维治理体系。

具体而言，为贯彻《数据二十法》确立的监测预警等制度，可以科技驱动型的治理思路应对算法等新兴技术发展，采用与科技发展相匹配的科技驱动型治理模式回应科技治理的特殊性，以契合数据制度创新的技术性本质特征。在科技治理模式下构建新型关系，监管者、数字平台、平台内经营者和消费者都是平等的参与主体，从而可以进行开放式的谈话，从监管者的视角了解监管目标以及从平台的视角观察监管要求，真正实现《数据二十条》要求的各方履行数据要素流通安全责任和义务。如此，双维治理体系构建事前、事中、事后的全过程实时监管，督促数据技术应用摒恶向善，最终促进数字经济向阳发展，增加社会整体福利。

第四章　数据要素的权益配置

　　近年来，数据产权问题备受关注，在理论界已经形成了一般财产说、知识产权说、商业秘密说、公共物品说等不同学说，实务界也对数据所有权的归属问题展开了激烈讨论，长期以来未形成共识。对此，迫切需要相对成熟的数据产权思想加以指引，聚合分散的研究力量，推进相关法律的制定与实施，进而将数字经济建立在法治轨道上。《数据二十条》的颁布率先提出"三权分置"的数据产权框架，并就数据产权登记方式、数据确权授权机制等基础制度的构建提出了相对全面的方案，对未来数据产权相关制度的构建具有里程碑式意义。

第一节　中国三大产权改革的历史演进

　　数据要素的产权问题不同于以往传统生产要素的产权问题。笔者认为，我国在产权方面主要经历了三次大的改革，第一次是改革开放初期的土地产权改革。20世纪50年代后期，我国开启了农村集体化运动，最终导致农村劳动生产率下降，农民生活改善缓慢[1]。在此背景下，1978年安徽省凤阳

---

[1]　吴晓燕：《动能转换：农村土地产权制度改革与乡村振兴》，《社会科学研究》2020年第3期。

县小岗村自发实行包产到户并取得空前大丰收。1979 年，中共中央指出"集中精力使目前还很落后的农业尽快得到迅速发展"[1]。1980 年，中共中央印发的《关于进一步加强和完善农业生产责任制的几个问题》肯定了"专业承包联产计酬责任制"，并指出"对于包产到户应当区别不同地区、不同社队采取不同的方针"。"1985 年，国家不再向农民下达农产品统派购任务，农民成为相对独立的商品生产经营者。至此，农村体制基本上突破了原来的'三级所有、队为基础'体制"[2]。满足了农民对土地直接经营收益以及流转处分和承包权益保障的需求，促成产权安排由集体所有、统一经营的单一形式向农村土地集体所有权、农户承包经营权"两权分离"模式的转变[3]。此后土地家庭联产承包责任制写入宪法、土地管理法与土地承包法之中，明确承包农户对土地的产权，通过将土地、生产工具等资源分给农民个体，使其拥有明确的生产责任和收益权，激发了农民的生产积极性，极大地推动了我国农业生产的发展。后被延续至今的所有权、承包权、经营权"三权分置"所优化，通过强化农村土地集体所有权、稳定农村土地承包关系、放活农村土地经营权，进一步提高了农业生产效率，推动了现代农业发展。

　　第二次是 2005 年进行的国有股权分置改革。在我国资本市场初期，为了避免意识形态领域的巨大阻力，我国建立了股权分置制度。该制度确定的原则为：国有资产不上市，只在资产评估的基础上向社会公众增发股份，增发的股份可以上市流通。在此原则下，我国上市公司的股权结构既包括可以上市流通的流通股，主要是中小股东持有；也包括很大部分不可以在市场上流通的国有股、法人股等非流通股。为了保证国有资产不流失，国有企业只能

---

[1]　中共十一届四中全会通过的《中共中央关于加快农业发展若干问题的决定》。

[2]　刘守英：《农村土地制度改革：从家庭联产承包责任制到三权分置》，《经济研究》2022 年第 2 期。

[3]　石宝峰、王瑞琪：《中国农村土地制度改革的历史进程、理论逻辑与未来路径》，《中州学刊》2023 年第 10 期。

通过增发股票而成为上市公司，然其原有股票依旧为非流通股。该制度一定程度上制约了资本市场健康发展，并因为流通股股东对企业没有投票权，非流通股股东对上市公司拥有控制权，产生了不公平的"同股不同权"现象。

　　在此背景下，我国曾经进行了按市价减持国有股的改革，但最终以失败告终。2004 年，国务院发布《关于推进资本市场改革开放和稳定发展的若干意见》，第一次提出了"股权分置"的概念，并提出改革措施。2005 年，中国证券监督管理委员会发布《关于上市公司股权分置改革试点有关问题的通知》，确立了"市场稳定发展、规则公平统一、方案协商选择、流通股东表决、实施分步有序"的操作原则，股权分置改革试点正式启动。股权分置改革的核心是让非流通股变成可流通股，让国有股和法人股可以上市。并引入一个新的概念"对价"，即非流通股股东要取得流通权，需要向流通股股东支付一定的对价。而对价由非流通股股东和流通股股东协商解决，基于市场博弈决定。这有效解决了不同股股东之间利益不对等的问题，为我国上市公司后续实施股权激励提供了良好的市场环境。总体而言，2005 年的国有股权分置改革，解禁了上市企业的非流通股，使我国股票流动性开始呈现明显增强的趋势[1]。基于全流通逐步实现股权分散化，弥补了由股权分置和"一股独大"造成的公司治理缺陷。[2] 经过股权分置改革，我国资本市场进入了完全流通时代。一方面，大股东更加关注公司盈利和竞争力，不断注入优质资产和优化公司治理，促进了公司的健康有序发展。另一方面，资本市场自由化发展不断提升，资本市场制度逐渐规范化，使得我国资本市场逐渐进入与国际接轨的正常发展时期。

　　第三次是当前的数据产权改革，相比过往的产权制度改革，如图 4-1 所示。数据的产权配置问题更为复杂：数据相较于劳动力、资本、土地等

---

[1]　黄灿、蒋青嬗:《股票流动性在中国:基于影响机制的再检验》,《管理科学》2023 年第 2 期。

[2]　廖理等:《股权分置改革与上市公司治理的实证研究》,《中国工业经济》2008 年第 5 期。

传统生产要素，其价值的实现在于高效流通使用和赋能实体经济，但流通使用所带来的数据高速流动也导致数据产权的归属确定难度极大，在数据生产、流通、使用等过程中涉及的活动主体、利益主体及权利内容均具有多元化特征，呈现复杂共生、相互依存、动态变化等特点①，导致传统产权制度框架难以适用。

图 4-1　中国三大产权改革

资料来源：笔者自绘。

第二节　从"三权分置"到"四权分置"

《数据二十条》将数据产权划分"三权"，即数据资源持有权、数据加工使用权和数据产品经营权，形成了"三权分置"模式。在"三权"后加"等"作为兜底，意味着数据权利不限于所列举的三项权利，充分体现了《数据二十条》的严谨性和科学性。本书认为我国有必要在"三权分置"的基础上，将数据收益权作为一项单独的权利加以规定，化"三权"为"四权"，形成"四权分置"产权机制。

一、《数据二十条》中的"三权分置"评析

《数据二十条》提出探索"建立数据资源持有权、数据加工使用权、

---

① 《构建数据基础制度更好发挥数据要素作用——国家发展改革委负责同志答记者问》，2022 年 12 月 20 日，见 https://www.ndrc.gov.cn/xxgk/jd/jd/202212/t20221219_1343696.html。

数据产品经营权等分置的产权运行机制",形成"三权分置"的中国特色数据产权制度,是数据产权制度的重大创新,对未来数据权益制度的构建具有重要的理论和实践指导意义,主要体现在以下几个方面:

第一,淡化所有权问题,更为聚焦数据的使用与流通。数据相较于传统生产要素,其价值实现在于高效流通使用和赋能实体经济。孤立的数据缺乏价值,只有在不断地流通、聚合、加工之后,其价值才能产生乘数效应。《数据二十条》强调数据使用权的流通,将有助于数据价值最大化,推动我国数字经济的高质量发展。

第二,提出"研究数据产权登记新方式"。数据具有数量巨大、类型丰富、流通高速等特点,难以套用传统生产要素产权登记制度,须构建一套全新的产权登记制度。对此,《数据二十条》提出"建立健全数据要素登记及披露机制,增强企业社会责任,打破'数据垄断',促进公平竞争"。通过数据产权登记制度的完善,一方面有助于强化市场参与主体的数据合规治理,为数据要素市场安全高效运行提供基础保障;另一方面也有助于健全对数据要素各参与方合法权益的保护制度,加强数据要素的供给激励。

第三,《数据二十条》的"三权分置"体制体现了对不同主体权益的保障,数据资源持有权是对数据资源持有者的权益保护,既是对数据控制事实状态的确权承认,也反映了促进国家数据资源登记汇总和强化数据分类分级保护的公共利益。数据加工使用权是包含加工权、使用权的复合权益。数据产品经营权是企业开发、使用、交易和支配数据产品的权利,主要是一种数据竞争性权益。这些权益的设置体现了将数字经济发展红利由广大人民共享的目标追求。

总之,《数据二十条》率先提出"三权分置"的数据产权框架,并就数据产权登记方式、数据确权授权机制等基础制度的构建提出了切合实际的方案,对未来数据产权相关制度的构建具有里程碑式意义。

二、从"三权分置"到"四权分置"的必要性

我国应当在"三权分置"的基础上，将收益权作为一项单独的权利加以规定，化"三权"为"四权"，其理由主要包括：

其一，数据的收益分配是《数据二十条》重点强调的内容之一，也是数据经济活动乃至数据全生命周期中都不可或缺的一部分，存在其中的数据红利分配更是党和国家"以人民为中心"理念的重要体现。

其二，收益权向来就是产权的单独组成部分之一，是所有权等传统产权所涵盖的占有、使用、收益、处分四项权能之一，历史上各种类型产权制度都包含了收益归属的规定，其设立的最终目的在于确保社会经济发展成果为特定或不特定主体所享有。

其三，从与其他产权的衔接来看，数据要素的持有、加工使用和产品经营是数据流转的过程，数据收益则是数据流转结出的果实，相互之间存在紧密的因果关联，而且加工使用权、产品经营权并不能完全有效涵盖收益权，其具体内容和规制侧重点并不相同。

其四，从现实来看，现有立法中有关数据收益权规定不明，导致数据要素收益难以惠及社会公众。故此，在后续的数据产权体系建设中可以考虑将收益权作为一项单独的权利加以规定，化"三权"为"四权"，如图4-2所示。

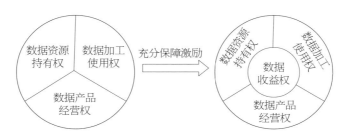

图 4-2　从"三权"到"四权"示意图

资料来源：笔者自绘。

三、数据产权分置改革的完善路径

《数据二十条》带来了值得进一步思考的问题。在分置的产权具体内容上，"数据资源"包括哪些？何种数据状态能够认定为"持有"？"数据来源者""数据处理者"等主体概念的具体内涵是什么？对于数据同时存在于多个主体手中的状态，能否认定为共有？对这些问题有必要在后续的制度建设中加以厘清，为《数据二十条》的贯彻落实更具可操作性。

（一）聚焦数据流通交易和价值共享

党的二十大报告提出"中国式现代化是全体人民共同富裕的现代化"，"坚持把实现人民对美好生活的向往作为现代化建设的出发点和落脚点，着力维护和促进社会公平正义，着力促进全体人民共同富裕，坚决防止两极分化"[①]。当前，以数据生产要素为核心驱动的数字经济迅猛发展，但产权制度的缺陷却导致数据价值和发展红利难以被全体人民所共享。数据产权制度的建设应以中国式现代化为指引，在充分认识和把握数据流通交易、开发利用等基本规律的基础上，形成与数字劳动这一新型生产方式相适应的新型产权关系。应当形成依法规范、共同参与、各取所需、共享红利的发展模式，构造公平、高效、激励与规范相结合的数据利益分配机制，保护数据要素各参与方的投入产出收益，肯认并保障不同利益主体的数据利益诉求，避免数据价值被少数人所独占和社会财富的极化，激励全社会共同参与数据价值的创造，进而实现数字经济背景下的社会化大生产，为实现全体人民共同

---

① 习近平:《高举中国特色社会主义伟大旗帜　为全面建设社会主义现代化国家而团结奋斗——在中国共产党第二十次全国代表大会上的报告》，人民出版社 2022 年版，第22 页。

富裕提供制度保障。①

当前，我国《民法典》《电子商务法》《电子签名法》《网络安全法》《数据安全法》《个人信息保护法》等数字经济的相关法律制度，主要规定了数据安全治理方面的权益规则，基于数据流通交易和收益分配现实需求配置数据产权的规定则稍显不足，难以形成对劳动者、消费者等广大群体积极参与数据价值创造的制度激励。故此，应当打破私有制逻辑下的产权体制束缚，化解数据被私人资本所占有的弊端，通过完善产权分置运行机制和公共数据、企业数据、个人数据的分类分级确权授权制度，健全数据流通交易和收益分配方面的制度建设和规则设计，界定数据生产、流通、使用过程中各参与方享有的合法权利，以多元化的产权设置肯认个人、企业、国家等多元社会主体在数据生成、流通交易过程中对数据价值的贡献，并对多元主体通过各类劳动形式所创造的数据价值给予回报，以促进数据要素和产品科学高效的流通共享作为产权制度关注的焦点，激励各类主体参与数据要素的价值创造。

（二）厘清各项产权的具体内容

目前，国家发展改革委等部门正在推进《中共中央 国务院关于构建数据基础制度更好发挥数据要素作用的意见》所确立的数据基础制度落地实施。当前数据要素市场化配置改革的"棋眼"，是形成面向全社会数据资产的全链条管理体系，从数据资产的确权、登记、评估、定价、入表等环节入手构建一个全流程的政策闭环，主要包括以下几个方面：一是在《民法典》《数据安全法》《个人信息保护法》等法律框架下，构建完善数据资源持有权、数据加工使用权和数据产品经营权等产权分置改革；二

---

① 杨东、李佩徽：《畅通数据开放共享促进共同富裕路径研究》，《法治社会》2022 年第 3 期。

是搭建国家数据资产登记存证平台，将数据来源、提供者、权利人、使用期限、使用次数、使用限制、安全等级、保密要求等作为事实确认下来；三是完善数据资产评估体系，把好数据资产的"安全关""合规关""质量关""价值关"；四是围绕数据的资源化、资产化和资本化构建一套全新的适应数据资产特性的估值和定价逻辑。[①] 从当前的政策和实践情况来看，数据产权分置改革仍处于探索之中，应从各项权利的具体内容入手，细化立法规定。

在数据资源持有权方面，应针对不同类型数据资源明确"持有"的边界，特别是明确其积极权能和消极权能。"持有权"不同于"所有权"，所有权是一项独立的完全物权，而持有权则是事实性的、不依赖于所有权源的、对某种物（包括有形或无形）通过一定的方式或手段有意识地控制或支配，数据资源的获取、处理及利用总是与对数据资源有需求的社会主体密切相关，人类认识和掌握数据资源也是一个社会过程，当讨论数据资源归属时更多的是需要考虑数据资源的持有、使用和经营，而非所有。从数据资源的经济属性出发，可将数据资源分为私益性数据资源、公共性数据资源和准公共数据资源。私益性数据资源包括个人性数据资源和企业性数据资源，持有者可以享有数据资源的排他性和竞争性，但依法应予公开的数据资源则例外；公共性数据资源主要是指国家或政府及其委托机构进行管理的数据资源，该类数据资源持有者在特定国家或地域范围内，无排他性和竞争性，无论是个人还是企业都可以共享相应权益；对于准公共性数据资源，如公共事业类数据资源，除法律另有规定外，其持有者与其他第三方可基于合同约定依法享有相应权益。[②]

---

① 王建冬：《数据要素市场化改革要抓"棋眼"五大探索构建数据商品化、市场化、要素化政策闭环》，2023 年 1 月 30 日，见 https://www.163.com/dy/article/HSB-DAU3505198CJN.html。

② 段龙龙：《持续深化数据要素市场化改革》，《中国社会科学报》2022 年 9 月 21 日。

在数据加工使用权方面，应在明确"加工使用"范围的基础上，依据数据加工使用的程度赋予不同的权利。目前法律、行政法规均未对数据加工、使用作出定义性规定。从行业实践来看，数据加工主要是指对数据进行筛选、分类、排列、加密、标注等处理的活动，而数据使用主要指对数据的分析、利用等活动。不同的市场主体在数据加工过程中的成本投入不同，导致数据资源加工成果的显著差异，因而应根据数据加工使用程度赋予不同的权限：对于搬运、拼凑等原创程度较低的数据加工市场主体及其行为，应只授予其部分加工使用权，限制加工使用权转让和收益权；对于原创程度较高，成果中仅包含少量原始数据的主体及其行为，可赋予较大使用权限；对于完全开展原创性加工，形成全新的知识产权成果的加工主体，应授予完备的使用权及其权能。通过基于加工使用程度的权能分级，公平保障对数据资源加工者劳动投入的合理补偿。①

在数据产品经营权方面，应当以防范经营者之间垄断和不正当竞争秩序为重点，平衡数据开放和保护。数据产品经营权主要是指经营者开发、使用、交易和支配其数据产品的权利，主要表现为数据处理者限制第三方获取和利用其数据产品的竞争性权益，即防止竞争者不当利用其数据产品获得利益。我国"新浪微博诉脉脉"案中确立了"三重授权"原则，要求数据获取企业需要同时满足用户、数据持有企业和用户对数据持有企业的同意授权，确实有助于维护数据持有企业对数据的控制利益，但也较为依赖用户的"知情同意"，其过于严格的限制可能造成数据垄断。因此，应当在数据产品分类基础上加强对垄断和不正当竞争的防范，平衡好数据开放和保护。譬如，数据产品根据开发程度的不同可以分为汇集型数据产品和演绎型数据产品：前者仅对原始数据进行简单汇集加工，比如"大众点评"中由用户点评聚合形成的用户平台，后者则需要对原始数据进行深度

---

① 邓辉：《数据"三权分置"的新路径》，《中国社会科学报》2022年9月28日。

加工、演算分析，比如"生意参谋"等预测性判断或解决方案，对前者的相关交易可以适当减少限制，赋予的保护措施可以相对较少，对后者则应规定三重授权、知识产权等较为严格的保护措施。

在数据收益权方面，应当明确消费者参与收益分配的权利。基于数字劳动独特的价值创造过程，平台数据要素和数据产品、服务的价值不仅来源于与平台有雇佣关系的劳动者，也来源于消费者，数据资源持有权、数据加工使用权、数据产品经营权的形成是建立在雇佣劳动者和消费者共同劳动的基础之上，当前多数平台在数据收益的过程中仅承认雇佣劳动者的贡献而忽视、掩盖消费者的贡献①，应当加强对消费者数据收益分配权利的保护。目前，已有平台开展这方面的实践，譬如，谷歌于 2010 年出台了 Chrome 浏览器的 bug 奖励计划，对发现并提供代码解决方案的用户给予奖励；国内豆瓣、知乎、哔哩哔哩等社交或视频平台则对用户创作的优质内容设置收费或者奖励规则，所得收入在平台和创作者之间进行分配。相关立法和政策应在平台实践基础上具体规范平台和用户之间的收益分配比例、收益分配方式等内容，为用户劳动创造的价值设置至少与其付出成本相匹配的收益分配界限，从而公平保障全体数字劳动者的合法权益。

第三节　数据要素"利益束"的理论范式

哈贝马斯曾指出，社会的复杂性程度越高，生活形式多样化和生活历程个体化的程度就越强，人与人之间的利益冲突就越复杂，而如何对社会进行整合就是一个尖锐的问题。② 海量数据已然呈现出多样性、动态性、

---

① 杨东、徐信予：《资本无序扩张的深层逻辑与规制路径》，《教学与研究》2022 年第 5 期。

② ［德］哈贝马斯：《在事实与规范之间——关于法律和民主法治国的商谈理论》，童世骏译，生活·读书·新知三联书店 2011 年版，第 30—33 页。

松散性特点，亟须通过技术与制度的结合来实现数据整合利用。为此，笔者基于数据的特殊性和数字文明的发展需求，尝试性提出了数据"利益束"范式。

一、数据"利益束"的基本内涵

利益是指人在社会关系中由于人的需要而产生的一种人与人之间的关系。[①] 马克思和恩格斯立足于社会的现实生活，确立了唯物主义的利益思想。他们对利益的作用进行了说明：一方面，利益是人类赖以生存和发展的生活条件。"人们为之奋斗的一切，都同他们的利益有关。"[②] 另一方面，社会关系是利益的本质。"每一既定社会的经济关系首先表现为利益。"[③] 在法理层面，实现利益是设置权利的目的，权利只是实现利益的一种手段。广义的利益可分为未受法律保护的利益和法益（也即受法律保护的利益），其中"一部分法益被类型化形成权利，另一部分法益受制于社会发展水平、人类主观认识局限、历史传统以及利益类型化难题等因素未被权利化，成为未上升为权利的法益，与权利一起构成权益受到法律保护"[④]。当前数据被普遍认为是一种同石油、煤炭等价的资源，虽如上文所述不宜对其进行确权，但退而将其作为一种法益是毋庸置疑的。

笔者提出的数据"利益束"，是对数据确权（权利）的否认，和对"权利束"中"束"效能的吸收。目的在于将零散的数据利益整体化利用

---

① 刘湘顺：《马克思利益关系理论与当代中国的发展》，中国社会科学出版社 2011 年版，第 5 页。
② 《马克思恩格斯全集》第 1 卷，人民出版社 1995 年版，第 187 页。
③ 《马克思恩格斯全集》第 3 卷，人民出版社 1995 年版，第 209 页。
④ 崔淑洁：《数据权属界定及"卡一梅框架"下数据保护利用规则体系构建》，《广东财经大学学报》2020 年第 6 期。

与保护。数据"利益束"是指人与人之间的所有数据利益关系，而非传统狭义的人对数据的利益。在数据"利益束"中，数据参与者对数据的利益，是数据参与者对其他社会主体所持有的一系列数据利益关系，其中还融入多元价值和整体性利益。表现为多元主体的各种利益以"束"（bundle）的方式存在于数据参与者之间，并形成一种动态的利他的社会利益关系。换言之，如果说现代人在散步时"罩上了一个权利光环"[1]，这种权利更多的是一种利己主义的"光环"。那么在数字经济时代，每一个数据参与者随时随地都"手捧"着一束代表多元利益的"玫瑰"，即便"赠与"他人使用也会"手有余香"。如数据主体提供了自己脱敏的医疗数据，这些数据聚合起来形成的医疗大数据，最终会为数据主体及社会群体的健康保驾护航。同时，建构数据"利益束"并不意味着未取得权利名分的利益在法律上不能得到保护，而是为了形成一种更为系统灵活且能够适应数字经济发展的数据利用与保护模式。

二、"权利束"中的"束"效能汲取

"权利束"概念源于新产权学派霍菲尔德教授将财产描述为"一捆棍子"（a bundle of sticks）的表述。[2] 他认为财产权不是由人对物的关系构成，而是由人与人之间的基本法律关系所构成，是包括请求权、特权、权力和豁免等一系列复杂权利构成的关系集合。[3] 其观点被学者们不断地丰富和

---

[1] 张恒山教授以散步行为为例，指出没有权利意识的原始人在散步时，无论散步者本人还是旁观者都不会考虑权利的问题，而现代人"在散步行为上罩上了一个权利光环"。参见张恒山：《论权利之功能》，《法学研究》2020年第5期。

[2] Hanoch Dagan, "The Craft of Property", *California Law Review*, Vol.91, No.6（2003），pp.1517-1572.

[3] Wesley Newcomb Hohfeld, "Some Fundamental Legal Conceptions as Applied in Judicial Reasoning", *Yale Law Journal*, Vol.23, No.1（1913），pp.16-59.

发展，逐渐形成较为成熟的"权利束"模式。该模式主要具有四大特征：
（1）"权利束"具有"聚集效应"（agglomeration effects）[1]，是"在某些组合
中构成财产的个人权利的集合"[2]。（2）"权利束"不是人对物的权利，而
是人与人之间的一种关系。[3]（3）"权利束"具有可塑性，可以基于整体
性需求，通过政策性调整来增加或减少权利"棍棒"。[4]（4）"权利束"通
过融入社会价值观来定义财产权利，推进多元价值体系的形成。[5]

　　目前"权利束"模式为我国一些论者所倡导[6]，他们认为包括人格权、
财产权、国家主权等权利在内的分散的数据权利，相互割裂且缺乏联系，
难以形成数据权利内部统一价值标准与规则，故指出应当通过"束"来
确定数据权利的边界。[7] 不可否认，"权利束"扩充了财产权的概念，"权
利束的灵活性和相对性不仅为数据权利分化提供了可能，还与数据保护
的'场景理论'高度契合"[8]。但这也意味着"权利束"会随着场景的不同
而呈现出多样性和开放性，导致权利不断空洞化，进而"丧失了对何种权
利应当纳入及权利构造为何的解释力"[9]。不仅如此，"权利束"还存在以

---

[1]　Robert C. Ellickson, "Two Cheers for the Bundle-of-Sticks Metaphor, Three Cheers for
　　Merrill and Smith", *Econ Journal Watch*, Vol.8,No.3（2011），pp.215-222.

[2]　Hanoch Dagan, "The Craft of Property", *California Law Review*, Vol.91, No.6（2003），
　　pp.1517-1572.

[3]　Denise R. Johnson, "Reflections on the Bundle of Rights", *Vermont Law Review*, Vol.32,No.2
　　（2007），pp.247-272.

[4]　Anna di Robilant, "Property: A Bundle of Sticks or a Tree", *Vanderbilt Law Review*, Vol.66,
　　No.3（2013），pp.869-932.

[5]　Denise R. Johnson, "Reflections on the Bundle of Rights", *Vermont Law Review*, Vol.32,
　　No.2（2007），pp.247-272.

[6]　王锡锌：《国家保护视野中的个人信息权利束》，《中国社会科学》2021 年第 11 期；闫
　　立东：《以"权利束"视角探究数据权利》，《东方法学》2019 年第 2 期。

[7]　闫立东：《以"权利束"视角探究数据权利》，《东方法学》2019 年第 2 期。

[8]　许可：《数据权利：范式统合与规范分殊》，《政法论坛》2021 年第 4 期。

[9]　许可：《数据权利：范式统合与规范分殊》，《政法论坛》2021 年第 4 期。

下局限：一是"权利束"模糊了财产权和其他法律关系之间的区别，边缘化了财产作为对某物的权利的观念。[①] 致使财产处于"腾空"状态，数据主体人格尊严相关的数据保护相对欠缺。二是财产法学家最初提出"权利束"时，"所观察的事实样本主要限于既存的有形财产"[②]。这导致作为新型财产的数据适用这一权利理论缺乏足够的解释力。三是"权利束"并没有提出一种新的规范思想，而是一种分析性和描述性的思想。[③] 通过"束"来调整的多项权利，一定程度上使权利丧失原本的属性，如所有权的根本特征就在于排他性，而"束"的利他价值融入一定程度上削弱了其排他性，进而损害了既有权利体系的稳定性。四是"束"中的各项权利变得松散无序，忽视了财产的结构性问题，导致"束界"模糊和利益分配困难。对此，有学者指出"权利束"只是一句口号（slogan），淡化或分散了财产权利的本应关注的焦点问题，且没有提供行之有效的解决方案。[④]

虽然"权利束"没有跳出数据确权的局限，且本身也存在诸多问题，但该理论中"束"的主要效能反映了数据权益制度的需求，在数据"利益束"的建构中可以借鉴。其一，"束"的隐喻表明财产是人与人之间的一组法律关系，而不仅仅是物的所有权或所有者与物之间的关系。[⑤] 这与马克思的利益观一致，对数据"利益束"的建构具有借鉴吸收的基础。其二，"束"具有灵活性、开放性和扩展性。不仅满足了无形财产动态变化

[①] J. E. Penner, "The Bundle of Rights Picture of Property", *UCLA Law Review*, Vol.43, No.3（1996）, pp.711–820.

[②] 包晓丽、熊丙万：《通讯录数据中的社会关系资本——数据要素产权配置的研究范式》，《中国法律评论》2020 年第 2 期。

[③] Denise R. Johnson, "Reflections on the Bundle of Rights", *Vermont Law Review*, Vol.32, No.2（2007）, pp.247–272.

[④] J. E. Penner, "The Bundle of Rights Picture of Property", *UCLA Law Review*, Vol.43, No.3（1996）, pp.714–820.

[⑤] Denise R. Johnson, "Reflections on the Bundle of Rights", *Vermont Law Review*, Vol.32, No.2（2007）, pp.247–272.

的需要，而且"认可集体与政府对财产权的干预"①，在不影响"束"的整体利益的情况下，可以基于国家政策来增加或减少权利"棍棒"，满足数据利用的整体性需求，进而实现个人利益与公共利益的高度融合，推动多元社会价值的实现。② 其三，不同于纯粹财产所有权的排他性忽略了财产的整体运作形态，"束"解决了所有权模型对财产结构过于简单化刻画的问题，在数据"利益束"的建构中，应当基于"束"的效能，兼顾数据利益关系的复杂性、互动性和整体性。

与此同时，对于论者们指出的"权利束"具有弱结构性、弱边界性的问题，在数据"利益束"的建构中还应当借鉴吸收"财产树"模式（the tree model of property）的相关效能予以补强。③"财产树"模式与"权利束"产生于同一时期，受民主与集体主义思想的影响，该模式在财产使用控制权与财产"社会功能"（social function）中找到了新的平衡点。④"财产树"模式主要具有两大特征：一是通过"树干"来区别于其他财产或权利，其中的"树干"主要是指控制财产使用的权利；二是强调国家只有为了实现极其重要的社会目标，才能限制或重塑权利。⑤ 在数据"利益束"的构建方面，首先应当进一步明晰"束"与"束"的边界，并在"束"的功能上，借鉴"财产树"模式在"树干"中所强调的"社会功能"，即通过该

---

① 闫立东：《以"权利束"视角探究数据权利》，《东方法学》2019 年第 2 期。

② Denise R. Johnson, "Reflections on the Bundle of Rights", *Vermont Law Review*, Vol.32, No.2（2007），pp.247-272.

③ "财产树"模式认为，财产的结构就像一棵有着单一的树干和许多树枝的树。该模式将财产分解成其构成要素（即束中的不同树枝），形成将财产与其他权利区分开来的核心权利的"树干"，以及指代获取特定资源（resource-specific）的"树枝"，并在"树干"和"树枝"中融入了多元社会价值和利益需求。

④ Anna di Robilant, "Property: A Bundle of Sticks or a Tree", *Vanderbilt Law Review*, Vol.66, No.3（2013），pp.869-932.

⑤ Anna di Robilant, "Property: A Bundle of Sticks or a Tree", *Vanderbilt Law Review*, Vol.66, No.3（2013），pp.869-932.

功能来激励资源公平分配、参与式管理（participatory management）和生产效能等社会价值的实现。[1] 在"束"具体利益方面，应当借鉴其"树枝"中所关注的权利主体的隐私保护、行动自由、平等获得生产资源以及资源合作管理的多元利益。以进一步增强"束"的结构性和社会价值多元性。

三、数据"利益束"创设的功能价值

建构数据"利益束"是为了使数据参与者在互利共享的共识下，实现数据的高效流通，最大限度地实现数聚赋能和数据红利分配。其功能价值还体现在：（1）融入多元价值，强调数据利益的利他性。利他性是指社会主体自觉自愿让渡部分个人利益来赢得条件不充分环境中发展的稳定性、持续性和前瞻性。[2] 与纯粹的人对数据所拥有的利己利益不同。数据"利益束"不仅包括个人利益，还捆绑了国家利益和集体利益，并将这些利益反映在人与人的社会关系之中，实现数据个人利益与公共利益的高度融合，进而增加生活便利、降低交易成本、促进国家数字经济的快速发展。（2）增加了数据利益的拓展性和整体性，更为系统地保护数据参与者的利益。通过对"权利束"中"束"理论的汲取，将不同的利益"捆绑"起来，拓展和丰富了数据利益的范畴，而且"束"的捆绑更有利于实现碎片化利益的系统化，确保数据利益保护的全面性。再者，基于利益运行的整体规则来促使不同数据主体之间利益相互交融，增强了数据利益的立体性，以避免将复杂的数据利益关系简单化。（3）优化数据利益的形成与分配方式，实现人的自由全面发展。"利益束"吸收了"束"提高"集体

---

① Anna di Robilant, "Property: A Bundle of Sticks or a Tree", *Vanderbilt Law Review*, Vol.66, No.3（2013），pp.869-932.

② 蔡志强、袁美秀：《从马克思主义中国化"两个结合"的维度审视集体主义价值观》，《思想理论教育》2022 年第 7 期。

控制和再分配"水平的效能。[1] 数据参与主体基于整体主义共享数据和参加"数据劳动",获得更多的数据利益,同时凭借自己拥有的数据"利益束"来获得数据红利,这在一定程度上形成了数据流通共享"人人参与"与"人人受益"的局面,有利于"让每个人都有发挥自己潜能的机会,去追求人生的价值,促进社会公平正义"[2]。(4)将数据核心问题聚焦到根本性的数据利益问题上,避免受困于并非真正前置问题的数据确权中。一方面,"权利逻辑的背后乃是利益的分配"[3]。数据"利益束"将数据权利背后的问题直接进行剖析,并通过区块链技术对其进行"可信存证",充分地保障了数据参与者的利益。另一方面,依据"科斯定理",当交易成本为零时,无论初始权利被界定给谁,理性的主体都会对权利进行自愿的交易,以使社会生产实现最有效率的水平。[4] 数据一旦实现点对点的交易,基于互联网、区块链的数据流通成本极低,这在一定程度上使得数据交易成本几乎为零。因此,在交易成本不断降低的前提下,数据权利的界定实际上已经没有必要,而数据利益则应当被进一步外化,并受到各方关注。

第四节　共票理论与数据要素收益分配制度

我国应当化"三权"为"四权",将数据收益分配权利纳入产权分置体系。按照"谁投入、谁贡献、谁受益"原则,着重保护数据要素各参与方的投入产出收益。通过收益分配权利的确立,确保个人、企业、公共数

---

① Robert C. Ellickson, " Two Cheers for the Bundle-of-Sticks Metaphor, Three Cheers for Merrill and Smith", *Econ Jcon Watch*, Vol.8, No.3(2011), pp.215-222.

② 《李克强在第十届夏季达沃斯论坛开幕式上的致辞(全文)》,2016年6月28日,见 http://www.xinhuanet.com//politics/2016-06/28/c_1119122273.htm。

③ 林雪梅:《马克思的权利思想》,人民出版社2014年版,第215页。

④ 参见商晨:《利益、权利与转型的实质》,社会科学文献出版社2007年版,第56页。

据的价值收益共享，在开发挖掘数据价值各环节的投入有相应回报，强化基于数据价值创造和价值实现的激励导向。在具体落实数据要素分配制度时，基于共票理论予以展开。

一、将数据收益分配权利纳入产权分置体系

《数据二十条》提出数据产权的分置体制，不仅是为了促进数据充分的流动共享，更是为了通过产权的合理设置保证数据收益的公平合理分配。收益权始终是产权的重要组成部分。通过数据收益的合理分配，才能激励各类主体积极参与数据价值的创造，推动数据要素的流动共享。因此，产权分置体制理应将数据收益权纳入其中。但《数据二十条》并未将收益权作为分置的产权之一。从产权本身的发展历程来看，收益权向来就是产权的单独组成部分之一，是所有权等传统产权所涵盖的占有、使用、收益、处分四项权能之一，历史上各种类型产权制度都包含了收益归属的规定，其设立的最终目的在于确保社会经济发展成果为特定或不特定主体所享有；从与其他产权的衔接来看，数据要素的持有、加工使用和产品经营是数据流转的过程，数据收益则是数据流转结出的果实，相互之间存在紧密的因果关联，而且加工使用权、产品经营权并不能完全有效涵盖收益权，其具体内容和规制侧重点并不相同；从现实来看，现有立法中有关数据收益权规定不明，导致数据要素收益难以惠及社会公众。故此，在后续的数据产权体系建设中可以考虑将收益权作为一项单独的权利加以规定，化"三权"为"四权"。

具体而言，数据收益的分配应当考虑数据流通交易过程中每个主体对数据价值的贡献。对数据价值的贡献首先体现为人的劳动，数据价值的形成，当然离不开数据生产和流通各环节中数据收集方、数据加工方、数据分析方等主体付出的劳动，因此数据价值所产生的收益应当以按劳分配为

主，按照各主体所付出的劳动进行分配。当然，除了劳动以外，数据价值的创造也需要资本、技术等要素的投入，对于投入了资本、技术等要素的主体也应当分配相应的收益。[①] 故此，需要健全数据要素由市场评价贡献、按贡献决定报酬机制，按照"谁投入、谁贡献、谁受益"原则，着重保护数据要素各参与方的投入产出收益。通过收益分配权利的确立，确保个人、企业、公共数据的价值收益共享，在开发挖掘数据价值各环节的投入有相应回报，强化基于数据价值创造和价值实现的激励导向。在此过程中，可借助共票（Coken），为促进数据高效流通、价值创造以及利益共享提供解决方案。

二、共票：兼容粮票、钞票和股票

马克思认为"利益关系主要表现为人对物的所有、占有、支配和使用，主要还是一种分配关系"[②]，只有建立起科学合理的利益分配机制，利益主体的积极性才能得到充分的发挥。党的二十大也强调，"我们深入贯彻以人民为中心的发展思想……人民群众获得感、幸福感、安全感更加充实、更有保障、更可持续，共同富裕取得新成效"[③]。而分配公平是实现社会福利的前提性条件。[④]

然而，就目前而言，数据利益主要集中在少数人手中。苹果公司首席

---

① 孔伟艳：《马克思的分配理论与我国现阶段的分配制度》，《南方论刊》2012 年第 6 期。
② 刘湘顺：《马克思利益关系理论与当代中国的发展》，中国社会科学出版社 2011 年版，第 61 页。
③ 习近平：《高举中国特色社会主义伟大旗帜　为全面建设社会主义现代化国家而团结奋斗——在中国共产党第二十次全国代表大会上的报告》，人民出版社 2022 年版，第10 页。
④ Lee Anne Fennell, Richard H. McAdams, "The Distributive Deficit in Law and Economics", *Minnesota Law Review*, Vol.101, No.3（2016）, pp.1051-1099.

执行官蒂姆·库克（Tim Cook）曾表示，"个人数据的囤积只会使收集它们的公司致富"[①]。加之数据的利用依靠算法的推动，甚至说由算法决定，这导致只有拥有数据技术的少数人能获得收益，进而引起富者更富的"马太效应"，加剧了社会的贫富差距。应当说，数据利益分配主要存在两个问题，第一个是按照什么标准分配，第二个是如何落实分配制度。就前者而言，党的十九届四中全会首次提出，将数据作为生产要素参与分配，探索建立健全由市场评价贡献、按贡献决定报酬的机制。从政策层面明确了我国数据要素"按贡献"的分配制度。依据马克思的观点，个人的劳动都是直接为社会劳动，每个人的劳动都是其对社会的贡献。[②] 因此，数据"劳动"和贡献具有天然的联系而不可分割。但是，在分配制度的落实上，由于在数据流通加工中准确计量和评价每个人的劳动量及其对于社会的贡献是极其复杂。这使得按劳分配的直接对象由社会总产品中用于个人消费的产品转变为商品价值（或劳动创造的新价值）的一部分，或者说个人劳动时间只有转化为社会必要劳动时间，才能成为获取收入的依据。因此，在数据利益的分配上，我国宜采用劳动—价值转换—收益"凭证"（当前为货币）模式。[③] 这使得数据"劳动"的价值转换成为数据利益分配的重要内容。

共票（Coken）是数字经济背景下应运而生的全新数字化权益凭证[④]，其英文由表示"共同、联合"之意的前缀"Co-"和表示"凭证"之意的单词"Token"组合而成。"既代表了与惯用词'Token'的继承，也代表

---

① William Magnuson, "A Unified Theory of Data", *Harvard Journal on Legislation*, Vol. 58, No. 1（2021）, pp. 23-68.

② 徐斌、张雯：《公正批判与建构——〈哥达纲领批判〉中的马克思公正思想》，《中共中央党校学报》2018年第6期。

③ 邱海平：《社会主义分配理论的创新发展》，《马克思主义与现实》2022年第4期。

④ 杨东、李佩徽：《畅通数据开放共享促进共同富裕路径研究》，《法治社会》2022年第3期。

区块链正确的发展方向"。①"既代表了与惯用词'Token'的继承,也代表区块链正确的发展方向"②。共票可以作为大众参与创造数据的对价,使大众分享数据经济红利。一是其中的"共"可以类比为能够进行共享的"股票",不仅凝聚了共识,而且具备"共筹共智"的价值追求。在数据领域,让数据参与主体获得数据利益共票,不仅可以激励数据参与主体提供和处理数据的积极性,而且还可以凝聚共识,促进数据参与者与数据共同体在利益取向上保持一致,在提高所有数据参与者创造性的同时,推进我国"真正的共同体"目标得以实现。二是其中的"票"可以类比数字经济时代的"粮票",不仅具有分配的功能,还兼具支付、流通、权益等多重价值③。在数据利益流通过程中将其作为一种新的价值凭证,允许持有人在"数据链"上获得其需要兑换的数据利益,还可以兑换一定的实物或公共服务。如此,数据参与者可以通过共票参与数字经济,这将为数字经济赋予新的价值和新的发展驱动力。④

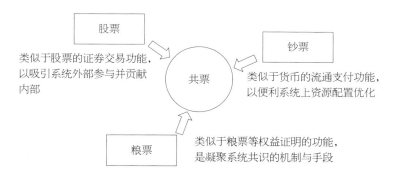

图4-3 共票功能性结构示意图

资料来源:笔者自绘。

---

① 杨东:《"共票":区块链治理新维度》,《东方法学》2019年第3期。
② 杨东:《"共票":区块链治理新维度》,《东方法学》2019年第3期。
③ 杨东、徐信予:《数字经济理论与治理》,中国社会科学出版社2021年版,第25页。
④ 杨东:《"共票":区块链治理新维度》,《东方法学》2019年第3期。

共票在数据利益分配上具有以下功能：其一，增长数据利益分享的功能，以吸引系统外部参与并贡献内部系统。如此可以让更多数据参与者基于共票的激励机制共享流通自己的数据，进一步释放数据的潜在价值，增加数据的价值总量，而增加数据参与者的共票，形成数据"劳动"—数据价值化—数据共票的闭环利益增长形态。其二，发挥数据利益流通消费的功能，以便利系统上资源配置优化，更好地实现数据利益的均衡发展，保障数字经济的可持续发展。其三，数据利益证明的功能，是凝聚系统共识的机制与手段。[①] 共票是区块链上集多元数据利益一体的共享分配机制，作为大众参与数据利益流转活动的对价，可以充分调和不同数据利益主体的内在冲突。[②] 因此，"在'共票'理论指导下，由'技术监管'转变而来的'技术治理'内嵌入数据流通与价值实现过程中，能够充分释放治理红利由人民共享"[③]，推进我国最终实现共同富裕。

申言之，就数据处理（劳动）而言，更多地依赖于"脑力劳动"。这在一定程度上缓解了"脑力劳动"和"体力劳动"的对立状态。当前的数据处理活动已经远不止于谋生的手段，很大程度上是为了满足人民群众的精神需求，甚至成为生活的第一需要。数据处理（劳动）背后的集体财富也正在不断积累。虽然在经济发展层面，还处于社会主义初级阶段，但是在生产能力上不断地凸显了一些在高级阶段才有的现象。在《哥达纲领批判》中，马克思全面系统地阐述了共产主义社会的利益分配原则，社会主义阶段的利益分配原则是按劳分配原则，并随着社会生

[①]　杨东：《"共票"：区块链治理新维度》，《东方法学》2019 年第 3 期。

[②]　杨东：《对超级平台数据垄断不能无动于衷》，2019 年 6 月 26 日，见 http://dz.jjckb.cn/www/pages/webpage2009/html/2019-06/26/content_54741.htm。

[③]　杨东、李佩徽：《畅通数据开放共享促进共同富裕路径研究》，《法治社会》2022 年第 3 期。

产力的发展而日益取得更多的物质基础，并在共产主义社会高级阶段被"按需分配"所取代。① 若我国未来在数据领域采用"按需分配"的分配制度，共票理论的介入，也将使得数据利益的分配更加精准，实现各取所需，各有所用。

---

① "在共产主义社会高级阶段，在迫使个人奴隶般地服从分工的情形已经消失，从而脑力劳动和体力劳动的对立也随之消灭之后，在劳动已经不仅仅是谋生的手段，而且本身成为了生活的第一需要之后，在随着个人的全面发展，他们的生产力也增长起来，而集体财富的一切源泉都充分涌流之后……社会才能在自己的旗帜上写上：各尽所能，按需分配！"《马克思恩格斯选集》第 3 卷，人民出版社 2012 年版，第 364—365 页。

第五章　数据资产的登记制度

2021年12月，国务院印发的《"十四五"数字经济发展规划》要求"提升数据交易平台服务质量，发展包含数据资产评估、登记结算、交易撮合、争议仲裁等的运营体系"。同月，国务院办公厅印发的《要素市场化配置综合改革试点总体方案》也指出"规范培育数据交易市场主体，发展数据资产评估、登记结算、交易撮合、争议仲裁等市场运营体系，稳妥探索开展数据资产化服务"。2022年12月公开的《数据二十条》指出"研究数据产权登记新方式"。上述政策意见反映出加快构建数据资产登记体系，已成为数据要素流通市场体系建设的重要组成部分。

第一节　数据资产登记的功能价值

登记是指为了特定的目的将某些特定的对象记录在某种载体的行为。数据要素登记是指，"对数据要素的物权及其事项进行登记的行为，指经权利人申请，数据资产登记机构依据法定的程序将有关申请人的数据要素的物权事项记载于数据资产系统中，取得数据要素登记证书，并供他人查阅的行为"[①]。

---

① 　上海数据交易所有限公司：《全国统一数据资产登记体系建设白皮书》，2022年，第63页。

　　一般而言，登记制度主要有安全与效率是两大功能共性。一方面，通过登记来区分财产的权属，并借由国家或机构权力赋予其公信力，充分保障了交易安全；另一方面，登记制度最直接的一个功能就是对登记事项的公示作用，无论是对产权变动的公示，还是对经济主体经营状况的公示，登记获得的信息有利于交易双方迅速作出交易决策，以每次交易的迅捷争取到交易周期的缩短，获得交易商机，促进交易次数的增多，进而实现整体交易成本的降低和资金利润率的提高。不仅如此，登记也还有事实确认功能、权属界定功能、监督管理、政策依据功能、统计汇总功能等等。[1]

　　就数据产权登记而言，主要包括以下基本功能：一是证明数据产权的功能。登记簿以及权利证书就成为权利人是否享有权利以及享有何种权利的有力证明[2]。数据相较于一般性生产要素具有可复制性、非损耗性、无限收敛性等特征。导致其在权利明确和权属配置上十分的复杂，而数据权属不明及错配，会导致数据流通过程难以进行。数据资产登记作为界定可流通数据产品的关键环节，有助于数据相关利益方的权利义务关系得到确立，推动数据要素的流通和价值释放。二是确保数据安全流通的重要前提。数据的价值实现在于数据的安全流通，"封闭"的数据很难产生经济价值和社会价值。数据资产登记为数据产品赋予唯一的产品编码/标识，发放数据资产登记凭证，有助于保障数据产品流通的安全合规性。三是支持数据要素市场统一监管。数据登记贯穿于数据全生命周期的各个主要环节，形成的记录为数据权属追溯、司法存证、鉴别非法转售等提供了依据，不仅有利于防止数据权利侵害，还可以协助相关部门监管数据要素市场。四是满足市场对数据资产公开公示的要求，满足政府对数据要素统计汇总的需求。

---

① 上海数据交易所有限公司:《全国统一数据资产登记体系建设白皮书》，2022 年，第 14 页。

② 程啸:《论数据产权登记》,《法学评论》2023 年第 4 期。

第二节　数据资产登记的模式比较

数据资产是全新的概念，在数据资产登记概念内涵、登记机构、登记平台、登记办法、登记依据等方面仍处于空白阶段。[①]

一些地方颁布的法规或文件也就数据产权登记作出规定，例如，2020年5月公布的《山西省大数据发展应用促进条例》第七条第二款规定："县级以上人民政府政务信息管理部门负责编制并定期更新政务数据资产登记目录清单，建设本级政务数据资产登记信息管理系统，汇总登记本级政务数据资产。"2022年3月公布的《广州市数字经济促进条例》第六十六条第二款规定："市人民政府及政务服务数据管理、统计等部门应当探索数据资产管理制度，建立数据资产评估、登记、保护、争议裁决和统计等制度，推动数据资产凭证生成、存储、归集、流转和应用的全流程管理。"2022年11月公布的《北京市数字经济促进条例》第二十一条规定："推进建立数据资产登记和评估机制，支持开展数据入股、数据信贷、数据信托和数据资产证券化等数字经济业态创新。"2023年深圳市发展和改革委员会草拟的《深圳市数据产权登记管理暂行办法（征求意见稿）》面向社会公开征求意见，该办法包括总则、登记主体、登记机构、登记行为、管理与监督、法律责任、附则共七章33条。同年3月，浙江省市场监督管理局发布了《浙江省数据知识产权登记办法（试行）（征求意见稿）》，旨在发挥知识产权制度在激励数据要素创新利用中的基本保障作用，规范数据知识产权登记工作。

2022年12月《数据二十条》提出"研究数据产权登记新方式"。应

[①]　上海数据交易所有限公司：《全国统一数据资产登记体系建设白皮书》，2022年，第5页。

当说，科学合理的数据产权登记制度是保障数据要素市场有序运行的根本所在，对于保护数据权益、实现数据高效流通、变革要素分配、预防产权纠纷等都具有至关重要的作用。《数据二十条》重点强调"新方式"，实际上是对数据及数据市场特殊性的科学反映。因为相较于传统的生产要素，数据呈现出容量巨大、类型丰富、流通高速等特点，进而无法继续套用传统生产要素产权登记制度，需要构建一套全新的产权登记制度。其中的"新方式"主要体现在以下几个方面：一是登记机构"新"，我国应当尽快建设统一的数据要素登记平台。二是登记技术"新"，数据具有无形性和非排他性。其中无形性导致传统的产权证明方式无法继续适用，非排他性导致数据的原本和副本难以区分，同一数据产权也将被多次登记。对此，可以运用区块链技术，基于该技术分布式记账、可信存证、不可篡改、可追溯等特征，来实现更为科学的数据产权登记。三是登记内容"新"，在确定数据产权登记内容时，需要首先明确登记对象是原始数据、数据集合、数据产品中的一种，还是三者都要登记。①

　　数据产权登记问题是数据要素基础制度中最为复杂的制度之一，主要困境在于数据产权制度还有待商榷。2023 年 9 月发布的《十四届全国人大常委会立法规划》亦将"数据权属和网络治理等方面的立法项目"纳入"第三类项目：立法条件尚不完全具备、需要继续研究论证的立法项目"，反映出数据产权制度尚需进一步探索。而就数据产权登记而言，"首先必须解决的是数据上是否存在受到法律保护的权利即数据产权的有无问题。如果立法者承认数据权利，认可数据上有应当受到法律保护的、独立的权利，接下来就需要通过实体法律规范来确认数据上的这些权利类型、内容及效力。这正是数据产权登记制度得以建立的前提条件。在实体法律规定

---

① 　杨东：《构建数据产权、突出收益分配、强化安全治理　助力数字经济和实体经济深度融合》，《经营管理者》2023 年第 4 期。

并未明确数据上的权利的类型、内容和效力时，仅仅凭借《数据二十条》或一些地方政府的文件，是无法建立数据产权登记制度的"[1]。即便如此，也很难否认数据要素登记对于数据权益保护的重要功能，本章主要是比较分析现有登记模式，并对其进行评述，助力数据要素登记制度的完善。

一、证券和知识产权登记相关规范分析

《知识产权强国建设纲要（2021—2035 年）》和《"十四五"国家知识产权保护和运用规划》均提出要"研究构建数据知识产权保护规则"。2022 年 11 月国家知识产权局在部署北京市、上海市、江苏省、浙江省、福建省、山东省、广东省、深圳市等 8 个地方进行试点，围绕制度构建、登记实践、权益保护等方面开展先行先试，财产权登记大致主要分为物权登记、知识产权登记和其他权利登记（信托财产权登记），本书认为，相对而言，证券登记和知识产权登记最能与数据要素登记契合，两者的比较分析见表 5-1。

表 5-1　证券和知识产权登记介绍

登记类型	登记依据	登记机构	登记目的	登记者	登记对象	登记载体
证券登记结算	《证券登记结算管理办法》	中国证券登记结算有限公司	市场监管、防范风险、汇总统计	上市证券的发行人	股票、债券、证券投资基金份额等证券及证券衍生品种	证券持有人名册
软件著作权登记	《计算机软件保护条例》《计算机软件著作权登记办法》	中国版权保护中心	权属界定、统计汇总	著作权人以及其他相关人	软件著作权、软件著作权专有许可合同、转让合同	中国版权保护中心著作权登记系统

[1]　程啸：《论数据产权登记》，《法学评论》2023 年第 4 期。

续表

登记类型	登记依据	登记机构	登记目的	登记者	登记对象	登记载体
软件产品登记	《软件产品管理办法》	软件产业主管部门授权软件产品登记机构	市场准入、市场监管、落实政策、公开公示	软件著作权人	国产软件产品、进口软件产品	软件产品登记系统
专利质押登记	《专利权质押登记办法》	国家知识产权局	市场效率、权属界定、汇总统计	单位、个人、专利代理机构	专利权	专利登记簿

资料来源：上海数据交易所有限公司：《全国统一数据资产登记体系建设白皮书》，2022 年，第 27 页。

二、资源性数据资产登记和经营性数据资产登记

从数据资产的分类来看，上海数据交易所有限公司 2022 年 8 月发布的《全国统一数据资产登记体系建设白皮书》认为，数据资产登记可以分为两个层面的登记，即资源性数据资产登记和经营性数据资产登记。其中，资源性数据资产登记可称为数据要素登记，经营性数据资产登记可称为数据产品登记。前者是指对数据要素的物权及其事项进行登记的行为，指经权利人申请，数据资产登记机构依据法定的程序将有关申请人的数据要素的物权事项记载于数据资产系统中，取得数据要素登记证书，并供他人查阅的行为。经营性数据资产登记是指在数据要素流通交易市场中对数据产品的物权及其交易行为进行登记的过程，经数据产品的供应商申请，数据产品登记机构依据规则将数据产品的物权事项予以审核记载及其交易记录记载于系统中，并供市场参与者查阅的行为。资源性数据资产登记和经营性数据资产登记对比见表 5-2。

表 5-2 资源性数据资产登记和经营性数据资产登记对比表

类型 内容	资源性数据资产登记	经营性数据资产登记
登记目的	以事实记录、权属界定、资产评估、统计汇总为主	以权属界定、流通交易、监督管理为主，特别是作为流通交易过程的重要组成部分
登记对象	数据要素资源性资产，一般是静态资产，登记基本单位尚需界定，需要在实践中探索	经营性数据资产，伴随着数据产品的交易和流通而动态变化的资产。基本的登记单位是可流通的数据产品及其交易记录，易识别，易操作
登记机构	具有权威性的国家级机构，或各地专门从事数据资产登记的机构	具有权威性的国家级机构、各地数据交易机构或各地专门从事数据资产登记的机构
登记载体	需要国家权威部门发布登记的内容和集中或一体化的登记系统	以满足登记目的为核心的登记内容，并可以有交易机构或登记机构独立设计
登记者	拥有数据要素资源的企业或机构，覆盖面广	数据产品的供方
登记者的好处	可以对数据资源事实、权属做认定，便于以后开发数据产品	参与市场流通交易，实现数据资产的变现，并为今后数据资本化提供基础

资料来源：上海数据交易所有限公司：《全国统一数据资产登记体系建设白皮书》，2022 年。

第三节 数据资产登记的体系建构

虽然，数据产权问题尚未得到明确，但数据资产登记方面可以吸收数据知识产权的经验。就数据知识产权而言，2019 年党的十九届四中全会通过了《中共中央关于坚持和完善中国特色社会主义制度 推进国家治理体系和治理能力现代化若干重大问题的决定》，明确将数据与劳动、资本、土地、知识、技术、管理并列第七大生产要素。本书就《浙江省数据知识产权登记办法（试行）（征求意见稿）》《北京市数据知识产权登记管理办法（试行）》《深圳市数据知识产权登记管理办法（试行）（征求意见稿)》《江苏省数据知识产权登记管理规则（试行）（征求意见稿)》进行对比分析，并从中获取数据资产登记启发。

一、数据资产登记的主体和客体

（一）申请登记主体

对登记者当事人而言，有些登记事项属于自愿性登记，也有些事项属于强制性登记。数据资产登记则属于自愿性登记，由数据资产登记主体自愿登记。其中数据资产登记主体，是指依据法律法规或者合同约定持有或者处理数据的主体，包括进行数据收集、存储、使用、加工、传输、提供、公开等行为的自然人、法人或者非法人组织。不仅如此，登记主体可自行申请登记，也可以委托代理机构办理数据资产登记。

（二）登记机构

应当设立专门的数据资产登记机构，如数据知识产权的登记由数据知识产权研究与服务中心具体执行。登记机构须对登记内容进行形式审查，即仅审查申请材料形式是否合法，是否满足登记程序要求。对于所提供的材料的真实性，无须进行实质性的调查和核实。

（三）登记对象

就登记对象的性质而言，登记可以分为财产权登记、商事登记和民事身份登记。尽管三者各自有不同的目的和法律效果，但在某些情况下可能存在重叠。如股权变更登记就属于这三类登记行为，股权变更登记是商事主体向登记机关申请对其股权变动予以确认的行为；"从权利性质上看，股权是一种无形的动产物权，对股权进行变更登记实际是物权变动的公示行为，因此，它既带有商法意义上的商事变更登记性质，又带有民法意义上的财产权登记性质"①。数据资产的登记与股权变更登记相似,具有多重性质,具体是指依法依规获取的、经过一定规则处理形成的,具有实用价值的数据。但不得包括违反法律法规、妨害公共利益、侵害个人合法权益,以及禁止交易流通的数据。为了增长数据利益分享的功能,以吸引系统外部参与并贡献内部系统,可以适用由"共筹共智"和"凭证"一体化形成的全新数字化权益凭证共票来破解登记难题,其中"共票"实际上涵盖了"粮票""股票""钞票"的功能价值。总体而言,《数据二十条》强调了数据产权登记的重要性,也指出了数据产权登记制度的创新要求,这需要社会各界集思广益,进行制度创新,以构建符合时代需求、具有中国特色的数据产权登记制度。

二、数据资产的登记过程

从登记过程行为来讲,登记可分为形成性登记、确认性登记、事实性登记。我国数据资产的具体登记过程可以参照《广东省数据流通交易监管规则(试行)》,如图 5-1 所示。

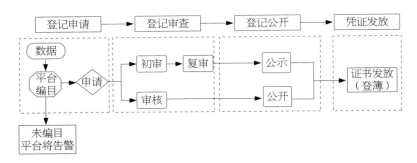

图 5-1　广东省数据资产登记过程

资料来源:笔者自绘。

---

① 王令浚:《商事登记法律制度研究》,博士学位论文,对外经济贸易大学,2007 年,第 27 页。

数据资产合规登记分为四个步骤：登记申请、登记审查、登记公开、凭证发放（登簿）。其中普通程序的数据要经历初审和复审，而简易程序的数据只需要经过一次审核。

（一）登记申请

登记主体需要向登记平台提供通过一网共享平台编目的公共数据产品或服务，如果未编目，登记平台应提供告警功能。（1）登记前应当进行数据存证公证。即登记主体应当提前进行区块链等可信技术存证或保全证据公证，以保障登记对象的真实、可信、可追溯。（2）提交申请材料。申请人应当通过登记平台如实填写登记申请表并提供必要的证明文件，内容包括：数据资产名称、数据所属行业、数据应用场景、数据来源、数据结构、数据更新频次、算法规则、存证公证等情况。[①]

（二）登记审查

登记机构依法对登记主体提交的材料进行形式审查。对于形式审查中发现登记申请表填写及证明文件不符合要求或需要作出补充说明，无正当理由逾期不答复的，则视为撤回登记申请。对于存在下列情形的不予登记，主要包括：登记主体不适格、登记客体不符合要求、数据资产存在产权纠纷、未进行数据存证或保全证据公证、申请人隐瞒事实或弄虚作假，等等。

（三）登记公开

支持编辑公开内容、配置公开模板、设置公开时长等操作。公示内容

---

① 具体可参见《浙江省数据知识产权登记办法（试行）（征求意见稿）》《北京市数据知识产权登记管理办法（试行）》《深圳市数据知识产权登记管理办法（试行）（征求意见稿）》。

包括申请人信息、数据资产名称、应用场景、数据来源、处理规则等信息。在公示期间，任何单位和个人可对数据知识产权登记公示内容提出异议并提供必要的证据材料。

（四）凭证发放

公示结束无异议或异议不成立的，登记机构对登记申请依法予以核准，签发数据资产登记证书。除了发放凭证后，登记机构还应提供凭证的签发、查询等功能。其中登记凭证样式、标准由登记机构统一制定。

三、数据资产登记的法律效力

《浙江省数据知识产权登记办法（试行）（征求意见稿）》规定："登记证书可以作为相应数据持有的证明，用于数据流通交易、收益分配和权益保护。"在形式上，为便于证书的办理、获取、保存和利用，可以同数据知识产权登记证书一样，采用电子方式发放。对于证书的有效期限，应当分为一般有效期和特殊数据的有效期，对于涉及公共数据的，其开放利用协议或授权运营协议期限不超过三年的，以相关协议期限为有效期。此外，数据登记证书有效期满，需要继续使用证书的，申请人在法定期限内可以按照规定办理续展登记手续。

第六章　数据要素的资源化、资产化和资本化

数据要素的价值化主要包括数据要素资源化、资产化和资本化，即由原始数据资源化为数据资源，然后由数据资源资产化为数据资产，最后由数据资产资本化为数据资本，三者演进过程如图 6-1 所示。

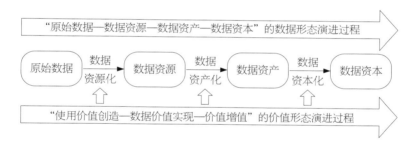

图 6-1　数据"三化"演进过程

资料来源：笔者自绘。

第一节　数据要素的资源化

数据资源化是指将原料状态的数据加工形成机器可读、可参与流通交易并投入生产应用的数据资源，是数据使用价值实现的阶段。具体表现为通过数据采集、存储、清洗、加工、分析、标记、标准化、挖掘等生产环节形成可流通应用的数据生产要素。不同于煤炭开采利用，在环节上可以用能涉及采集、清洗、隐私加密、个人授权等。资源就是有价值的，及时

对原始数据进行处理加工、使得其变成有价值的资源。

一、数据要素资源化的技术要素

在大数据与区块链飞速发展的今天，数据资源化有着良好的发展环境和广阔的发展前景，但是也同样不可避免地面临着一定的发展障碍问题。这些发展障碍问题涉及制度障碍问题和技术障碍问题等方面。

（一）数据存储

海量数据的收集和利用，建立在良好数据存储系统的基础上。目前数据的存储主要存在三大问题：一是数据吞吐和运算带来的能耗问题；二是数据孤岛造成的资源浪费，目前数据主要存储在全球各地的终端、基础设施、传统数据服务器和云数据中心，一旦缺乏有效的流通共享机制，则不可避免地造成资源的浪费；三是数据存储成本问题，数据存储成本大通常指的是存储大量数据所需的成本，包括硬件设备、维护和管理成本等。数据存储成本大的原因可能是数据量大、数据类型复杂、数据需求高等多种因素。针对大规模数据存储，目前主要流行的解决方案有两种：一是仓库存储，即将信息精简到仓库，其中所有的数据和服务器都可以被充分地规划指定。二是云端备份服务。近年来，云计算的应用越来越广泛，云存储服务同时也推动了企业数字化转型。

对于仓库存储，面对海量数据指数增长，其并非长久的解决方案。针对将数据存储在云端，由云服务提供商负责数据存储的方案，优点是灵活性高，可根据需求进行扩展，同时减少了自建数据中心的成本和复杂性。缺点是需要考虑数据安全和隐私问题，以及对互联网连接的依赖。同时云存储中的数据备份和灾难恢复上，有利于保障数据的安全性和可恢复性。缺点是备份和恢复过程可能会消耗一定的时间和资源。此外，技术创新对于数据存储也有两方面影响：一方面技术创新能提高存储效率，可以提供更强大的数据安全保护机制，改善数据访问速度。另一方面目前技术创新在数据存储领域也存在一些缺点和挑战。一是科技投资、维护更新带来的高成本。这可能会增加企业的运营成本，尤其是对于中小型企业而言。二是技术的复杂性。新的数据存储技术通常需要更高的技术要求和技术团队的支持。这可能会对没有足够资源和专业知识的企业带来挑战。三是安全和隐私问题。一些新的数据存储技术可能面临安全和隐私方面的挑战，例如新的加密算法的破解风险、权限管理的不完善等，这可能导致数据泄露或未经授权被访问。

尽管目前学界对数据存储问题的解决措施有许多不同看法，但技术创新和加强管理仍然是两个根本解决方向。一方面，技术创新仍然可以解决技术在数据存储问题上带来的不足。例如将数据处理和存储功能推向网络边缘的边缘技术，可以减少数据传输延迟和带宽需求；通过区块链等技术实现将数据存储和管理分散到多个节点或设备以提高数据的可用性和可靠性。另一方面，安全问题可以依靠科技进一步解决，例如推广和应用先进的数据安全技术和加密手段，确保数据在传输和存储过程中的安全，包括端到端加密、身份认证、访问控制、数据脱敏和匿名化等技术，以及安全硬件设备的使用，提高数据存储的安全性。此外，还需要国家、社会协同保障。国家可以制定和完善相关的法律法规和政策，明确数据存储的安全要求和标准，保护数据所有权、隐私和安全。同时，建立监管机构和行业标准，加强对云服务提供商和数据存储机构的监督和管理。在技术标准和认证上制定和推广相应的技术标准和认证机制，确保数据存储设备和服务的质量与安全性。

针对科技创新过程上的投资成本问题，国家和社会可以通过政策扶持、科技创新基金等方式，鼓励企业和机构在数据存储安全和成本方面进行研发和创新。支持本土云服务提供商和数据存储技术的发展，提高国内数据存储的安全性和可控性。总体而言，解决数据存储问题的措施需要综合考虑数据规模、安全性、可用性、成本和性能等方面的因素。根据具体的需求和情况，选择合适的解决方案，并在实施过程中进行适当评估和调整。

（二）数据清洗

数据清洗主要检测数据中存在的异常数据，例如错误数据、缺失数据和不一致数据等。[①] 数据清洗应用于图书、语言、健康等领域，在规则复杂度不高、数据量不大的前提下，传统硬编码可取得较好效果，但随着业务规则复杂度变高、数据量增大，规则逻辑冲突问题进一步凸显，导致数据清洗的出错率上升。[②] 复杂业务领域的数据清洗面临规则间逻辑链复杂、目标数据庞大、数据来源冲突等问题。因此，基于传统硬编码手段的数据清洗可能不足以完成企业交叉领域数据库的数据处理要求，执行效率低，甚至有可能破坏数据。基于企业可调用的数据库潜在问题，数据清洗可能存在数据结构、数据来源、规则逻辑等方面的冲突。同时，在不同层级的逻辑冲突解决的前提下，任意层级的数据清洗也可能干扰其他层级的数据。目前数据库的层级结构使数据源、企业以及用户三方的权限受到不同程度的限制，逻辑完整性和实体完整性共同确保下级操作不干扰上级。但反过来，上级规则的限制常与下级定义操作产生冲突，确保数据安全的同时降低运行效率。在数据资源化进程中，数据清理如何协调好规则逻辑与运行效率之间的关系，将成为模型创新的一个重要问题。分级规则库数据清洗框架图如图 6-2 所示。

---

① 何俊等：《复杂业务领域数据清洗规则冲突检测方法》，《昆明理工大学学报（自然科学版）》2020 年第 2 期。
② 何俊等：《复杂业务领域数据清洗规则冲突检测方法》，《昆明理工大学学报（自然科学版）》2020 年第 2 期。

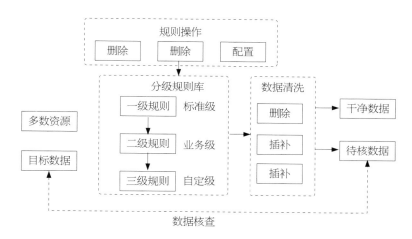

图 6-2 分级规则库数据清洗框架图

资料来源：何俊等：《复杂业务领域数据清洗规则冲突检测方法》，《昆明理工大学学报（自然科学版）》2020 年第 2 期。

数据清洗应用于立法评估领域，通过对资料数据脱敏从而维护个人信息安全[①]。数据清洗的逻辑运算功能在立法的意见统计分析中发挥重要作用，被脱敏的意见数据的保真度直接决定最终数据处理结果的参考价值。当下数据清洗存在意见数据分类标准不明、清洗流程缺乏审核的问题，减损了意见数据的立法评估实效。"大数据清洗技术能够解决数据收集环节中数据价值密度偏低的缺陷，为数据挖掘准备高质量素材。"[②]但由于不符合预设标准而被清除的数据一旦同时大规模积聚，就说明现阶段数据清洗方案可能存在科学性问题。目前的数据清洗缺乏清洗后的重新审核，对程序员设计过度信任，数据清洗方案采取默认方式而缺乏比对，上述漏洞可能造成清洗后的数据失真，无法拟合无异常情况下的意见数据，致使立法

---

① 张光君、张翔：《应用"大数据＋区块链"优化立法评估制度的机理与路径》，《计算机科学》2021 年第 10 期。

② 张光君、张翔：《应用"大数据＋区块链"优化立法评估制度的机理与路径》，《计算机科学》2021 年第 10 期。

评估出现较大偏差。在数据资源化应用于立法领域的实践中，数据清理如何找到划分"合格数据"与"垃圾数据"的最优解，同时实现信息脱敏与信息还原，是检验数据清洗方法的一个重要问题。

目前，为解决复杂领域数据清洗层级相互干扰、运行效率受限问题，分级规则库的数据清洗方案可有效地使清洗效率提高、清洗出错率降低。但由于分离规则库仅有两级的上级对下级规则约束，因此无法完全处理层级间运行规则冲突，利用规则冲突可直接筛选掉的问题数据比例不高，清洗效率可进一步优化。针对分离规则库数据清洗方案的上述局限性，本书设计多层级规则库数据清洗方案，以多级约束优化原有的两级约束。为解决立法评估领域数据清洗过程数据失真、造成评估偏差问题，以"大数据＋区块链"技术为基础的公众参与激励机制、数据清洗审查机制、共识形成磋商平台可有效提高民众参与立法建言的热情，并通过负反馈找到划分数据标准的最优分界。但由于目前掌握"大数据＋区块链"技术的主体可能与私人利益挂钩，在源头上干预立法评估过程；而"大数据＋区块链"技术介入立法评估的相关法律规定也尚未完善，其合理性与适用范围有待进一步明晰。因此，对于立法评估领域的"大数据＋区块链"应用，本书认为应辅以对应的法律法规，确保立法评估过程在宏观层次上公正合法地进行。

1. 复杂领域多层级规则库数据清洗方案

在分级规则库数据清洗方案的标准级、业务级和自定级的三层级基础上进行扩充，进一步细化数据清洗过程中不同身份主体可调用的规则层级，形成多维构建、层层递进、自上而下的多层级规则库。数据源输入后匹配相应的多层级规则集，然后进入数据清洗执行程序，在数据源向上呈递过程中纠缠的层级间矛盾作为判断垃圾数据的基本标准，直接筛选掉引发层级间运行规则冲突的数据，减少循环清洗的工作量。同时，在设计各层级对于相应下一层级的规则约束时，通过多层的叠加，使层级间运行逻辑的矛盾基本排除。

2. 立法评估领域的"大数据＋区块链"法律法规完善

在技术提供阶段，完善法律法规确保大数据技术的数据内容具有高度共享性和安全性，确保区块链技术的掌握主体受到公众监督或将其排除出立法的受益范围。在技术应用阶段，完善法律法规以明确大数据技术的数据采集合法范围和应用安全范围，明确区块链技术的溯源功能即唯一性与匿名性之间的分界线，明确区块链技术的激励机制只与立法评估的参与者关注度有关而与参与者代表的利益团体无关，保障立法评估参与者的合法权益与公正立场。

二、数据要素资源化的标准体系

数据标准化是数据预处理的一种方式，主要是指通过一定的数学变换方式将原始数据或者原始变量按照固定的比例进行转换，从而使数据落入同一个特定区间内，数据之间性质、量纲、数量级的差异也相应消除，进而数据具有可比性，为接下来的数据分析提供条件。

人类正迈进数字文明时代，"信息技术革命日新月异，数字经济蓬勃发展，数据要素已经成为经济发展和产业革新的动力源泉"[1]。在数据资源化的过程中，数据分析发挥着重要的作用。但由于各类数据存在不同的指标，每个指标的性质、量纲、数量级等特征属性也存在相应的差异，所以未经过相关处理的原始数据或原始变量之间不具备统一的分析标准，因此这些数据或变量无法被直接应用于数据分析。

不同类别的数据间进行综合性的分析比较需要统一各类数据的性质、量纲、数量级等特征属性。数量级是数量的尺度或大小的级别，每个级别

---

[1]　杨富玉：《推动金融数据标准化建设》，《中国金融》2020 年第 22 期。

之间存在着固定的比例，只有各指标的数值都处于同一个数量级别上，数据间才可以进行比较。否则，这些特征属性的差异将导致数量级别较大的属性占据主导地位，迭代收敛速度也会相应减慢，产生相应的错误分析结果及负面影响。

（一）数据标准化过程中存在的问题及问题出现的原因

数据指标不统一问题。数据标准化的过程中需要统一的数据指标，数据指标统一之后才可以进行不同数据之间的体系化分析。目前在金融领域，我国已经采用了国际标准化组织金融数据统一标识，采标交易所和市场识别编码、商业标识代码、国际银行账户编码、金融工具分类代码、国际证券识别编码、表示货币的代码等国际标准。[①] 而在其他一些领域，依旧存在数据指标不统一的情况，这给数据分析、数据交换甚者数据的资源化和资产化造成一定程度的不良影响。

数据指标不统一问题产生的原因。数据指标不统一问题背后反映出来的是各数据标准化主体之间沟通缺乏的问题，反映出来的是封闭的数据孤岛。可见，某些领域非公共数据分析与数据资源化资产化的涉及范围较小，主体之间的联系并不紧密。这种现象一方面可以归因于经济利益驱使主体之间联系减少，另一方面我们需要考虑的还有某些领域的发展程度。

（二）数据标准化问题解决措施：行业内部统一数据指标

首先，数据指标统一是解决数据标准化问题的一个有效方式，能够使企业之间的联系加强，增强企业之间数据交换的可行性，同时提高跨企业数据利用的效率。其次，数据指标统一的原则强调了行业内数据指标的权

---

① 杨富玉：《推动金融数据标准化建设》，《中国金融》2020 年第 22 期。

威性和动态性，在保证特定范围和时间区间内的稳定性的同时，也不失动态性和前瞻性，结合行业内部的发展走向进行指标的适当修改。最后，数据指标在行业内部统一的同时，也考虑到了国际和国家在相关方面的标准，在符合共性大标准的前提下，进行行业内部否认个性化设置。数据指标统一是一个整体层面的大方法，是在行业内部达成统一共识的情况下才可以达到的理想状态，因此，尚须思考如何达成行业内部的公式。在指标的构建层面，达到数据指标统一，需要达成行业内部的共识。行业内部冲突以及无法达成共识很大程度上受利益因素影响。所以，利益共享与合作共赢，可以搭建起企业之间数据交换的桥梁，从而达成统一的大标准，促进数据指标统一。

第二节　数据要素的资产化

数据资产化是数据通过市场的流通交易给数据使用者、加工者、生产者带来经济利益的过程是实现数据价值的阶段。本质是形成数据交换价值，初步实现数据价值的过程，也即将数据作为一种有价值的资产，将其转化为收益的过程。这包括利用数据创造新的商业机会、提供数据驱动的产品和服务、将数据用于决策和战略规划等。数据资产化的目标是通过数据的有效管理、分析和利用来实现商业和经济价值。

一、数据要素资产化的概述

数据资产化的探索很难一蹴而就，基于数据生产要素的产业发展需要一个过程，当前业界仍然处于早期探索过程中，数据产业未来将是什么形态，仍然存在很多变数。

（一）数据要素资产化的基本情况

数据作为一种新型生产要素，在数据资产化的过程中展现其生产要素的功能。无论是传统的生产要素（土地、劳动和资本）还是新型生产要素（技术、数据等），只有将其资产化，才能充分发挥它们的潜在价值。数据资产化将数据作为一种有价值的资产进行管理、分析和利用，使其能够产生经济和商业价值。通过数据资产化，数据可以被视为一种可以投资、交易和增值的资本形式，类似于传统生产要素中的资本。数据资产化的过程包括数据的采集、整理、存储、分析和加工，以获得洞察和商业机会，并通过数据驱动的创新和决策来实现经济效益。

数据资产化的重要性在于将数据从简单的信息资源转变为能够发挥实际作用的生产要素。通过将数据视为资产，可以更好地管理、评估和优化数据的价值，从而促进创新、提高生产效率和推动经济增长。数据资产化的实现需要建立有效的数据管理和分析体系，以及相应的技术和战略支持，使数据能够成为生产要素的具体表现形式。在市场经济原则下，要更好地满足数据技术对数据规模、维度、密度的要求，就必须把数据从"资源"变成"资产"。数据资产化的三大必备要素为确权、估值和交易。此前，业内针对数据的确权问题进行过激烈探讨，但一直未能真正确定数据权属。数据资产化可以借鉴中国土地所有制改革经验，将数据的所有权、使用权、经营权和分配权进行分离，不再争议所有权，而是通过授权机制，仅交易数据的使用权，进而推动数据流动。

数据价值很难用成本法来计算，而以收益法计算则要考虑权利金的节约、超额收益和增量收益等多重因素。[①] 以市场法估算数据价值需要每一个所有者、经营者、使用者和分配者都在其中公平地分享的一个权重，共

[①] 杨林：《数据资产化的会计核算研究》，《中国统计》2021年第7期。

同投资数据，共同分享长期收益。[①] 针对一项资产而言，交易是必不可少的一个环节。通过交易，可以实现资源的优化配置。大数据作为企业的一项重要资源，只有实现其"开放性"和"流动性"才能实现"价值掘金"。针对数据流通环节，有以下三种可能的商业模式：数据平台交易模式、数据银行模式和数据信托模式。其中，以数据交易所为主要形态的数据平台交易模式当前已在多地实施。

2021 年 3 月 31 日，基于"数据可用不可见，用途可控可计量"新型交易范式的北京国际大数据交易所揭牌成立。北京国际大数据交易所将在推进底层技术创新的基础上，以数据使用价值为基本交易对象，探索数据资产评估定价、交易规则、收益分配等流通机制。北京国际大数据交易所基于自主知识产权开发的数据交易平台 IDeX 系统已成功上线，目前已实现与城市公共数据的联通和共享，正同步推动行业数据、社会数据进场。

（二）中国光大银行数据资产化案例

中国光大银行（以下简称"光大银行"）是国内第一家国有控股并有国际金融组织参股的全国性股份制商业银行，是光大集团旗下的核心成员企业。光大银行在数字化转型中，高度重视数据资产的管理和运营，通过创新数据治理体系、构建智能化数据平台、开展数据资产估值等措施，实现了数据资产化、资本化和金融化的目标。

1. 光大银行数据资产化运行逻辑

光大银行以"123+N"数字银行发展体系为指导，构造银行数字化转型"方法论"，如图 6-3 所示。包括一个智慧大脑、两大技术平台、三项服务能力和 N 个数字化名品。光大银行提出"'全面、权威、智能、敏捷、生态'的数据资产管理与运营目标，从'管好数'转变为'用好数'，

---

① 郄鼎等：《大数据资产化面临的挑战》，《生产力研究》2017 年第 1 期。

全面开展内容建设、平台建设和机制建设，促进数据价值转化，稳健可持续地为银行数字化转型提供数据支撑"[1]。

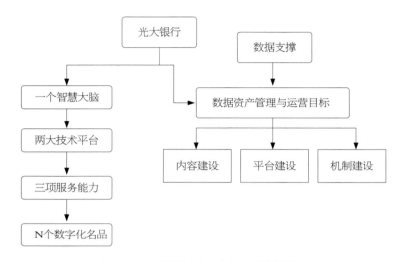

图6-3　光大银行数字化转型"方法论"

资料来源：笔者自绘。

一个智慧大脑：指的是利用人工智能、大数据、云计算等技术，构建一个能够感知、学习、决策、执行的智能系统，为银行各项业务提供智能化支持。

两大技术平台：指的是数据平台和开放平台。数据平台是指整合银行内外部数据资源，提供数据采集、存储、处理、分析、应用等全流程服务的平台。开放平台是指基于 API 技术，对外提供金融服务和能力的平台。

三项服务能力：指的是数字化产品能力、数字化运营能力和数字化风险管理能力。数字化产品能力是指通过创新研发和应用数字化产品，满足客户多样化的金融需求。数字化运营能力是指通过优化流程、提高效率、降低成本，实现银行业务的高效运营。数字化风险管理能力是指通过利用

_____

① 史晨阳：《数据资产管理与运营新模式》，《银行家》2021 年第 4 期。

数据分析、模型建立、智能预警等手段，有效识别、评估、控制和应对各类金融风险。

N个数字化名品：指的是光大银行在数字化转型过程中，打造出的一系列具有特色和优势的数字化产品和服务，如云缴费、云支付、随心贷等。光大银行认为，数据是数字化转型的核心资源和驱动力，因此提出了"全面、权威、智能、敏捷、生态"的数据资产管理与运营目标，即要实现数据的全面覆盖、权威准确、智能分析、敏捷响应和生态共享。光大银行从三个方面推进数据资产化工作：

（1）内容建设：指的是完善数据标准规范，建立数据质量监控体系，提升数据质量和可信度。

（2）平台建设：指的是构建统一的数据中台，实现数据资源的集中管理和服务化输出。

（3）机制建设：指的是制定数据治理架构和流程，明确数据权责分配和激励机制，形成良好的数据治理氛围。光大银行通过这些措施，实现了从"管好数"到"用好数"的转变，促进了数据价值转化，为银行数字化转型提供了稳健可持续的数据支撑。

2. 光大银行数据资产化的成功因素

（1）高层领导的支持和推动

光大银行高度重视数据资产的战略价值，将数据作为数字化转型的核心要素，建立了数据治理委员会，由总行领导牵头，各部门负责人参与，制定了数据治理方针和目标，推动了数据资产管理和运营的体系化、规范化和智能化。光大银行还将数据治理纳入绩效考核体系，激励各部门积极参与数据治理工作。

（2）数据治理体系的创新和完善

光大银行建立了以数据资产目录为核心的数据治理体系，实现了数据资产的全面梳理、标准化、质量化和价值化。光大银行通过数据资产目录，对数据资产进行统一编码、分类、定义和描述，形成了数据资产清单和字典；通过数据质量管理，对数据资产进行质量监测、评估和改进，提高了数据资产的准确性和可靠性；通过数据价值管理，对数据资产进行价值评估、挖掘和展示，增强了数据资产的利用率和价值实现率。光大银行还建立了数据安全保障机制，确保了数据资产的安全合规使用。光大银行通过数据安全管理，对数据资产进行敏感性分级、权限控制和审计追溯，防止了数据资产的泄露或滥用；通过数据合规管理，对数据资产进行合规性检查、风险评估和应急处置，遵守了相关的法律法规和监管要求。

（3）数据平台的构建和优化

光大银行构建了智能化数据平台，实现了数据资产的集中存储、统一管理、高效分析和灵活应用。光大银行通过数据集成平台，对来自不同业务系统和渠道的数据进行采集、清洗、转换和加载，形成了统一的数据仓库和湖；通过数据管理平台，对存储在平台中的数据进行元数据管理、生命周期管理和血缘关系管理，实现了对数据资产的全方位掌控；通过数据分析平台，对平台中的数据进行多维度的查询、统计、挖掘和可视化，支持了各类业务需求和决策支持；通过数据应用平台，对平台中的数据进行封装、开放和交易，提供了丰富的数据产品和服务。光大银行还利用云计算、大数据、人工智能等技术，提升了数据平台的性能和功能，支持了数据资产的快速开发和创新。光大银行通过云计算技术，实现了对平台资源的弹性伸缩、按需分配和自动调优，降低了平台运维成本和风险；通过大数据技术，实现了对海量多源异构结构化或非结构化的数据的高效处理和存储，拓展了平台容量和能力；通过人工智能技术，实现了对平台中的数据进行智能识别、分类、推荐和预测，提升了平台智能度和价值度。

（4）数据应用的拓展和深化

光大银行开展了数据产品的创新研究和应用，将数据资产转化为金融服务的增值要素，提升了客户体验和业务效率。光大银行通过数据产品，为客户提供了个性化的金融服务，如基于客户画像和行为分析的精准营销、基于客户需求和偏好的智能推荐、基于客户信用和风险的动态定价等；通过数据产品，为业务提供了优化的运营支持，如基于数据分析和挖掘的市场洞察、基于数据模型和算法的风险预警、基于数据可视化和报告的决策辅助等。光大银行还加强了与外部合作伙伴的数据共享和合作，拓展了数据资产的应用场景和价值空间。光大银行通过数据共享，与政府、监管、行业协会等机构进行信息交流和反馈，提高了社会责任和公信力；通过数据共享，与其他金融机构或互联网企业进行数据互联、互通和互补，拓展了客户覆盖和服务范围；通过数据合作，与其他市场主体进行数据交易或联合创新，实现了数据资产的价值增值和共赢。

二、数据要素资产化的现实困境

不管是数据资源化还是资产化，都离不开数据本身。根据数据从产生到数据资产的过程来思考和整理各个环节产生的制度问题。数据来源主要有两个方面，用户数据和政府数据，那么我们就由此可以联想到几个问题，从安全方面，用户数据中的个人隐私怎么保护？保护隐私的措施之一数据确权，确什么权，企业和用户之间的数据权利平衡点在哪里？怎么确权？从经济利益来看，怎么促进更多有效数据产生，政府数据开放程度是否满足当下需求？

数据从产生到形成数据资源的加工处理过程，就是数据资源化的过程，在这一阶段会产生一些技术难题和问题，这在数据资源化部分进行了问题和解决思路的阐释。在数据资源到数据资产的过程中，必然也会涉及权属的问题，但这和数据资源化中会产生的权属问题不同，此部分涉及的是资产权属的界定。从数据资源到数据资产的这个阶段，需要考虑企业之间的权属问题，企业是否对某部分数据或数据资产享有权益，其所进行的数据加工处理是否达到最低创造性标准，以及如何通过数据权属制度完善使得可以在保护数据权属拥有者权益的情况下同时鼓励其他企业和相关行业从业者继续进行创造性劳动，这些问题都亟须解决。

除此之外，数据资源化后获得了交易属性，而数据交易也是数据资产化前后都必不可少的环节。在数据交易中我们也可以发现其中问题，数据定价的制度问题，以及监管等一系列问题。在数据资产化阶段中有一个关键性环节，将数据确认为企业资产负债表"资产"一项，即数据入表；以及资产化后阶段，还需要建立合规有效的管理体系，管理体系不仅要使数据资源源源不断通过市场更有效地转化为自身数据资产，也要使自身已有的数据资产可以在市场中创造出更大的价值和经济利益，同时还要做好安全保障，培育数据资产化的健康模式。另外，哪些需要作为数据资产进入数据管理平台，也是需要考虑的问题。为了更有效、更高效地管理数据资产，企业需要做好数据资产分类。然而，在数据资产分类、数据资产估值和数据资产定价等方面尚存在困境。

（一）数据资产分类存在的问题

其一，数据资产分类的国家标准尚未统一。2021 年，国家统计局发布了数字经济核心产业分类的国家标准。但数据资产作为数字经济的重要组成部分，目前尚未统一数据资产分类的国家标准。尽管各个企业内部的数据资产通常以部门分工、重点产品或特殊任务作为分类依据，从而与企业内部的部门职能和管理体系相适应，使数据资产在企业内部的管理基本没有障碍；但由于缺乏数据资产分类的国家统一标准，企业间的场内数据交易可能陷入度量不同、范围不同的语言障碍，影响数据资产的市场流通；国家层面的数据资产分类未能与数字经济分类的国家标准对接，也未能满足数据资产核算的需求。

其二，数据资产统计指标体系尚未成型。目前数据资产拥有多种个人或地方提出的分类方式，如贵州省建议按照数据主题、数据行业、数据服务对数据进行分类[1]；杭州市指出根据应用场景、数据来源、共享属性、开放属性对数据进行分类[2]。这类数据资产的分类方法均服务于不同需求下管理或运营的视角，但彼此之间却未能协调统一，与国民经济核算体系脱节，无法同时满足不同主体层级和不同应用领域的需要。指标体系与分类体系没有同步，既不便于市场监测，也加大了经济管理的难度。

（二）数据资产估值入表的困境

其一，数据资产难以计量。首先，数据资产通常伴生于经营管理活动，难以识别数据资产的估值范围和边界，相关的成本耗费很难划分。与其他资产相比，数据的价值难以直接量化。数据资产的价值受到许多因素的影响，包括数据的质量、稀缺性、可替代性、市场需求等，这些因素往往难以定量化和度量。其次，数据市场体系尚未形成，数据资产交易机制亦在探索建立之中。这导致数据资产的评估缺少必要的参数，而难以实现市场价值估计。再次，目前数据资产并没有统一的标准，市面上的数据资产参差不齐，不利于形成聚合效应，这对于入表后的数据资产难以实施实物管理和价值管理。最后，数据资产本身的性质尚未形成共识，是归于无形资产、存货还是作为独立资产尚无定论，这也阻碍了数据资产入表进程。[3]

其二，数据资产资本化路径模糊。企业在自有支出资本化的过程中涉及多个会计期间。通常人们更倾向于将"多个会计期间"这一概念应用

[1] 贵州省质量技术监督局:《政府数据　数据分类分级指南》(DB52/T1123—2016)，2016年，第2—3页。

[2] 杭州市市场监督管理局:《数据资源管理第3部分：政务数据分类分级》(DB3301/T0322.3—2020)，2020年，第2页。

[3] 曾雪云:《企业自有数据资产估值入表的逻辑与准则考量》，《财务与会计》2023年第2期。

于固定资产和无形资产。这一观念认为长期资产能够创造稳定的经济效益，但对于新经济中的数据资产存在一些质疑。此外，一些文献将数据资产定义为虚拟资产，导致数据资产的电子实物形态在广泛范围内未能获得认可。

其三，数据产权不清和隐私保护乏力。目前数据产权问题尚存在争议，而数据资产的估值入表建立在清晰的产权问题之上。与此同时，数据的利用应当以保护数据的安全和隐私为前提，而我国《民法典》第一千零三十二条将隐私定义为"自然人的私人生活安宁和不愿为他人知晓的私密空间、私密活动、私密信息"，使得"隐私"认定标准具有一定的主观性和动态性。这也给数据资产的估值带来了不确定性。

（三）数据资产定价存在的问题

目前，数据资产的定价方法仍然处于初步探索阶段，尚缺乏一套能为各方接受和认可的公平、合法的数据定价等交易标准和规则。本书第七章对数据资产定价问题进行专门讨论，这里主要阐述三个方面的不足：（1）数据价值挖掘和实现的方式欠缺，目前对于理论和实践中对数据的产权、交易、使用等都建立在传统要素的研究框架之下，这使得数据要素的非损害性、非排他性、及时利用性未得到有效释放，而且难以形成统一标准。（2）对适应中国国情的规制框架探索不足。对如何构建顺应《数据二十条》提出的新型数据产权机制下的定价和分配机制，如何对我国政府和央国企体系沉淀的大量公共数据进行定价等新问题的研究仍有待破题[1]。（3）与当前我国要素分配实际结合不足。目前的研究大多将数据要素及其分配问题等同于数据产品及其交易，与我国薪资分配、效益分配和股权分配并

---

[1] 王建冬：《全国统一数据大市场下创新数据价格形成机制的政策思考》，《价格与理论实践》2023 年第 3 期。

存的要素分配实际存在较大差距。特别是在对数据资源化、资产化、资本化不同层面的综合定价机制方面，缺乏有效的论述。[①]

三、数据要素资产化的路径优化

数据要素资产化在数据资产分类、资产化入表和评估定价等方面尚存在困境，阻碍了数据要素的资产化进程。对此，还需要有针对性地予以破解，建构良好的制度体系，助力数据价值最大化的实现。

（一）优化数据资产分类

数据资产分类目前按照多视角的线分类法可以在同类属性的分类范围内有效地提高管理效率并破除企业内部的"数据语言"障碍。但由于分类范围碎片化和指标体系私人化，国家标准尚未统一和指标体系尚未成型这两个问题并没有得到解决。针对上述两个目前数据资产多视角线分类法存在的漏洞，建议：

其一，破除线分类法在关联性上的局限性，采用阐述关系更为灵活多样的混合分类法，将混合分类法与多视角分类原则相统一。"混合分类法是将线分类法和面分类法组合使用，特点是以其中一种分类法为主，另一种作补充，适用于以一个分类维度划分大类、以另一个分类维度划分小类的场景。"[②]通过混合分类法延展式地联系起不同应用需求和场景下的分类范围，一方面延续了多视角线分类法的多维度、全领域优势；另一方面又能够将碎片化、难以互动的分类范围协调在一个多元体系下，解决数据资产在异质的范围内如何关联并发生交易的问题。

---

① 王建冬：《全国统一数据大市场下创新数据价格形成机制的政策思考》，《价格与理论实践》2023 年第 3 期。

② 李宝瑜等：《国家数据资产核算分类体系研究》，《统计学报》2023 年第 3 期。

沿用目前多视角线分类法的多视角分类原则，则从实际情况出发，避免分类框架的僵化。混合分类法与多视角原则分别在宏观的关联与微观的需求方面发挥作用，从而解决分类范围碎片化问题，有利于统一数据资产分类的国家标准。

其二，利用区块链技术将分类体系与指标体系的分项进行追踪，向两大体系的数据基础进行溯源，直到能够明确两大体系在深层次的同一性，在激励机制的引导下带动分类体系与指标体系深层次关联的数据链条形成。区块链技术与数据价值化激励机制的配合，将使分类体系和指标体系能够溯源到全民参与的经济活动领域，进而从微观上理解、从宏观上对接国民经济核算体系，解决指标体系私人化问题，有利于形成惠及企业、市场乃至国民经济的成熟指标体系。

（二）完善数据资产入表

数据的价值和效益往往取决于多个因素，包括数据的质量、可用性、需求、市场环境等。同时，数据的价值可能随着时间的推移和外部因素的变化而发生变化，使得对数据资产的准确估值入表变得困难。因此，国家信息中心大数据发展部提出了加快推进数据资产入表工作的建议[①]：

（1）组建专项工作组。建议组建包含高校院所、行业协会、会计事务所、企业代表、数据交易所等在内的综合性专家工作小组，共同研究推动数据资产入表路径和财务核算体系。数据资产入表工作需要确保不同部门之间有效的协作机制，促进信息共享和流程协同。

（2）加快出台配套政策。一是出台相关法律法规，明确企业将数据

---

① 于施洋等：《积极探索数据资产入表机制 激活数据要素市场发展内生动力》，2022 年 12 月 21 日，见 https://www.ndrc.gov.cn/xxgk/jd/jd/202212/t20221220_1343698.html。

资产纳入会计报表进行会计确认、计量、记录和报告。二是加快完善支撑体系设计，制定出台数据确权相关管理办法，探索建立数据资产登记制度，推动完善数据质量评估标准，等等，为数据资产入表打下坚实基础。

（3）大力培育生态体系。一是充分依托多学科专业力量，有序推进数据质量评价、合规认证、资产评估等配套服务发展。二是加速数据资产价格发现，为形成完善的数据资产价格体系提供参考。三是加快建立垂直行业的数据资产标准体系，助力数据资产入表高效有序推进。①

（三）健全数据资产定价

目前关于数据定价主要有三种类型的思路：基于任务的定价、基于价值的定价、基于经济学的定价。② 这些思路并不是互斥的，是可以在数据交易过程中同时存在的。

其一，基于任务的定价，是指根据完成特定任务的工作量、复杂性和价值来确定相应的价格或报酬。在基于任务定价的思路中，目前主要有两种定价方法，基于查询的定价和基于模型的定价。前者是指根据该查询任务以及每个条目的组合方式计算出整体价值，即设立了数据库的卖家在买家在数据库中查询所需要的数据的查询操作上，通过这个查询任务以及买家所搜索的条目等各种组合方式来对任何会参与到交易的数据进行定价。后者最初仅支持较为简单的查询语句，经过改进，现如今已经可以支持大批量复杂查询，同时还可以进行近似匹配。但由于数据较强的时效性导致离线的定价算法并不能根据情况实时更新。

其二，基于价值的定价，是指根据产品或服务所提供的实际价值来

---

① 于施洋等：《积极探索数据资产入表机制　激活数据要素市场发展内生动力》，2022 年 12 月 21 日，见 https://www.ndrc.gov.cn/xxgk/jd/jd/202212/t20221220_1343698.html。
② 江东等：《数据定价与交易研究综述》，《软件学报》2023 年第 3 期。

确定其价格。基于价值定价的部分主要有两种定价方法，基于隐私补偿的定价和基于数据质量的定价。在《全国统一数据大市场下创新数据价格形成机制的政策思考》①中提到数据资源的价值评估主要以成本评估为主，而这个成本评估包括了隐私补偿和数据质量评估。成本评估包括三个部分：一是传统数据资源的开发采集成本，二是数据隐私含量相关联的成本，三是数据质量相关联的成本。在此主要表述隐私补偿和数据质量方面。

数据隐私含量相关联的成本，在数据资源进入交易市场的同时，个人数据安全问题便会受到威胁，必须进行数据匿名化和脱敏处理。但数据匿名化脱敏的标准很难界定，并且在多元交叉对比下很容易自动对原始数据进行补齐，造成潜在隐私风险。因此数据匿名化脱敏处理需要耗费很大的成本和精力，数据的隐私含量对于成本影响很大。

其三，基于经济学的定价，是指依据如供求关系、博弈理论等经济学中的理论为数据定价的基本原理，包括基于花费的定价、基于供求关系的定价、基于博弈论的定价，以及基于拍卖的定价。基于花费定价是指仅仅根据数据获取处理等成本来制定价格，由数据的内在属性决定。如《全国统一数据大市场下创新数据价格形成机制的政策思考》②一文中"资源化层面的数据要素价格形成机制"部分提到的对于数据成本评估的三个部分，传统数据资源的开发采集成本、数据隐私含量相关联的成本、数据质量相关联的成本。而基于供求关系的定价是指数据定价完全由市场中的供求关系决定，买家和卖家都不能随意改变数据定价的进程。这保证了价格的公平性，但易产生寡头垄断的风险。

---

① 王建冬：《全国统一数据大市场下创新数据价格形成机制的政策思考》，《价格与理论实践》2023年第3期。
② 王建冬：《全国统一数据大市场下创新数据价格形成机制的政策思考》，《价格与理论实践》2023年第3期。

第三节　数据资产的资本化

数据资本化是指数据资产的交换价值被充分挖掘和无限放大，形成对数据劳动者的劳动成果的无限次重复使用并生成价值增值的数据资本。以股权化、证券化等多种方式运营数据资本，数据资本不仅占有数据资产中的剩余价值，还将剩余价值用于扩大再生产。它涉及将数据作为交易的对象，进行买卖、投资和交易。数据金融化可以通过数据交易市场、数据衍生品、数据指数基金等金融工具来实现。它使得数据成为一种可以被交易、估值和投机的资产类别。数据资产的资本化是数据价值最大化的重要途径。数据资产资本化的基本路径主要包括信托、质押、保险等。本书将结合实践案例展开分析。

一、数据资产信托

信托的运行方式是委托人将资产转让给受托人，受托人为了受益人的利益负责管理数据资产，是一种典型的资产管理和传承规划的工具。

（一）双方主体数据信托模式

在双方主体数据信托模式下，数据主体作为数据信托的委托人和受益人，数据控制者则为受托人，受托人一旦违反信义义务，数据主体作为受益人应分享部分利润。[1] 受托人对委托人负有严格的信义义务，应当基于"善良管理人"行事[2]，维护委托人的利益。双方主体数据信托模式是一种

---

[1]　贺小石：《数据信托：个人网络行为信息保护的新方案》，《探索与争鸣》2022 年第 12 期。

[2]　顾敏康、白银：《"大信用"背景下的信息隐私保护——以信义义务的引入为视角》，《中南大学学报（社会科学版）》2022 年第 1 期。

"自上而下"的规制思路，数据控制者作为受托人需要履行信义义务，也是规制的核心对象。

（二）三方主体数据信托模式

2023 年 8 月 11 日，印度通过的首部全面的《数字个人数据保护法》成为全球首例搭建在信托关系上的数据保护法令，该法案中涉及两个概念分别是数据委托人与数据受托人，因而《数字个人数据保护法》的一般架构应当是双方主体的数据信托模式。但是《数字个人数据保护法》中引入了"同意管理人"（consent manager）的概念，即在特殊情况下，产生了特殊的三方主体信托架构，如图 6-4 所示。

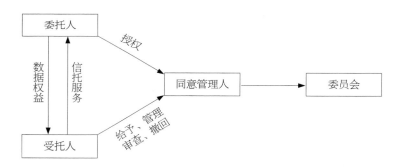

图 6-4　印度同意管理人制度

资料来源：笔者自绘。

数据委托人可以通过同意管理人给予、管理、审查或撤回对数据受托人的同意，同意管理人仍对数据委托人负责，必须以规定的方式代表数据委托人行事，并遵守规定的义务。同意管理人还必须以规定的方式向委员会注册，并遵守规定的技术、业务、财务和其他条件。"同意管理人"的引入导致印度个人数据信托模式更加接近于三方主体数据信托模式，如图 6-5 所示。这种模式中，第三方信托机构发挥着集体治理的核心作用，承担信托关系中的信义义务。

图 6-5 三方主体数据信托模式

资料来源：笔者自绘。

（三）我国探索中的数据信托模式

目前我国学者探索的企业之间数据信托方案更接近于三方主体数据信托模式，但并未全然照搬个人数据信托制度，而是提出了数据信托的新架构，即委托人应当是广泛收集或自行采集原始数据并完成数据资源化的企业，"委托人以自身持有的数据设立信托，受托人委托第三方机构对特定数据资产进行运用增值并产生收益，并基于信托合同进行信托利益分配的数据流通制度"[1]，这一方案应当包含三方主体，即数据委托人、数据受托人、数据使用人，并在此基础上建立起两重法律关系。虽然我国学界对数据信托的理论研究仍然处在探索阶段，但在实务领域，有实务工作者认为在"数据信托"这一概念引入之前，我国就已经出现类似数据信托的实践。比如，苹果公司 iCloud 和云上贵州的合作就是在这一信托框架下展开的。作为一家跨国公司，苹果公司在全球各国的数据收集都在公司内部进行管理，但是为了符合中国大陆地区的相关数据安全法规，苹果公司作出妥协和云上贵州合作共同管理存储苹果公司 iCloud 所搜集到的海量信息。苹果公司把它的管理权部分信托给了云上贵州，云上贵州为苹果公司提供服务器。虽然中国大陆的密钥存在云上贵州，但是数据的解锁包括密钥数据的访问还是由苹果公司总部管理。苹果公司这样做既符合了中国大陆的数据安全法、网络安全法相关规定要求，同时也满足了其作为数据控制者的合理需求。

---

① 孙莹：《企业数据确权与授权机制研究》，《比较法研究》2023 年第 3 期。

二、数据资产质押融资贷款

数据资产质押融资贷款是一种金融手段，它涉及将企业拥有的数据资产作为质押物，以获取贷款或融资。该手段为企业提供了一种基于其数据资产价值获取融资的途径，尤其对于依赖大量数据的行业或创新型企业而言具有较强的吸引力，在实践中也形成了一些案例。

（一）贵阳银行发放首笔"数据贷"

2016 年 4 月 28 日，"全球首个数据资产评估模型发布暨中关村数据资产双创平台成立仪式"上传出消息，用数据资产进行"抵押"，贵州东方世纪拿到了贵阳银行的第一笔"数据贷"放款。[1]

要对数据资产进行抵押，首先需要对数据资产的价值进行评估。2016 年 4 月 28 日，在中关村数据资产双创平台成立仪式上，中关村数海数据资产评估中心携手盖特纳（Gartner）公司，共同发布了全球首个数据资产评估模型，该评估模型涵盖了数据的内在价值、业务价值、绩效价值、成本价值、市场价值，以及经济价值六个子模型，这使得数据价值可以得到客观、立体的评估[2]，也为数据资产抵押创造了条件。在成立仪式上，贵阳银行总稽核师晏红武为贵州东方世纪发放了金额 100 万元的"数据贷"，并指出风控永远是金融的第一要务，"数据贷"把数据提升至与传统抵质押品同等重要的高度，建立"数据质押"风控体系，在此基础上合法合规地开展数据资产质权贷款。[3]

（二）全国首单基于区块链数据资产质押

2021 年 9 月 9 日，在浙江省知识产权金融服务"入园惠企"行动

---

① 韩义雷：《全球首个数据资产评估模型发布》，《科技日报》2016 年 4 月 29 日。
② 韩义雷：《全球首个数据资产评估模型发布》，《科技日报》2016 年 4 月 29 日。
③ 勒川：《盘活数据资产：我国首笔"数据贷"成功发放》，《中关村》2016 年第 5 期。

（2021—2023 年）现场推进会上，全国首单基于区块链数据资产质押落地杭州①，正式上线了全国首个知识产权区块链公共存证平台——"浙江省知识产权区块链公共存证平台"，并举行了全国首张知识产权公共存证证书颁发仪式和首批基于区块链的数据知识产权质押融资签约仪式。②

由浙江省知识产权研究与服务中心，分别向蔚复来（浙江）科技股份有限公司、浙江凡聚科技有限公司颁发浙江省知识产权区块链公共存证平台数据资产存证证书，企业与第三方签订许可使用协议书，上海银行、杭州银行与企业签订数据质押协议。其中，浙江凡聚科技有限公司将可穿戴产品上分析得到的沉浸式儿童注意力缺陷与多动障碍测评数据，经过数据脱敏、安全加密后存至区块链存证平台，计划许可用于儿童多动症干预治疗项目。通过担保公司增信，上海银行滨江支行将通过数据资产质押形式，为其授信 100 万元。蔚复来（浙江）科技股份有限公司将垃圾分类运营活动产生的环保测评数据，存至区块链存证平台，计划许可用于居民垃圾分类分析项目。杭州银行科技支行将通过数据资产质押形式，为其授信 500 万元。③

（三）全国首笔千万元数据资产质押融资贷款

2022 年 10 月 12 日，北京银行城市副中心分行成功落地首笔 1000 万元数据资产质押融资贷款，此笔贷款采用罗克佳华科技集团股份有限公司（以下简称"佳华科技"）的数据资产质押。佳华科技是一家 A 股科创板

① 何影丹、郑闻呈：《积极探索数据资产化　全国首单基于区块链数据知识产权质押落地杭州》，《企业家日报》2021 年 9 月 13 日。

② 陈洋根：《国内首个知识产权区块链公共存证平台上线》，《浙江法制报》2021 年 9 月 10 日。

③ 陈洋根：《全国首批基于区块链的数据知识产权质押诞生》，《民主与法制时报》2021 年 9 月 15 日。

上市公司，是集物联网智能制造、数据采集、数据融合、智能分析为一体的物联网大数据服务企业。

2022 年 7 月 30 日，在 2022 全球数字经济大会上，佳华科技入选全国首批数据资产评估试点单位。数据资产评估试点工作组由中国电子技术标准化研究院、北京市大数据中心、北京国际大数据交易有限公司、国信优易数据股份有限公司与中联资产评估集团有限公司共同组成。经评估，佳华科技两个大气环境质量监测和服务项目的数据资产估值达到 6000 多万元，促进了佳华科技数据资产"变现"。最终于 2022 年 10 月 12 日，佳华科技成功获得 1000 万元数据资产质押融资贷款。佳华科技现有原始数据接近万亿条，经过清洗汇总后形成数据产品的数据达到 200 亿条，若能同样转化为数据资产，价值前景将非常可观。

三、数字资产保险

数字资产保险是一种保险形式，专门为数字资产（如加密货币、数字货币、数字证券等）的持有者提供保护。这种保险的目的是在数字资产面临损失、盗窃、黑客攻击、技术故障或其他意外事件时，为投保人提供一定程度的经济保障。

（一）国内首单数字资产保险在西安发布

2023 年 4 月 21 日，国内首单数字资产保险在西安发布。本项保险项目由数字资产保险创新中心牵头，由中国人民财产保险股份有限公司西安市分公司进行承保，此次共为十家企业的数字资产提供了总额 1000 万元的保障，这十家企业也因此获颁全国首单数字资产保险证书。[1]

---

① 刘宁、耿杨洋:《全国首单！数字资产保险落地西安》，《西安日报》2023 年 4 月 22 日。

数字资产保险是一种针对数字资产的保险形式，用于提供保障和风险管理，确保数字资产的安全性和可靠性。数字资产保险创新中心作为知识财产保护的起点，帮助企业了解并管理好自身商业秘密、隐私数据等无形资产，而且数字科技和保险科技的"双强结合"，更有助于提升对企业无形资产的承保能力。[①]

（二）香港虚拟保险公司 OneDegree 为 Rakkar Digital 提供数字资产保险

2023 年 9 月 23 日，总部位于香港的虚拟保险公司 OneDegree 宣布，已向亚洲数字资产托管服务提供商 Rakkar Digital 提供 OneInfinity 数字资产保险，涵盖董事和高级管理人员责任保险及钱包保险。

OneInfinity 系亚洲目前唯一直接由承保商提供的数字资产保险。该保险产品推出市场后，OneDegree 收到超过 150 份申请，其中只有约四分之一的正式申请获批保单，反映 OneDegree 投保门槛极高，核保严格。而 Rakkar Digital 能够通过 OneDegree 的核保程序，证明其数字资产托管服务业处于领导地位，具备强大的企业实力。

Rakkar Digital 作为一家企业级数字资产托管服务商，除了得到泰国汇商银行创投部门 SCB 10X 的支持，其技术更是来自全球领先的 MPC-CMP 技术供应商 Fireblocks。企业数字资产第三方托管人 Rakkar Digital 在数字资产生态系统中发挥着重要作用。凭借其技术和治理专业知识，它们为交易所和银行等其他参与者持有的客户资产提供了额外的保护。OneDegree 和 Rakkar Digital 将一同为一流的合格托管人争取更强的监管认可，以此数字资产托管人可以与交易所、银行和保险公司一起为数字资

---

① 刘宁、耿杨洋:《全国首单！数字资产保险落地西安》,《西安日报》2023 年 4 月 22 日。

生态系统的发展作出更大贡献。[①]

　　数字资产保险通过区块链、隐私计算等技术协助企业进行数据资产化，对其数字资产进行确权和价值评估，保险涵盖因数字资产发生泄露、损坏或完全灭失产生的直接经济损失和数字资产的重置费用。这既为企业发展的核心竞争力提供保障，又为企业数字资产的进一步流通交易奠定基础，还为企业竞争力的持续提升保驾护航，具有重要的经济价值。

---

① "OneDegree Provides OneInfinity Digital Asset Insurance to Rakkar Digital, an Enterprise-Grade Qualified Custodian For Digital Assets", https://oneinfinity.global/onedegree-provides-oneinfinity-digital-asset-insurance-to-rakkar-digital-an-enterprise-grade-qualified-custodian-for-digital-assets/.

第七章　数据资产的定价体系

数据要素定价是指对数据资源通过加工形成的、可以作为生产要素的数据产品和服务进行定价[①]，完善数据要素定价制度是实现数据要素市场化配置的核心关键。数据资产的定价体系是指一个系统或结构，用于确定和规范数据资产的价值、定价和交易规则。该体系通常涵盖了对数据资产的评估方法、定价模型、交易机制，以及相关合同和协议的制定。

第一节　数据资产的会计处理

2023 年 8 月 22 日，财政部《企业数据资源相关会计处理暂行规定》（财会〔2023〕11 号，以下简称《会计处理暂行规定》）正式发布。该规定明确了数据资源的会计处理方式，对于数据资源的应用场景和相关披露事项进行了规定。对规范企业数据资源相关会计处理和加强相关会计信息披露具有重要意义。应当说，《会计处理暂行规定》中的"数据资源"范围较广，既涵盖了《数据二十条》中狭义上的数据资源，又涵盖

---

① 欧阳日辉、杜青青：《数据要素定价机制研究进展》，《经济学动态》2022 年第 2 期。

了数据产品以及数据资产的概念。[1] 由于数据要素产权问题尚在探讨，而狭义的数据资源相较于数据资产更为分散，价值更难以确定，故本书先讨论相对成熟的数据资产的会计处理。

　　数据资产应当区分一般意义上的数据资产和会计意义上的数据资产。"一般意义上的数据资产基于推理逻辑，是亚里士多德式的，是纯粹的概念归纳与演绎，而会计意义上的数据资产则基于实用逻辑，是工具性式的，是结果有用导向式。"[2] 其中一般意义上的数据资产外延要大于会计意义上的数据资产。（1）一般意义上的数据资产是效用性的事实表示。数据成为资产的原因在于其有用性，即数据能够满足社会主体的需求，并为社会主体未来的目标提供服务。（2）会计意义上的数据资产，需要满足三点要求：第一，预期能够产生经济利益；第二，能够被企业拥有或控制；第三，形成于企业过去的交易或事项。[3]

一、数据资产的会计确认

　　会计确认是指将某种信息正式纳入会计程序进行记录或者将其列报于财务报表的过程。与登记入账是同义词，均是指将某种财产权利或义务的金额计入适当的账户[4]。数据资产的会计确认即将数据资产信息记录或者

---

[1]　江翔宇：《数据资产入表与资产管理业务新发展——对财政部〈企业数据资源相关会计处理暂行规定〉的几点思考》，2023 年 8 月 23 日，见 https://mp.weixin.qq.com/s?__biz=MzA3MzM5MDkzMQ==&mid=2650476911&idx=1&sn=9be55d22d376878fa1e1def7d401a0c0&chksm=87007f53b077f645282564e5306d903ce3a39bb587df5ce879687bc3119c1b27f06c1eb03869&scene=27。

[2]　孙永尧、杨家钰：《数据资产会计问题研究》，《会计之友》2022 年第 16 期。

[3]　孙永尧、杨家钰：《数据资产会计问题研究》，《会计之友》2022 年第 16 期。

[4]　周华、戴德明：《会计确认概念再研究——对若干会计基本概念的反思》，《会计研究》2015 年第 7 期。

将其列入财务报表之中的过程。

（一）数据资产确认前提

数据若要在会计上确认为一项资产，应该满足资产确认条件。根据2014年修订的《企业会计准则——基本准则（2006年）》的规定，若要确认为会计上的资产，需要同时满足以下五个条件："过去的交易或者事项形成""控制""经济资源""很可能流入""成本或者价值能够可靠地计量"。[①]

《会计处理暂行规定》要求数据资产入表的条件为，按照企业会计准则相关规定确认为无形资产或存货等资产类别的数据资源，即《企业会计准则——基本准则（2006年）》第二十条第一款规定，"企业过去的交易或者事项形成的、由企业拥有或者控制的、预期会给企业带来经济利益的资源"；以及《企业会计准则——基本准则（2006年）》第十八条规定，"企业对交易或者事项进行会计确认、计量和报告应当保持应有的谨慎，不应高估资产或者收益、低估负债或者费用"。基于会计的谨慎性原则，会计上资产的确认需要满足苛刻的条件，大部分数据资产无法满足会计准则的严苛要求，企业合法拥有或控制的、预期会给企业带来经济利益的，但由于不满足企业会计准则相关资产确认条件而未确认为资产的数据资产，在会计报表附注中披露此类数据资产的信息属性、法律属性、价值属性。

（二）会计科目设置

目前主要有"无形资产论"与"存货论"两种观点。"无形资产论"认为，数据资产符合无形资产的非实体性、可辨认性、非货币性等基本特征，为企业拥有或控制，并能带来经济利益，应将数据资产作为无形资产

[①] 《企业会计准则——基本准则（2006年）》（中华人民共和国财政部令第76号）第二十一条。

进行确认。"存货论"认为符合特定条件的数据资产应该列入存货。因为企业主要从数据资源的交易，即通过提供数据服务获取价差，收益具有特定营业周期与交易机制，这种数据资产可以被确认为存货。我国《会计处理暂行规定》采用的是无形资产和存货的科目。

随着发展，越来越多学者认为数据资产归于无形资产并不合适，数据资产与传统无形资产，在收益方式、有限排他性、非独占性、规模性等方面均有较大差异。中华人民共和国财政部《企业会计准则第 1 号——存货》第三条对存货的定义为："企业在日常活动中持有以备出售的产成品或商品、处在生产过程中的在产品、在生产过程或提供劳务过程中耗用的材料和物料等。"按照存货的定义将数据资产确认为存货略显牵强。

也有学者认为在数据性、非流动性、非知识产权性等因素的前提下，无形资产的核算体系对数据资产来说并不适用，因此应单独设置"数据资产"一级科目[①]。本书支持这一观点，认为应当设置"数据资产"科目用于会计核算，根据持有数据资产的目的设置二级科目，如表 7-1 所示。

表 7-1　数据资产科目设置

科目类型	科目设置	科目介绍
一级科目	数据资产	资产类科目
二级科目	数据资产—自用数据资产	用于企业自身经营活动数据资产，属于非流动资产
	数据资产—交易性数据资产	用于交易的数据资产，属于流动资产
	数据资产—公允价值变动	用于交易的数据资产公允价值与账面价值之间的差额
备抵科目	数据资产累计摊销	使用寿命有限的自用数据资产计提摊销
	数据资产减值准备	数据资产评估减值后计提减值准备

资料来源：张俊瑞等：《企业数据资产的会计处理及信息列报研究》，《会计与经济研究》2020 年第 3 期。

[①]　张俊瑞等：《企业数据资产的会计处理及信息列报研究》，《会计与经济研究》2020 年第 3 期。

二、数据资产的会计计量

《会计处理暂行规定》在第二部分"关于数据资源会计处理适用的准则"中指出，对"确认为无形资产的数据资源进行初始计量、后续计量、处置和报废等相关会计处理"，对"确认为存货的数据资源进行初始计量、后续计量等相关会计处理"。

（一）初始计量

《会计处理暂行规定》采用历史成本对数据资产进行初始计量。对于企业自行研究开发的数据资产，区分研究阶段支出与开发阶段支出，研究阶段的支出于发生时计入当期损益。历史成本计量方法符合会计的谨慎性原则，但是不能反映资产的实际价值。本书认为对于自用数据资产可以采用成本法进行会计计量，对于交易用数据资产可以采用公允价值进行会计计量。考虑到会计审慎性原则以及当前数据交易市场不完善的情况，避免后续计量中数据资产公允价值计量对财务报表中利润造成大幅波动，可参照《企业会计准则第 37 号——金融工具列报》中交易性金融资产的后续计量方式，将数据资产公允价值变动产生的利得或损失计入其他综合收益。

《企业会计准则第 20 号——企业合并》第十三条规定，"购买方对合并成本大于合并中取得的被购买方可辨认净资产公允价值份额的差额，应当确认为商誉"。在企业合并的过程中不符合资产确认条件的数据资产作为溢价的一部分在合并报表中确认为商誉。商誉是企业拥有或控制的、由整体协同效应导致的、能够为企业带来未来超额收益的不可辨认的无形经济资源。尤其在数据企业中，有大量数据资产不符合会计上资产确认条件，却能为企业带来大量经济利益，在这类企业的收购过程中，可以对企业的数据资产进行整体评估，在合并报表商誉科目下单独列示

"商誉—数据资源"，并在财务报告附注中披露此类数据资源的基本信息和评估信息。

（二）后续计量

《会计处理暂行规定》在第三部分"关于列示和披露要求"中明确对数据资产仍采用摊销的方式进行后续计量，"对于使用寿命有限的数据资源无形资产，企业应当披露其使用寿命的估计情况及摊销方法；对于使用寿命不确定的数据资源无形资产，企业应当披露其账面价值及使用寿命不确定的判断依据"。未对数据资产后续发生的维护、存储等成本的处理方式作出规定。

对于自用数据资产，可以采用摊销方式进行后续计量，对于数据资产后续维护、存储、标注、整合等成本可以区分资本化支出和费用化支出两类，符合资本化支出的增加数据资产账面价值，费用化支出可在年末进行费用化处理。对于交易用数据资产可以采用公允价值进行后续计量，将数据资产公允价值变动产生的利得或损失计入其他综合收益。考虑到数据资产的时效性及数据资产对技术进步的敏感性，可以每年对所有数据资产进行减值测试，计入"资产减值损失"科目。

表 7-2　数据资产计量

用途	自用	交易
会计科目	数据资产—自用数据资产	数据资产—交易性数据资产
入账价值	取得成本	取得成本
具体方法	数据采集、脱敏、清洗、标注、整合、分析、可视化等加工成本／外购成本	数据采集、脱敏、清洗、标注、整合、分析、可视化等加工成本／外购成本
后续支出	资本化／费用化	资本化／费用化
后续计量	摊销／评估	公允价值变动

续表

用途	自用	交易
具体方法	使用寿命有限的数据资产，计提摊销计入"数据资产累计摊销"，定期进行减值测试，发生减值时计入数据资产减值准备；使用寿命不确定的数据资产定期评估，进行减值测试，发生减值时计入"数据资产减值准备"	期末按公允价值计量，公允价值与账面价值的差额计入"其他综合收益"，定期进行减值测试，发生减值时计入"数据资产减值准备"

资料来源：张俊瑞等：《企业数据资产的会计处理及信息列报研究》，《会计与经济研究》2020 年第 3 期。

第二节　数据资产的价值评估

《中华人民共和国资产评估法》第二条将"资产评估"定义为"评估机构及其评估专业人员根据委托对不动产、动产、无形资产、企业价值、资产损失或者其他经济权益进行评定、估算，并出具评估报告的专业服务行为"。数据资产评估，则是指"资产评估机构及其资产评估专业人员遵守法律、行政法规和资产评估准则，接受委托对评估基准日特定目的下的数据资产价值进行评定和估算，并出具资产评估报告的专业服务行为"[①]。数据资产评估是以数据资产为评估对象进行评定、估算的行为。资产评估的对象远大于会计意义上资产，数据资产评估的对象为一般意义上的数据资产，范围大于会计意义上资产的范围。

2017 年中国资产评估协会印发的《资产评估对象法律权属指导意见》第二条规定："本指导意见所称资产评估对象法律权属，是指资产评估对

---

① 中国资产评估协会：《资产评估专家指引第 9 号——数据资产评估》第三条。

象的所有权和与所有权有关的其他财产权利。"第三条规定："委托人和其他相关当事人委托资产评估业务，应当依法提供资产评估对象法律权属等资料，并保证其真实性、完整性、合法性。"

2019 年中国资产评估协会印发的《资产评估专家指引第 9 号——数据资产评估》明确评估对象为数据资产。资产评估专业人员首先"可以通过委托人提供、相关当事人提供、自主收集等方式获取数据资产的基本状况"[1]。这些基本情况包括：数据名称、数据来源、数据规模、产生时间、更新时间、数据类型、呈现形式、时效性、应用范围，等等。[2]

数据资产评估的影响因素[3] 主要包括：（1）数据的基本特征。不仅包括本书第一章所讨论的数据一般性特征，也包括不同行业数据资产所独有的特征。如金融行业数据资产的高效性、风险性和公益性；电信行业数据资产所具备的关联性、复杂性；政府数据资产所具备的数量庞大，领域广泛，异构性强等特征。这是因为不同行业的数据资产具有不同的特征，这些特征可能会对数据资产的价值产生较大的影响。（2）法律因素。主要包括数据资产的权利属性以及权利限制、数据资产的保护方式等。（3）经济因素。包括数据资产的取得成本、获利状况、类似资产的交易价格、市场应用情况、市场规模情况、市场占有率、竞争情况等。（4）合法性因素。包括数据资产应用中可能产生损害国家安全、泄露商业秘密、侵犯个人隐私等问题。

突出"市场评价贡献"原则的定价机制。"市场评价贡献、按贡献决定报酬"是生产要素定价的核心指导原则，数据交易定价难的根本原因在于市场客观评价的与人为主观估算的数据要素贡献之间存在偏差。就数据

---

[1] 中国资产评估协会：《资产评估专家指引第 9 号——数据资产评估》第四条。

[2] 中国资产评估协会：《资产评估专家指引第 9 号——数据资产评估》第四条。

[3] 中国资产评估协会：《资产评估专家指引第 9 号——数据资产评估》第七条、第九条、第十条、第十一条。

要素而言，其贡献表现为数据投入生产后带来的价值增值或收益增量，市场评价下的数据要素贡献反映在数据要素的供求关系和市场稀缺度之上，依托数据交易规则和竞价机制，数据要素的价值外化为数据产品市场价格。① 然而现实中，买卖双方对数据产品定价的博弈很大程度上仍是基于主观的，特别是数据要素的种种特性更加重了对数据产品贡献进行事先预估的困难。在此意义上，数据定价机制的设计不仅事关定价模型和策略的选择，更与数据应用场景、交易制度等因素密切相关。

在数据定价机制中贯彻"市场评价贡献"原则，一方面需要定价机制将标的数据后续应用场景纳入考量因素，原因在于作为二进制表达的数据本身并没有价值，数据的汇聚与处理是数据价值实现的关键环节，定价由此与应用场景相勾连，同时需求者异质性的存在也使得数据资产价值随数据应用场景变化而变化。具体而言，依据"市场决定价格"的价格形成机制数据交易平台在充分考量数据需求方使用场景、预期投入成本和可能收益的基础上可以就数据交易价格给出可供参考的成交底线价格。另一方面需要数据交易平台培育起数据交易的竞价制度，通过交易规则的设计增强数据交易中的价格博弈，吸引更多交易主体参与出价，使数据交易价格真正反映市场供求关系和稀缺度；同时尽可能降低数据交易成本，防止数据价格过度偏离数据本身价值，防止交易成本过高成为数据交易阻碍。

第三节　数据资产的定价方式

虽然数据资产已经成为重要的商业资源，但由于数据资产是近年以来

---

① 欧阳日辉、龚伟：《基于价值和市场评价贡献的数据要素定价机制》，《改革》2022 年第 3 期。

产生的新的越来越重要的资产形式，目前对数据资产的估值在学术界及市场上仍处在一个不断探讨的阶段。中国资产评估协会在 2019 年印发的《资产评估专家指引第 9 号——数据资产评估》中明确，数据资产评估方法目前常用的依旧为传统的成本法、收益法和市场法。

（1）成本法。成本法主要关注数据生产过程中产生的各项成本，将提取数据和加工数据的成本视为数据资产的价值，包括已产生和对未来所需成本的预估，比如硬件、软件、人工、数据的运营和维护等。操作起来相对简单，所产生的费用也相对透明，但会导致数据资产的价值严重低估。（2）收益法。收益法是通过预期数据资产未来产生的收益进行价值评估。此方法适用于未来预期收益、盈利模式、风险较为确定且可以相对准确预估的资产。收益法受主观影响更大，评估难度较大。（3）市场法。市场法是参考市场上近期或往期数据资产的成交价格，通过类比分析预估标的的价格。用此方法评估数据资产价值更为公允，更容易被买卖双方接受。但市场法对市场环境的要求较高，更加适用于活跃、交易频繁的数据市场。

在数据交易市场上，如何对数据资产定价是一个必须解决的问题。从其他生产要素资产定价的历史经验来看，数据资产定价问题无法用一个固定的模板解决，而且不同行业、不同领域中的数据价值评定也不尽相同。而应当按照行业分类，对不同行业衍生的数据产品分别进行定价分析。本书通过选择分析目前已有数据产品定价先例行业，对医疗、社交、电力、物流等行业进行分析，采取不同的分析思路，力图探究出具有行业针对性的数据资产定价策略。

一、医疗行业数据定价

2022 年 8 月，由浙江大学滨江研究院孵化企业杭州医康慧联科技股份有限公司联合浙江大学医学院附属儿童医院研发的业界首个真实临床数据定价模型对外公布。该数据定价模型已应用于全国多家医疗协作体的数据价值共享交易生态中，该数据定价模型构建起了真实的医疗协作体数据价值共享交易新生态。①

　　鉴于医疗服务的复杂性，构建适合大多数医疗机构的相关临床数据定价模型具有挑战性。上述定价模型最终使用了七个最重要的医疗数据价值影响因子，并设计了各自所占权重，分别是：（1）收取的费用（30%）。医院的医疗服务、药品或医疗耗材收取的费用。（2）数据的稀缺性（21%）。即临床病例越少，它的价值就越高。（3）数据的完整性（12%）。数据质量是影响研究结果最关键的因素之一，医疗数据的完整性与其价值呈正相关。（4）数据的时效性（11%）。不同类型的疾病对于数据的时效性要求不一样，例如慢性病则对时效性要求不高。（5）医院级别（10%）。医院级别越高，越能够提供更高质量的医疗数据。（6）外科等级（9%）。高级别手术的医学病例可能比低级别手术的病例更有价值。（7）医生职位（7%）。医生职位越高，越有可能提供高质量的医疗数据。②

　　该医疗数据定价模型没有交代清楚各个要素权重排序和各自具体为多少的科学依据，而且，在医药卫生和数据分析领域卓有成就的专家，凭借个人的判断给一个模型的决定性因素赋以权重的做法可信性显然也值得质疑。即便如此，该模型给各行业提供了行业数据定价的实践经验，有利于推动不同行业的数据定价模型的设计和应用。

---

① 《业界首个！真实临床数据定价模型公布并实践应用》，2022 年 8 月 31 日，见 http://ibj.zju.edu.cn/xinwengonggao/184.html。

② Jing Li, et al., "Alliance Chain-Based Simulation on a New Clinical Research Data Pricing Model", *Annals of Translational Medicine*, Vol. 10, No.15（2022），pp. 22-35.

二、社交平台数据定价

社交媒体已经成为投资者进行决策的重要参考依据。[1] 社交数据呈现出较医疗数据更为明显的价值容量化倾向。就医疗数据而言，由于其本身就可能涉及个人身体健康等重要隐私信息，且是通过专业仪器和专业人士的分析总结得出，因此往往即便单条或若干条即有相当的价值。但单纯由普通民众发出的社交数据，由于大都涉及琐碎事务且具有较强的偶然性，因此在样本数较小时几无太大价值。但一旦样本容量达到一定程度时，就能通过分析得出某一群体的行为倾向——比如消费者群体购买某一类商品时更注重某一种或几种特质，这无疑就具有较强的商业价值。

同时这也揭示了社交数据价值大小需求导向的重要特点——旅游主管部门关注一定时间内人们倾向于优先选择什么类型的旅游点，餐饮从业者关注食客更愿意在何种情况下在社交平台上分享自己就餐的地点和享用的美食，等等。正因为社交数据与包罗万象的社会生活息息相关，因此以市场需求作为其定价的首要考量是毫无疑义的，这也是推特数据资产评估中选择市场法进行定价的重要原因。当然，由于社交信息的驳杂，也意味着后期的筛选、剔除、分类等后处理步骤是必然且复杂的。

社交数据还有一个明显的特点在于头部用户和普通用户数据价值差距较大。同样以医疗数据作为对比，除却极少数特殊体质拥有者或罕见疾病患者外，个体间的医疗数据价值相差较小（这里的价值衡量考虑的是医疗方面的价值，不涵盖医疗数据可能具有的其他价值，比如政治家的身体健

---

[1] 郑建东等：《社交媒体平台信息交互与资本市场定价效率——基于股吧论坛亿级大数据的证据》，《数量经济技术经济研究》2022 年第 11 期。

康信息具有较强的政治价值）；反观社交数据，政治家、科学家、流量明星等公众人物基于其所拥有的社会资源和社会影响力，其所生产的社交数据的价值就明显超过平民百姓——无论是粗略地从我国明星微博的转发点赞数目还是就推特数据定价研究中头部用户展现出的极高变现价值都可见一斑。

三、电力行业数据定价

2003 年起，国务院以"打破垄断、引入竞争"为指导思想，进行"厂网分开"，将国家电力公司和其他由地方政府管理的电力企业，按照发电业务和供电业务拆分，并进行资产重组。这大大增加了中国电力行业参与企业的数量，不过我国电力行业参与企业比起其他行业，实际上是较少的。我国电力行业国有化程度很高，电力系统里市场份额较高的基本上都是国有企业。所以我国的电力行业基本上是处于国家强力管控之下的。此外，我国电力行业的集中度还是很高的，管理也相对统一。这些特点不是每个行业都具有的，所以电力数据产品的定价必然不同于其他行业。

（一）电力行业原始数据的特点

电力数据产生于电能的生产、传输、应用等环节。主要包括以下特点：其一，数量大。电力行业产生的数据数量巨大，这既是因为用户数量多、电量消耗大，也因为电力涉及社会大生产的各个行业。而且电力数据产生速度非常快，更是大大扩展了电力数据量。其二，类型多。电力行业产出的数据类型是形式多样的，这与其他行业的大数据存在显著不同，电力数据不仅包括数字、符号等结构化数据，还包括图像、视频等非结构化数据，此外还会产生介于结构化数据和非结构化数据之间的半结构化数据。① 其三，质量高。由于电力有统一的单位，而且由于我国电力行业集中度较高，管理相对统一，所以我国电力数据管理、统计相对规范、完整，可信度、准确度和标准化较高。其四，收集成本低。因为电力行业处于国家强力管控之下，很早就搭建起了全国的数据管理系统，收集成本很低。

（二）电力行业数据产品的需求

电力企业会对电力数据产品产生需求。电力企业需要了解市场需求，增强电力供给能力和电力调配能力，还需要根据相关数据，对电力设施的使用情况进行预测和改进电力设施。此外，由于我国目前是"厂网分开"的模式，各电力行业的企业往往只能生成各自企业业务里涉及的数据产品，那么就会存在"数据差"，也有交易产生的可能性。

电力数据产品可以在征信行业发挥作用。我国征信业起步晚，主要是依据银行和金融机构的支出和借贷行为，覆盖人群与维度仍然远远不够。② 电力涉及各行各业，而电量、电费等数据能真实客观地反映个体和企业的经济情况，从这个角度分析，电力数据能大大拓展征信的覆盖人群和维度，电力大数据可以用于支撑社会信用系统。

（三）案例分析——贵阳数据产品交易价格计算器

2023 年 4 月，南方电网贵州电网公司与中鼎资信评级服务有限公司通过贵阳大数据交易所签订了数据产品交易合同，这是全国首单经过价格计算器定价的数据产品。③2023 年 5 月由贵阳大数据交易所牵头，南方电

---

① 刘顺成等：《基于电力大数据的增信商业模式探讨》，《电气时代》2021 年第 2 期。
② 刘顺成等：《基于电力大数据的增信商业模式探讨》，《电气时代》2021 年第 2 期。
③ 《全国首单基于"数据产品交易价格计算器"估价的场内交易完成》，2023 年 4 月 17 日，见 http://xxzx.guizhou.gov.cn/gzdsj/202304/t20230417_79086962.html。

网贵州电网公司及国内产融大数据服务商——数库科技达成深度合作，这是全国首单"企业用电行为分析"数据产品交易。[①]

在如今电力数据产品交易量较小的情况下，监管机构旁听双方讨价还价的过程，规范交易产品定价的模式没有明显的不妥，就已经成功的案例来看，交易双方基本可以以平等的地位参与数据产品交易定价。但是，随着越来越多主体参与到电力数据产品交易市场中，这种模式必然会被取代，而贵阳的数据产品交易价格计算器不失为一种很好的解决方法。

虽然贵阳数据产品交易价格计算器采用公式进行价格计算，难免会被诟病"模式僵化，不够灵活"。因为数据产品定价要考虑的因素很多，怀疑这个交易计算器不能合理考虑每一种影响因素也是很有道理的。但是笔者认为电力行业本身原始数据的特点能在一定程度上弥补交易计算器的劣势，而且交易计算器在电力数据产品定价方面确实存在着很大的优势，采取固定的公式对电力数据产品的价格进行计算，能提高交易的效率，更快地推进"报价—估价—议价"这一流程的进行，并且考虑到电力企业的市场体量普遍比较大，采用交易价格计算器能很好地规范定价行为，防止出现市场势力较大的一方欺压市场势力较小的一方的现象。

（四）定价策略

原始电力数据在收集成本方面基本上没有差距，而电力数据产品的质量、应用的针对性高度依赖于对原始电力数据的筛选角度和分析方法，也就是电力数据产品价格的差异主要来源于对原始数据的再加工这一阶段。而且电力企业本身也很难发挥出电力数据产品的全部价值，所以电力企业愿意在市场上供给自己的数据，也没有非常迫切要高价卖出。

[①]　陈玲:《用电力数据精准服务政企民生》,《贵州日报》2023 年 6 月 20 日。

　　针对原始数据收集这一阶段成本的确定是很容易商议和统一确定的，主要就是考虑如何将人力对电力行业原始数据的再加工为电力数据产品赋予的价值，通过计算更好地反映在交易价格中。数据产品交易价格计算器要想在电力数据产品市场上长久作为定价工具使用，必须自我完善，尽可能解决这个问题。

　　或许随着电力数据产品的市场规模越来越大，也会衍生出利用电力数据产品交易的原始数据制作的数据产品，对交易价格计算器的模型中各项因子及其占比进行修正，那么交易价格计算器的计算结果也就更能让人信服。

四、物流行业数据定价

　　2001年物流行业的发展进入"十四五"规划，这一年是物流行业发展的"起步年"。物流行业不同于电力行业集中度那么高，参与的企业非常多。物流可以用物品寄出、物品流通和物品接收三个环节来表示，但是实际上物流服务相当复杂，我国物流行业涉及的物流服务有很多种类，按商品流通的方向分类，大致可以得出物流行业服务结构图，如图7-1所示。

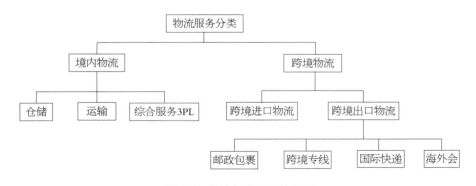

图7-1　物流行业服务结构图

资料来源：笔者自绘。

（一）物流行业原始数据的特点

物流行业集中度低，服务繁多。整体上是非常错综复杂的，以下是笔者基于物流行业特点分析的物流原始数据的特点：其一，数量大。物流行业经过 20 多年的快速发展，产生了大量数据。既是因为物流行业来自各方的参与主体多，物流环节多，也是因为物流的服务类型多，应用场景多。其二，准确性高。在物流行业刚刚起步的时候，物流行业数据就是由合同和收据背书。而当下，尤其是物联网的普及，每一个货物都有自己的专属二维码，可以随时查到货品的物流信息。其三，杂乱度高。虽然物流信息是准确的，但是由于物流涉及范围太广，物流信息产生途径太多了，物流原始数据其实是较为杂乱的，要形成有更高价值的大数据，首先要对原始数据进行整理。其四，收集成本参差不齐。物流企业所有制比较多元，物流服务也很多样，那么不同企业不同业务的数据收集成本肯定区别是很大的。全国并没有统一的物流数据管理系统，这也是和电力行业不同的地方。

（二）物流行业数据的需求

其一，物流行业的企业。由于物流行业企业数量非常多，而数据作为新型生产要素，对扩大再生产有着极为重要的战略意义，企业一定会争抢数据占有量，这就产生了对物流数据产品的需求。此外，由于一方面物流企业性质多元；另一方面物流业务范围广泛，在市场经济下，不同企业有分工。这就意味着，原始数据收集的成本会有差别，分析角度也会不同。这种差异性在理论上也会产生对物流数据产品的需求。

其二，基础设施。我国物流行业的快速发展本就是依托我国高质量的基础设施建设，与基础设施建设有着密切的关系。一方面，物流主要靠水路、公路、铁路和航路四种方式，依赖于交通基础设施；另一方面，"物联网"的概念使得物流行业也很依赖信息基础设施。所以在一定程度上，物流能够很及时地反映基础设施的现状，因此基础设施建设者也需要来自物流数据产品对建设做进一步规划。

其三，电商平台。目前各大电商平台陆续推出自己的物流业务，如京东物流。电商本身就高度依赖物流行业，由于电商本身掌握的物流数据匮乏，也就产生了对物流数据产品的需要，进而更好地指导自己的业务，比如消费者偏好分析和货仓布局优化。

（三）案例分析——顺丰速运数据产品价值评定

顺丰速运重视智慧物流的建设，积极开发物流数据产品。自2013年正式发展大数据以来，顺丰一直不断地扩大对大数据的研发规模。通过对大数据的挖掘，顺丰速运的核心竞争优势越来越明显，提供越来越优质的服务，吸引越来越多的消费者选择顺丰，顺丰大力发展大数据，积累下了巨大的优势，未来也会因为数据产品质量越来越高带来更多的收益。[①]

因此，对于物流企业来说，数据产品的价值在于数据产品为企业带来的收益和未来潜在的收益。基于此，对于顺丰速运数据产品价值评定采取的是收益法。顺丰速运是一家上市公司，通过分析顺丰速运的财务报表，可以很好地从收益角度评定其制造的数据产品的价值。

这种定价方法可以在物流数据产品的定价中推广。首先，由于物流行业原始数据存在杂乱度高、收集成本参差的问题，使得物流数据产品成本定价难度大增。其次，物流行业的市场竞争很激烈，物流数据产品虽然需求大，但是供给少，很多企业把自己生产的数据产品当作战略储备，物流数据产品市场活跃度不高，采用市场法定价也是不现实的。基于收益法的

---

① 李虹等：《大数据视角下物流企业数字资产评估研究——以顺丰速运公司为例》，《中国资产评估》2020年第10期。

定价模式类似于用"机会成本"定价，能满足供给方的意愿，从而促进交易顺利进行。

（四）定价策略

首先可以肯定的是，物流数据产品用价格交易计算器去定价是不合理的，因为物流数据产品价格涉及的因素太多了，定价复杂程度远高于电力数据产品。目前来看，拍卖法运用于物流数据产品定价也很合适，因为供给少，需求多。但是拍卖法无法作为一个长久的策略，因为拍卖法定价不可回避的问题就是价格波动，不确定性很高，很难为后续的定价行为提供参考或作为经验，而且也难以避免恶意出价等不端行为，对监管的要求很高，给监管带来巨大的压力。

目前来看，物流数据产品市场上的供给乏力，很多公司出于战略考虑，不愿意将自己掌握的数据产品在市场上出售，如果不用收益法去定价，市场活跃度很难提高。但是收益法也存在一个需要解决的问题，就是数据作为多种生产要素中的一种，在价值创造过程中，难免会与其他生产要素结合，共同实现增收。如果不能解决收益中数据和其他生产要素的贡献如何分割的问题，那么采取收益法对物流数据产品的定价就一定会存在较大的争议。

关于生产要素对收益的贡献分割问题也有了很多实践的经验，毕竟我国从以按劳分配为主开始，陆续又将知识、土地、技术、资本和管理纳入分配制度中。但是数据作为一种新兴的生产要素，也无法照搬照抄曾经的经验，还需要更多的实践。

五、共享类数据定价

上述各类数据的定价或应用都是根据一个或几个企业收集数据的成本

或其利用数据产生收益来计算的。不论具体采取何种定价估价方式，其实都是将数据组看作一次性交易物品，其价值的实现仍然依赖于交易双方或企业内部。但是，数据的可共享性及零成本复制性等特性注定了其能通过共享创造大量的价值。因此，如果不将数据看作一次性交易物品，而是将其进行大量的共享与流通，依靠全社会来创造价值的，又该以何种方式判断其价值呢？尤其是对最初数据贡献者而言，是否能有更合适的定价估价方式？应当说共票理论有效地解决了这些困扰。

共票是基于区块链等技术对数据进行确权、定价、交易、开放、共享、赋能，实现集政府、劳动者、投资者、消费者与管理者多位于一体的数据共享分配机制。类似于股票、钞票、粮票的三票合一，具有共享、共治、共识的特点，符合共产主义理想。[①] 利用共票理论，可以将每条数据单独标识，并让数据链上的每一个人都共享、分配其随后创造出的新价值。因此，这种方法也许可以为共享度高的数据提供更加合理的价值确认方式，即先确定一个合理估值，再不断补充获得的收益价值。

《会计处理暂行规定》指出，"企业使用的数据资源……符合《企业会计准则第 6 号——无形资产》规定的定义和确认条件的，应当确认为无形资产"；"企业日常活动中持有、最终目的用于出售的数据资源……符合《企业会计准则第 1 号——存货》规定的定义和确认条件的，应当确认为存货"。对于前述五种案例，目前的暂行规定似乎并无大碍。但对于由企业收集或创造的、通过向社会或群体分享创造价值的数据，未来是否可以将这种数据按照持有（享受收益）的时间长短确认为"交易性金融资产"或新的"数据投资"科目？这样一来，企业对数据资产的估值定价便可参考企业对其持有的各类金融资产的价值确认，并伴随收益的产生逐步增加其资产价值。

---

① 杨东：《发挥数字经济优势战疫情推动经济社会正常有序》，《中国外资》2020 年第 6 期。

　　综上所述，共票可以通过赋予数据分享与再分享，数据不再是无价值之物或者一次性交易品，而可以基于共票的不断分享实现增值以回报初始贡献者。① 对贡献数据的企业而言，这一方法也可以大致理解成先结合成本法和市场法确立最初价值，再不断补充实际收益来确定其"现值"。

---

① 　杨东：《"共票"：区块链治理新维度》，《东方法学》2019 年第 3 期。

第八章　数据要素市场中的数据交易所

数据交易所是规范数据要素市场运行的体现，数据交易所或交易中心的成立，对数据来源、交易规则、数据定价、技术支撑、数据生态构建等方面进行积极探索，从而更好地发挥数据要素市场的优势。

第一节　数据交易所的运行现状

目前，中国数据交易市场正在蓬勃发展。在原始数据向数据资源、数据资产、数据要素转化的过程中，数据交易所发挥了重要的作用，成为联结市场交易与政府管理的重要场景之一。本节对上海数据交易所、北京国际大数据交易所、贵阳大数据交易所和深圳数据交易所等交易所结合具体案例进行剖析。

一、上海数据交易所

2021 年 11 月 25 日，上海数据交易所在上海市浦东新区挂牌成立。上海数据交易所以构建数据要素市场、推进数据资产化进程为使命，承担数据要素流通制度和规范探索创新、数据要素流通基础设施服务、数据产品登记和数据产品交易等职能。

（一）交易标的

从数据来源的角度，上海数据交易所的挂牌数据产品可以分成两类：第一类是个人和企业的个体数据，第二类是企业产生的商业市场数据，也被称为公共数据。目前，上海数据交易所的成交案例主要来自市场数据产品。商业市场数据具有公共性，一定程度上能够为政府可公开数据入场交易提供参考。从这一角度来看，上海数据交易所的产品种类具有进一步扩充的潜力，能够与上海市政务服务"一网通办"和"一网统管"相结合，促进政府可公开数据的价值化、市场化、可交易化。

在市场数据产品项下，上海数据交易所根据实际交易规模、上海市整体建设纲要，对企业发展战略进行调整，特别独立出金融板块和数字资产板块，巩固促进金融数据交易，率先引领数字资产交易。

（二）交易主体

根据《上海市数据条例》对数据权益的规定，自然人、法人和非法人组织可以依法开展数据交易活动，法律法规另有规定的除外。

然而，目前上海数据交易所交易的数据产品主要为商业市场数据，暂不涉及个人信息，个人也暂时不能成为交易主体。在交易所参与交易的，眼下还是企业等市场主体。企业只要通过准入标准，不管是大企业，还是小微企业都能加入数据交易大市场。①

（三）交易流程

上海数据交易所的交易流程分为交易评估、卖方挂牌、定价、交易撮

_____

① 《数据交易分几步？上海数据交易所这么进行》，2022 年 1 月 21 日，见 https://baijia-hao.baidu.com/s?id=1722557471197655003&wfr=spider&for=pc。

合、交付五个步骤，如图 8-1 所示。①

图 8-1　上海数据交易所交易流程图

资料来源：笔者自绘。

1. 交易评估

在准入机制的方面，上海数据交易所的特点为：弱资格准入，强化产品及场景合规审查。

为保障数据交易的安全性，国内数据交易所对数据交易主体大多采用会员制，例如北京数据交易所为实名注册的会员制，而上海数据交易所则为申请制会员准入。相对而言，上海数据交易所对数据交易主体的审查重点放在了交易环节，准入环节大概率仅做初步的形式审查。对数据供方的主体严格审核可以在数据产品挂牌合规审查时完成，而对需方的主体严格审查则放在了需方采购，即数据实际发生流通的阶段，上海数据交易所将结合数据产品使用场景对数据需方进行审查。

相对于国内其他数据交易所，上海数据交易所的主要特征在于：在允许供需方意思自治的前提下，以完整的配套制度完成对数据交易流程的合规支持，降低各方对交易安全风险的后顾之忧。

数据产品登记凭证实现数据产品一数一码，可登记、可统计、可普查，在技术上保证了上海数据交易所数据产品交易流程的可追溯性与可控性。

在数据分类的方面，上海数据交易所与国内其他交易所有相似之处。虽然上海数据交易所并未披露明确的数据产品分类指南，但参考《北京国

---

① 《数据交易分几步？上海数据交易所这么进行》，2022 年 1 月 21 日，见 https://baijia-hao.baidu.com/s?id=1722557471197655003&wfr=spider&for=pc。

际大数据交易所设立工作实施方案》中公布的交易类别以及上海数据交易所已经签约挂牌交易的产品类型，可以确认上海数据交易所的产品交易类型与北京数据交易所基本一致，包含以下四类：数据产品所有权交易、数据产品使用权交易、数据产品收益权交易、数据产品跨境交易。

在合规性审查的方面，上海数据交易所的特点为：在基础的资质审查和来源审查上，附加可交易性审查和流通性审查，将数据的交易价值作为市场准入的标准。上海数据交易所的审查流程包括供应方背景审查、数据来源审查、数据可交易性审查和数据流通审查。

在对供应方背景的审查中，上海数据交易所将审核：第一，企业基本情况，主要审查企业经营范围及业务领域，着重审查数据领域方面的业务。第二，企业信用、涉诉及处罚情况，关注企业涉诉及处罚情况，判断是否与数据产品相关，同时审查企业信用问题，避免数据交易过程中的交易风险。第三，数据产品形成动因及利益相关方，审查利益相关方的目的即从宏观上审查数据产品的合规问题，提前排除一些可能影响数据产品挂牌的风险，例如利益输送、套壳挂牌、借名挂牌等。

在对数据来源的审查中，上海数据交易所根据不同的数据采集手段，采取不同的审核标准。对于任何人都有权利访问的公开数据，上海数据交易所主要从数据性质、收集手段、使用目的等方面进行审查。对于企业自行生产的数据，须审查其数据是否有独立来源，是否会侵犯其他主体合法权益等方面。对于数据采购或授权许可等间接获取的数据，须审核其数据来源、许可证书、许可范围等。对于直接采集的数据，须首先明确是否为个人信息数据，对于个人信息数据，须采取更高的合法性标准；对于非个人信息数据，则可以参考前述公开数据的审核标准。

在对数据可交易性的审查中，上海数据交易所主要对数据来源和数据处理进行审核。对于数据来源，目前主要依靠数据来源合同，在形式上审核该类数据形成的数据产品是否是国家允许交易的数据，其数据处理是否符合国家规定，其数据产品是否具有权利瑕疵等均是需要审查的方面。对于数据处理，目前也仅在行使层面审核数据产品中是否包含禁止或不宜交易数据的说明，以及该数据产品是否存在知识产权方面的瑕疵。

在对数据流通的审核中，根据上海数据交易所发布的信息，交易所不仅要对拟挂牌数据产品合规性和质量进行评估，对于数据的需求方，交易所也需对数据的使用和场景做相应的评估，这就要求数据供应方预设该数据产品的使用场景。同时，作为数据产品供应方，也应明确数据使用条件和约束机制，通俗来说即卖家需提供"使用说明书"。在安全措施方面，数据产品以数据包的方式进行交易，与数据产品以数据接口或其他需求方不实际掌握数据的方式交易，其交易模式需要侧重审查的方面是不同的。

2. 交易定价

目前，上海数据交易所内数据交易主要采取的是市场议价。其中协商一般参照三种法则：一是成本法则，卖方生产的数据产品需要多少成本，在此基础上进行调整、定价。二是收益法则，买方使用该数据产品之后，最后会取得多少收益。三是市场法则，也就是产品多次交易后形成一个相对稳定的市场价格。

3. 交易撮合

当市场上有了挂牌的产品和需求后，采取电子交易，通过交易撮合、第三方经济服务，就能让数据交易合约达成。自2021年11月25日揭牌成立以来，上海数据交易所以活跃场内交易为导向，推动构建数据交易服务体系，打造了"浦江数据交易之声"、需求大厅等信息发布平台，围绕供需对接、交易撮合组织各类市场活动超60场。[1]

---

[1] 叶薇：《上海数交所数据交易额不断攀升　国家数据局：发挥数据要素"乘数作用"》，2023年11月26日，见 http://news.xinmin.cn/2023/11/26/32530873.html。

4. 交付

由于数据的安全等级不同，因此平台会根据数据的安全等级采取有针对性的渠道。目前上海数据交易所采取的是交易、交付分离的模式。交易在交易所，交付有多种手段，比如双方约定好直接交付，也有的通过云厂商，因为现在很多数据都存在云服务器。

实际操作中，更多机构希望采取的是第三种交付方式——通过第三机构，确保数据是"可用但不可见"，也就是说，买方可以用数据，但不能拿走甚至看到原始数据。这时候，交易所就会提供一些服务或者服务商，比如引入具有多方安全计算、数据沙箱等技术的企业，在技术手段保证前提下，让数据使用方用了数据，也拿不走数据。交易合约履行完成后，上海数据交易所会发放完结凭证。如果在整个交易过程中，或事后产生争议，也可以通过仲裁、法院等方式进行解决。

二、北京国际大数据交易所

北京国际大数据交易所成立于 2021 年 3 月，由国有资本主导设立，是开启全国数据交易所 2.0 时代的标志性机构。该所致力于探索建立集数据登记、评估、共享、交易、应用、服务于一体的数据流通机制，推动建立数据资源产权、交易流通、跨境传输和安全保护等基础制度和标准规范，引导数据资源要素汇聚和融合利用，促进数据资源要素规范化整合、合理化配置、市场化交易、长效化发展，打造国内领先的数据交易基础设施和国际重要的数据跨境交易枢纽。

（一）交易标的

1. 数据来源

北京国际大数据交易所与北京市政务资源网实现联通，对接全市公共服务、城市管理等数据，并推动北京金融公共数据专区数据进场，向金融机构提供服务。同时，成立全国首个国际数据交易联盟，已吸纳大型商业银行、电信运营商、头部互联网企业、跨国机构等150多家机构或企业[①]，引导行业数据和社会数据入场。

2. 应用场景

北京国际大数据交易所主要有三个应用场景：（1）金融科技：通过高价值公共数据提供银行风控、信贷数字等金融服务。（2）商业决策：通过与互联网公司、运营商等合作，融合多方高价值数据构建模型与目标画像体系，支持商业客户的选址业务。（3）医疗健康：通过将高价值医疗健康领域数据以脱敏隐私加密的形式进行竞赛，征集医疗科技企业积极参与，并优化其模型算法，支持北京市医疗领域科研创新。

3. 产品类型

北京国际大数据交易所的产品类型包括：（1）数据服务：提供数据增值、交易保障、数据中介等多元服务能力，以数据为中心，服务为驱动，满足不同数据场景下服务需求。目前，北京国际大数据交易所交易平台上架的各类数据服务已经包括了气象背景场数据及服务、TEE金融数据服务、智慧旅游等238种。（2）数据API：提供数据API产品发布、展示和撮合交易，灵活满足客户标准化与定制化需求。目前，北京国际大数据交易所提供的API服务仅有同伴客元宇宙价值指数、铁路货车闸瓦运用故障数据和人口洞察报告三种。（3）数据包：提供标准化、结构化数据包交易，覆盖多领域、多维度数据品类。（4）数据报告：提供基于统计、建模、分析等处理后的数据报告产品，提升和完善数据价值。如北京国际大数据交易所目前提供的智慧文旅大数据报告、新冠疫情对旅游和餐饮行业影响、新冠疫情对我国区域经济影响分析等数据报告。

---

① 葛孟超：《一个数据产品的交易历程》，《人民日报》2022年11月28日。

（二）交易模式

北京国际大数据交易所使用新型数据交易系统 IDeX，提供原始数据、成品类数据产品和定制化数据产品，以满足不同类型、不同层次客户的多样化交易需求。并联合国有企业、金融机构、互联网企业、技术公司、科研院所、数据交易服务机构、社团组织、跨国公司等 60 余家单位搭建了北京国际数据交易联盟，将数据提供方、需求方、运营服务方、交易监管方等多方资源聚合，推动联盟成员等社会数据进场，更加便于数据要素市场的流通。

北京国际大数据交易所培育合规审查、数据资产定价、争议仲裁等数字中介服务产业生态，探索建立集数据登记、评估、共享、交易、应用、服务于一体的数据流通机制。首创了基于区块链的"数字交易合约"新模式，该合约内容涵盖交易主体、服务报价、交割方式、存证码、数据、算法和算力等信息，可以针对具体数据交易问题提供一整套解决方案，突破了单一数据买卖的传统初级模式。

（三）交易流程

1. 数据信息登记

一是建立数据资产的登记提供规则依据和流程规范。二是搭建数据资产登记平台，发布数据资产凭证和数字交易合约，实现数据资产唯一性确权。[1] 三是构建规范的数据产品库，利用区块链技术、数据安全沙箱、多方安全计算等方式，全面提升数据登记的安全性、合规性、保密性。

2. 数据资产评估

北京国际大数据交易所"创新构建数据要素的需求侧、场景化估值模型，围绕数据价值化目标，对数据进行清洗脱敏和场景匹配，来提升数据

---

① 曹政：《北京无条件开放数据量全国领先》，《北京日报》2022 年 7 月 30 日。

价值；同时进行评级和估值，来量化数据价值；通过数据交易场所，实现数据融资、转让等证券化资产化过程"①，有效地解决了数据资产估值难的问题，推进了数据价值的实现。

如北京国际大数据交易所发出的首个上市公司《数据资产登记凭证》获得者佳华科技，经过清洗汇总后形成数据产品的即热数据达到 200 亿条，通过对两个场景的数据进行数据评价和价值评估，最终两个项目的数据资产评估值为 6088 万元，促进了佳华科技与北京银行副中心支行实现业务合作，落地全国首笔数据资产质押融资贷款，让数据资产实现"变现"。②

3. 交易定价

北京国际大数据交易所采用的是自由议价的方式，谈判依据是评估机构提供数据资产价值评估结果。此外，该所还首创了基于区块链的"数字交易合约"新模式。该模式不仅突破了单一数据买卖的传统初级模式、发展为涵盖数据、算法和算力的组合交易模式，还扩展了数据资源的价值实现范围，把算法、算力及综合服务应用也变成了可供交易的数字资产③，能够较好地满足数据的流通交易需要。

（四）数据交易案例

北京海天瑞声科技股份有限公司（以下简称"海天瑞声"）和禾多科技（北京）有限公司（以下简称"禾多科技"）之间的一笔人工智能算法训练数据产品交易。在自动驾驶的应用场景中，汽车要做到精准识别路况、做到安全起步、行驶和落客等，需要依赖人工智能技术通过接收精准、丰富的数据为其作出分析判断。

---

① 方竞等：《数据基础制度下隐私计算的实践与思考》，《信息通信技术与政策》2023 年第 4 期。
② 王蕾：《佳华科技：挖掘数据价值 积蓄发展力量》，《山西经济日报》2023 年 3 月 1 日。
③ 程婕：《北京国际大数据交易所首创基于区块链的"数字交易合约"》，2021 年 12 月 6 日，见 http://www.lianmenhu.com/blockchain-27535-1。

在本次交易中，禾多科技需要自己采集真实场景的原始数据，交由海天瑞声进行专业处理，形成人工智能算法训练数据，用于自动驾驶系统研发。北京国际大数据交易所在其中需要对数据交易主体、数据来源、交易产品、数据用途等进行合规审核。如研判这些人工智能训练数据的来源是否合规，数据产品交付后的用途是否正当等。[1] 其中经历了"撮合—采集—处理—应用"三个环节，具体流程如图 8-2 所示。

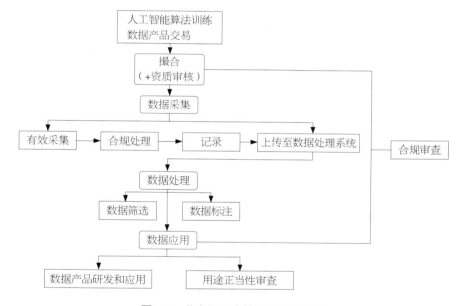

图 8-2 北京国际大数据交易流程图

资料来源：笔者自绘。

三、贵阳大数据交易所

贵阳大数据交易所是国内第一家数据交易所，采用"一中心一公司"的体系架构，即贵州省数据流通交易服务中心负责履行数据流通交易、合

---

① 葛孟超：《一个数据产品的交易历程》，《人民日报》2022 年 11 月 28 日。

规监管服务相关职责，贵阳大数据交易所有限责任公司承担数据流通交易平台日常运营、市场推广和业务拓展等工作。[①]

（一）交易标的

贵阳大数据交易所的交易标的主要包括三类：（1）数据产品和服务，包括数据服务、数据产品、离线数据包等。（2）算法工具，指算法执行过程中所使用的工具或者辅助执行的工具，包括数据可视化、数据预测、机器学习工具等[②]。（3）算力资源，指算力形成过程中涉及的计算资源，包括大数据、视频与 CDN、通用云服务、智算与超算、备份容灾、业务中台、智能应用等。

（二）交易模式

贵阳大数据交易所通过自主开发的电子交易系统，提供完善的数据确权、数据定价、数据指数、数据交易、结算、交付、安全保障、数据资产管理等综合配套服务。

（三）数据交易流程

首先，交易登记。贵阳大数据交易所提供数据商登记凭证服务、第三方数据服务中介机构登记服务、开展数据要素登记凭证服务、数据信托凭证服务、数据用益凭证服务等。其次，数据资产价值评估。贵阳大数据交易所采用要素定价法，从"成本归集、定价思路、价格形成、资产价值评估"等方面出发，建立数据资产价值评估模型，为交易提供"定价依据和价值评估"[③]。最后，交易定价。贵阳大数据交易所以数据产品的开发形式决定数据产品的

[①] 杨婷：《先行先试"闯新路" 深耕大数据交易"试验田"》，《贵阳日报》2022 年 10 月 26 日。

[②] 《贵州省数据流通交易管理办法（试行）》第十四条。

[③] 肖艳：《贵州探路数据基础制度建设》，《经济参考报》2022 年 7 月 11 日。

定价思路，包括标准化数据产品和定制化数据产品两类定价思路。其中标准化数据产品是基于不同商业化模式下考虑，实现开发价值的逐步回收；而定制化数据产品是基于数据产品价值考虑，通过一次交易实现成本回收，采用协议定价思路。

贵阳大数据交易所交易个人简历数据流程如图 8-3 所示。

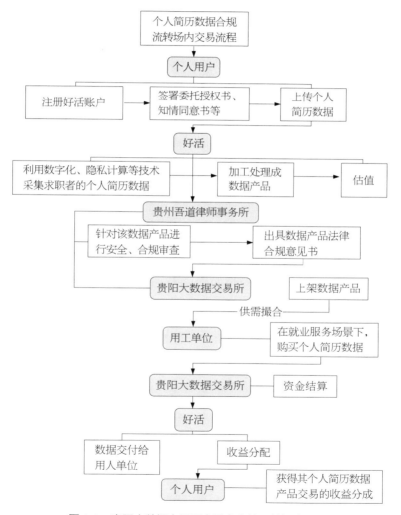

图 8-3 贵阳大数据交易所交易个人简历数据流程图

资料来源：笔者自绘。

四、深圳数据交易所

（一）深圳数据交易所概况

随着深圳数据交易所的成立，数据交易正逐步规范发展，数据所发挥的角色也将从较为单一的撮合商进一步丰富，为数据流通和交易提供：（1）可控安全的技术保障；（2）统筹整合数据资源；（3）提供更加完整合规高质量的数据产品；（4）提升数据流通使用的效率和体验感；（5）降低数据应用价格；（6）进一步丰富应用场景，将为数据生态共建提供有力支撑。[①]

2023 年 2 月 12 日，深圳市委全面深化改革委员会第二十四次会议正式通过《深圳市探索开展数据交易工作方案》。其中提到，到 2022 年年底初步形成新型数据交易体系框架，到"十四五"期末初步形成全球数据交易市场枢纽，打造 5 家左右知名跨境数据商，培育 100 家以上具有技术优势及特色应用的中小型数据商。[②]

2022 年 1 月 26 日正式发布的《国家发展改革委 商务部关于深圳建设中国特色社会主义先行示范区放宽市场准入若干特别措施的意见》明确，将在深圳放宽数据要素交易和跨境数据业务市场准入的措施，明确要求深圳应"积极参与跨境数据流动国际规则制定，在国家及行业数据跨境传输安全管理制度框架下，开展数据跨境传输（出境）安全管理试点，建立数据安全保护能力评估认证、数据流通备份审查、跨境数据流通和交易风险评估等数据安全管理机制"[③]。

[①] 严圣禾：《深圳数据交易所揭牌，饮下跨境数据交易"头啖汤"》，2022 年 11 月 25 日，见 http://www.szft.gov.cn/fthtsgkjqjsfzsws/gkmlpt/content/10/10259/mpost_10259248.html#24412。

[②] 邹媛：《培育约 5 家知名跨境数据商》，《深圳特区报》2022 年 5 月 15 日。

[③] 《国家发展改革委 商务部关于深圳建设中国特色社会主义先行示范区放宽市场准入若干特别措施的意见》第一部分"放宽和优化先进技术应用和产业发展领域市场准入"。

（二）数据产品交易服务

1. 数据交易标的

在已备案登记的数据交易标的中，数据产品数量居多，约占登记备案交易总数量56％；数据服务居第二位，约占25％；数据工具占比19％。从金额上看，数据工具金额最高，占比达42％；数据产品居第二位，占比36％；数据服务占比22％，如表8-1所示。数据商品中涉及隐私计算技术交易18笔，最高的交易金额达3700万元。[1] 深圳数据交易所上架的数据产品以社会数据资源为主，公共数据产品交易还处于探索阶段。

表8-1 备案登记产品形态

登记备案产品形态	截至2022年11月累计登记备案			
	数量（个）	占比（％）	金额（万元）	占比（％）
数据产品	232	56	40182	36
数据工具	78	19	46241	42
数据服务	105	25	24319	22
总计	415	100	110742	100

资料来源：张雅婷：《专访李红光：深圳数据交易所首批跨境数据交易超1100万元，争取国际定价权》，2022年11月23日，见 https://jg-static.eeo.com.cn/article/info?id=beb105581f7f46cfbd37cd9087b27691。

2. 数据交易场景

目前数据商品涉及应用场景共划分53类。根据累计交易金额统计，企业服务类交易金额最高，累计31510万元，占比28％。其次是金融，

---

[1] 张雅婷：《专访李红光：深圳数据交易所首批跨境数据交易超1100万元，争取国际定价权》，2022年11月23日，见 https://jg-static.eeo.com.cn/article/info?id=beb105581f7f46cfbd37cd9087b27691。

累计 24578 万元, 占比 22%。第三是政务服务, 累计 16795 万元, 占比 15%。第四是广告营销, 累计 3400 万元, 占比 3%。[①] 平均备案金额最高的是航司数据融合分析, 单笔 2252 万元, 然后依次是政府采购、商业分析、广告营销等。企业服务累计金额最高, 每笔平均 175 万元。

3. 交易平台

深圳数据交易所各平台功能如表 8-2 所示。

表 8-2 深圳数据交易所各平台功能

平台	功能	目的
数据交易平台	提供数据产品的上架、展示、交易、结算等功能	数据交易平台、数据撮合平台、数据公证平台三个平台的功能结合可实现数据产品的合规审核、产品上架、展示、试用、交易、结算等全流程
数据撮合平台	为数据需求方在交易前提供数据产品样例试用, 初步验证数据产品质量。试用环境是数据沙箱, 样例数据只能在沙箱环境试用, 有效保障了数据商的权益	
数据公证平台	通过与第三方公证机构进行对接, 通过引入第三方公证服务为数据的使用方和提供方、数据的运营方及数据监管方提供数据公证和合同公证, 通过公证自带的法律效力, 证明效力和执行效力来维护多方的合法权益	
数据要素登记平台	为数据提供商登记其数据资源的基本信息, 包括数据资源名称、数据资源分类、数据来源、数据描述、证明材料等。支持在线上传数据资源样例, 并对样例的敏感数据做脱敏处理, 同时支持上传数据字典, 包括字段名、标题、字段类型等信息	数据要素登记平台相对独立, 主要是对数据资源的信息登记

资料来源: 笔者整理。

深圳数据交易所并不是每一单数据交易都需要经过这几个平台的流转。数据交易平台和数据公证平台是每一单交易都需要流转, 数据撮合平

---

① 张雅婷:《专访李红光: 深圳数据交易所首批跨境数据交易超 1100 万元, 争取国际定价权》, 2022 年 11 月 23 日, 见 https://jg-static.eeo.com.cn/article/info?id=beb105581f7f46cfbd37cd9087b27691。

台根据需要选择是否需要对产品进行试用①。

4. 具体产品：数据产品、数据服务和数据工具

数据产品：（1）API数据，指通过应用程序接口（application programming interface，API）实现调用的数据，呈现方式主要包括JSON、XML等。（2）加密数据，指应用安全计算技术进行建模分析所使用的加密数据集，可用在加密传输联合统计、联合查询、联合建模、联合预测等场景。（3）数据应用程序，指以某项或多项特定工作的计算机程序作为数据载体进行交易的数据产品。（4）数据集，指有一定主题，可以标志并被计算机处理的数据集合，呈现方式主要包括Excel、CSV、音频、视频、图片等。（5）数据分析报告，指对历史数据规律趋势进行总结分析，以文字、图表等可视化方式呈现的数据产品。②

数据服务：（1）指通过统计、机器学习、人工智能等方式，对数据进行处理分析，挖掘数据价值的服务。（2）数据采集和预处理服务，指原始数据采集、清洗、结构化、标签化等数据分析应用前涉及的服务。（3）数据咨询服务，指为企业应用大数据提供营销管理、风险控制、战略规划等解决方案的服务。（4）数据可视化服务，指应用图形化方式对数据进行整合归纳，直观呈现数据信息的服务。（5）数据安全服务，指在数据处理全流程对数据安全进行保护的服务。

数据工具：（1）存储和管理工具，指为数据合理存储以及数据分层、分级管理的系统工具，便于使用者能够快速使用数据并尽量降低维护成本。（2）数据清洗工具，指对数据进行重新审查和校验的工具，发现并纠正数据文件中可识别的错误，处理无效值和缺失值等，并保障一致性。（3）

---

① 张雅婷：《专访李红光：深圳数据交易所首批跨境数据交易超1100万元，争取国际定价权》，2022年11月23日，见 https://jg-static.eeo.com.cn/article/info?id=beb105581f7f46cfbd37cd9087b27691。

② 关于"产品"的内容均来自深圳数据交易所官网，见 https://www.szdex.com。

数据可视化工具，指将结构或非结构数据转换成可视化图表的工具，使数据分析成果更加直观、清晰。（4）数据采集工具，指把数据传到需要采集的软件上、达到收录效果的工具，便于使用者能够安全合规获取数据并整合使用。（5）数据分析工具，指对数据进行统计分析的工具，封装分析模型实现快捷建模、分层、融合获得价值最大化的工具。（6）数据安全工具，指采用现代密码算法、信息存储手段对数据进行全生命周期安全保障的工具明晰数据资产状况，保障外发、共享数据安全。

五、运行现状

（一）数据交易市场生态丰富

总的来说，上海数据交易所、北京国际大数据交易所、贵阳大数据交易所和深圳数据交易所，都是国内典型的政府主导型数据交易平台，在平台类型、数据来源、合规性要求等方面均具有相似之处。但由于国家与地方政策定位及区域经济发展情况的不同，它们各自具有不同的特色——上海"金融助推器"、北京"国际数据港"特色、贵阳"综合云服务"特色、深圳"跨境交易"特色。

这些政府主导型数据交易平台的建设及运营，一方面为数据交易产业市场的培育积累了大量经验，另一方面为数据要素助推社会经济转变发展理念、创新发展模式提供源源不断的动力。同时，数据交易所通过联合各中介服务机构串联起了流通交易的各环节，实现了数据要素的价值发挥与合规化流转。

（二）数据交易模式逐渐完善

从交易标的来看，各数据交易所的主要交易标的物已经涵盖了数据、数据产品和数据服务等多种形式，并探索出了算力资源、算法工具等新的数据产品类型，将其运用于多种服务场景。从交易角度来看，目前已逐步建立了多种形式共存的流通交易机制，这些形式包括但不限于协议转让、挂牌/拍卖交易等。在数据资产的估值定价方面，尽管"估值定价"理论机制尚未成熟，但在产业实践中，也已形成了协议定价、自动定价和评估定价等多种定价方式。此外，关于数据交易的内容和范围，初次分配机制已逐步形成。卖方通过售卖数据或提供数据服务获取对价收益，而第三方专业服务机构或中间平台通过抽取中介费、服务费、手续费等方式实现收益。①

第二节　数据交易所的模式比较

上文展示了上海数据交易所、北京国际大数据交易所、贵阳大数据交易所和深圳数据交易所的经营模式与典型案例，并对政府主导型数据交易平台的样态作了简单的总结。下文将展开更加具体的案例比较，归纳数据交易的现有经验，为中国数据交易所的进一步发展提供指导与借鉴。

一、交易流程对比

（一）上海数据交易所

基于卖方提供的数据产品进行撮合，交易流程图如图 8-4 所示。

数交所的作用：中介。仅在撮合（构建交易平台，实现供需的对接）

---

① 朱云帆：《我国数据交易统一大市场发展现状与路径思考》，《电子技术应用》2023 年第 5 期。

和交付（提供可用不可见的技术手段，构建信用基础；保存凭证）中发挥主动作用。

收益模式：从单笔收益中抽成，"中介费"。

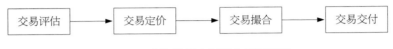

图 8-4　上海数据交易所交易流程图

资料来源：笔者自绘。

（二）北京国际大数据交易所

模式 1：基于卖方提供的数据产品进行撮合。

模式 2：基于买方的需求，对原始数据集进行审核（买卖双方资质、数据合规）、采集、处理和应用，生成数据产品。

数交所的作用：复合身份，"中介 + 数据加工厂"。

收益模式：一数多卖，将原始数据集应用于不同的场景，生成不同的数据产品。

北京国际大数据交易所交易流程图如图 8-5 所示。

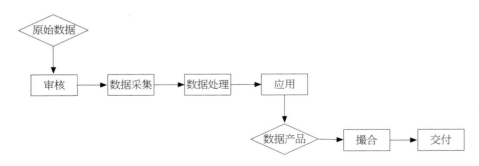

图 8-5　北京国际大数据交易所交易流程图

资料来源：笔者自绘。

（三）贵阳大数据交易所

模式1：基于卖方提供的数据产品进行撮合。

模式2：加工原始数据为产品。

数交所的作用：市场守门人（颁发交易凭证，构建交易主体之间的信任）；交易代理人/咨询人（向买卖双方提供场内交易报告、意见等）。

收益模式：标准化数据采取固定定价，定制化数据协商定价。

贵阳大数据交易所交易流程图如图8-6所示。

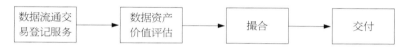

图8-6　贵阳大数据交易所交易流程图

资料来源：笔者自绘。

（四）深圳数据交易所

模式1：基于卖方提供的数据产品进行撮合。

模式2：基于买方的需求，对原始数据进行加工处理，生成特定产品（应用程序、加密数据、数据集、数据分析报告）。

模式3：对卖方的原始数据进行数据分析，挖掘数据价值（清晰、标签化、结构化）。

交易所功能的外延：数据咨询（定价咨询、合规咨询、资产评估）、数据可视化、数据安全。

数交所的作用：多重复合。作为交易的中心，"中介+数据加工厂"。作为交易的外围，代理人/咨询人。

深圳数据交易所交易流程图如图8-7所示。

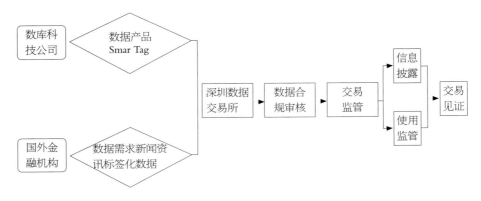

图 8-7　深圳数据交易所交易流程图

资料来源：笔者自绘。

（五）四大交易所交易流程总结与反思

基于案例的对比可以发现，国内数据交易案例中，数据交易所在场内交易中的作用主要有两种：

一是充当数据中介为交易双方提供撮合服务，通过搭建数据交易的第三方市场，允许数据提供商和客户之间进行多对多的交易。平台本身不存储和分析数据，仅对数据进行必要的实时脱敏、清洗、审核和安全测试，并作为交易渠道，通过 API 接口形式为各类用户提供出售、购买数据的使用权服务，实现交易流程管理。如在北京国际大数据交易所的人工智能算法训练案例中，交易双方通过北京国际大数据交易所搭建的联盟实现合作，数据采集、处理和应用都是由数据产品交易中的供需双方完成，北京国际大数据交易所在其中就对数据交易主体、数据来源、交易产品、数据用途等进行合规审核。

二是充当数据经纪提供数据产品。在此类交易案例中，数据交易所的参与度较高。数据交易所作为自身数据持有量不大的数据产品提供商，主要依赖"采销一体"的数据交易模式，往往面向特定市场的需要，采集特定资源，根据业务需要组织成数据产品。① 以贵阳大数据交易所为例，其将基础数据根据不同的应用场景转为了许多定制化数据产品，覆盖公共资源、气象气候、地理空间、金融服务、政务民生、道路交通等多个领域，在交易过程中，则可按照要求，提供标准化、定制化的数据，满足客户最直接的数据需求。

通过上述分析我们也可以发现，当前数据交易所在场内交易中也面临一些作用定位上的窘境。

一是对于撮合型数据交易所来说，其在数据交易过程中的参与度较低。数据交易所希望提供交易居间服务，由买家和卖家在平台上自由交易，但在实际运营中供需双方只是通过平台来接触客户，交易过程并不依赖平台。② 数据加工、脱敏、合规处理等工作都可以通过由专业的中介服务机构解决，数据交易所几乎可以不参与。如果供需双方可以解决风险防范制度、信息不对称、数据中介服务等问题，完全可以采取进行场外交易。这时数据交易所引导供需双方入场交易显然存在动力不足的问题，且其撮合交易过程中的隐形协商成本也较高。因此，数据交易所如果仅仅依托这种居间撮合交易模式，不可避免地会面临交易规模和交易额度整体偏小的困境，甚至有可能陷入停滞状态。③

二是对于提供数据产品的数据交易所来说，当前其交易标的主要以企业数据、政府数据、科研数据、行业领域数据四类为主。然而，多数数据交易所未能接入足够规模和质量的公共数据、社会数据，加之缺乏专业化的数据采集能力，存在数据"开源"困难。④ 此外，就个人数据而言，当

① 黄丽华等:《数据流通市场中数据产品的特性及其交易模式》,《大数据》2022 年第 8 期。

② 欧阳日辉:《我国多层次数据要素交易市场体系建设机制与路径》,《江西社会科学》2022 年第 3 期。

③ 陈戈:《建数据交易所切勿"一哄而上"》,《中国信息界》2022 年第 2 期。

④ 朱云帆:《我国数据交易统一大市场发展现状与路径思考》,《电子技术应用》2023 年第 5 期。

前解决个人敏感信息和合规性问题的基础制度并不完善，实现该领域的突破交易也更加困难。因此，目前进场交易的空间还是较小。

总之，当下数据交易市场体系尚不完善，数据交易所难免会存在交易模式不成熟和定位不清的问题，产业实践和制度构建还须再寻求新的突破。

二、定价模式对比

（一）上海数据交易所

《上海市数据条例》第五十条规定："本市探索构建数据资产评估指标体系，建立数据资产评估制度，开展数据资产凭证试点，反映数据要素的资产价值。"第五十七条规定："从事数据交易活动的市场主体可以依法自主定价。市相关主管部门应当组织相关行业协会等制订数据交易价格评估导则，构建交易价格评估指标。"目前，上海数据交易所内数据交易主要采取的是市场议价。而协商一般参照三种法则：一是成本法则，卖方生产的数据产品需要多少成本，在此基础上进行调整、定价。二是收益法则，买方使用该数据产品之后，最后会取得多少收益。三是市场法则，也就是产品多次交易后形成一个相对稳定的市场价格。

（二）贵阳大数据交易所

贵阳大数据交易所根据数据产品的不同开发形式决定数据产品的定价思路，包括标准化数据产品和定制化数据产品两类定价思路。标准化数据产品基于不同商业化模式下考虑，实现开发价值的逐步回收；定制化数据产品基于数据产品价值考虑，通过一次交易实现成本回收，采用协议定价思路。

根据《贵州省数据流通交易管理办法（试行）》第二十五条，交易双方可选择协商定价、自动定价、评估定价等方式形成交易价格。（1）交易双方可结合成本、应用场景等，协商一致形成交易价格。（2）交易双方可使用数据交易所提供的价格计算器，自动计算交易价格。（3）交易双方可委托第三方评估机构，出具价格建议书作为交易价格。

（三）北京国际大数据交易所

《北京市数字经济促进条例》第二十一条规定："支持市场主体探索数据资产定价机制，推动形成数据资产目录，激发企业在数字经济领域投资动力。"第二十二条规定："数据交易机构应当制定数据交易规则，对数据提供方的数据来源、交易双方的身份进行合规性审查，并留存审查和交易记录，建立交易异常行为风险预警机制，确保数据交易公平有序、安全可控、全程可追溯。"将数据资产定价机制规则交由数据交易机构指定。实践中北京国际大数据交易所适用的是自由议价机制，谈判依据是评估机构提供数据资产价值评估结果。

（四）深圳数据交易所

《深圳经济特区数据条例》六十三条规定："鼓励数据价值评估机构从实时性、时间跨度、样本覆盖面、完整性、数据种类级别和数据挖掘潜能等方面，探索构建数据资产定价指标体系，推动制定数据价值评估准则。"相较而言，深圳将定价权交予专门的数据价值评估机构，交易主体以该评估价格进行交易，而上海市则选择将定价权交给交易主体本身，赋予数据交易主体更多的自主权。

总的来说，我国数据交易所的交易定价基本有两种：一种是以上海、天津为代表的磋商式自主定价，如《天津市数据交易管理暂行办法（征求意见稿）》也规定交易双方应对价格进行协商；另一种是以北京、湖北为代表的按次、按条计费，如北京国际大数据交易所流通的是数据"特定使用权"，可以实现按使用次数定价。

第三节 数据交易所的法治监管

纵观目前国内数据交易市场，由于缺乏统一的交易规则和监管规范，各大数据交易所呈现出各自为战的局面。目前中国数据要素市场发展的痛点在于数据无法在要素市场整体范围内流通，数据平台之间尚未实现交汇与互通，数据持有者在某一平台的数据无法直接参与另一平台的交易。[①] 这造成了诸多弊端：其一，数据交易所各自的有益经验无法实现共享，减缓了发展速度；其二，数据要素的流通受到限制，损害了数据价值的充分发挥；其三，数据持有者必须往返于不同平台的不同交易规则之间，增加了企业入场交易的成本，降低了数据交易所作为平台的优势与作用，导致数据交易平台的发展进入瓶颈。由此可见，对该重要问题进行学术回应，既具有必要性，也有紧迫性。数据领域的研究应当关注实际发生的数据交易案例，展开案例分析和原理归纳，通过对各大数据交易所实际发展情况的深入研究，总结中国数据交易平台的成长经验，探索数据要素交易流通的发展方向。

不仅如此，我国生产要素市场一直滞后于商品市场的发展，针对数据这类新型生产要素，更没有形成统一、成熟的交易市场，目前来看，国内以北京国际大数据交易所为代表的几家数据交易所在交易机制、价格机制、竞争机制等方面尚未建立起完备的制度，无法支撑现实中海量、大范围的数据交易业务，作为数据要素市场的微观载体，数据交易所建设需要国家的顶层设计与法律规制为保障。[②] 繁荣数据交易市场、实现数据要素的市场化配置和财富价值需要充分发挥数据交易平台的功能。

[①] 陈兵、赵秉元：《数据要素市场高质量发展的竞争法治推进》，《上海财经大学学报》2021 年第 2 期。

[②] 戚聿东、刘欢欢：《数字经济下数据的生产要素属性及其市场化配置机制研究》，《经济纵横》2020 年第 11 期。

一、强化数据交易所整体规制进路

当前数据治理规则设计偏重于回应数据保护问题，《个人信息保护法》《数据安全法》以行为控制和程序约束为核心构建起个人信息保护和数据安全制度，然而严格的规范要求在一定程度上也对数据流通构成制约，过于强调保护向度的片面规制进路忽视了产业界对数据利用的强烈现实需求，与基于大数据的数字经济发展实际相左。数据交易所的跨边网络效应意味着只有充分调动数据买卖双侧主体的交易积极性才能强化数据源供给，实现数据的供需匹配与资源的有效配置，促进数据生产要素从资源化到资产化再到资本化。于数据交易而言，过于强调保护的偏颇规制进路不仅增加了数据流通交易的成本，削减了数据买卖交易需求，更诱发以数据保护为由实施数据垄断，妨碍数据要素市场化配置和数据价值的释放。正是认识到这种单纯强调保护的治理策略可能带来的严重副作用，欧盟近期数据领域立法有了重大进展，积极酝酿出台《欧盟数据法》，一方面延续《一般数据保护条例》（GDPR）已有制度安排进一步细化数据可携带权实现规则，从个人数据主体的控制权角度推进数据的跨平台流动；另一方面加强对企业间数据合同的指导，在尊重意思自治的前提下，明确列举此类合同中可能被视为无效的不公平条款和推定不公平条款，进一步满足数据开发利用的流通需求。作为外部控制的法律规制应注意对数据交易法律制度的完善，在缓解数据交易安全顾虑的同时，鼓励数据供给、刺激交易需求和动机，促进交易所供需双边繁荣。

二、完善数据交易所自我规制外部监督

数据交易平台立法阙如，强调基于交易平台内部的自律规则和会员守则对交易行为进行约束。自我规制是规制对象对自身施加命令和结果的规

制，其吸引力在于面对复杂的规制问题以更低的行政成本促使企业主动调整行为实现社会价值内部化。[1] 与"命令—控制型"的管制对立，自我规制将规制裁量权从政府转移到掌握更多数据和规制资源的企业手中，适应了"信息赤字"愈发加剧、政府规制不够敏捷的数字社会发展现状。双边市场理论揭示出数据交易所不仅搭建了数据买卖交易市场，更以平台规则和交易规则为手段管理着数据交易市场。自我规制的魅力已由诸多成功案例证明，然而祛魅的是自我规制的理想在很大程度上仍然"依赖企业良好的守法意愿与合作态度"。[2] 当前数据交易中存在的非法转卖、私自留存等乱象表明数据交易平台的自我规制不良，不透明的定价策略和排他策略更助长了数据交易平台对交易主体的剥削。从规制的专业性和成本出发，应当要求数据交易平台落实主体责任，严格交易主体资质审核与数据来源合法性审查，在数据定价、质量评估过程中确保公平，提供恰当的纠纷解决机制。同时，为避免自我规制力度过于薄弱或流于形式，还应当辅之以对自我规制的外部监督，即以元规制防范数据交易所的自律机制诱发道德风险与逆向选择。

三、优化数据交易所市场竞争衔接机制

根据阿姆斯特朗（Armstrong）的分类，双边市场可分为：垄断者平台，竞争性平台，以及存在竞争性瓶颈的平台，不同平台之上用户进行多栖的可能性与程度不同，对于存在竞争性瓶颈的平台而言，其用户可以获

---

[1] Cary Coglianese, Evan Mendelson, "Meta-Regulation and Self-Regulation", in *The Oxford Handbook of Regulation*, Robert Baldwin Martin Cave, Martin Lodge（ed.）, Oxford University Press, 2010, p.151.

[2] Darren Sinclair, "Self-Regulation Versus Command and Control? Beyond False Dichotomies", *Law & Policy*, Vol.19,No.4（1997）,pp.529-559.

得"多重通道或多归属"。① 不同平台面临的竞争不同，决定了不同平台利用平台策略剥削用户的可能性存在差异，由于顶层设计缺乏总体性视角的统筹，对数据交易平台的已有监管未能激活同市场竞争机制的恰当衔接，限制了市场在数据资源配置中发挥决定性作用。当前数据交易平台的定价规则与发展模式既无法创造数据买方之间的竞争、数据卖方之间的竞争，当平台扮演做市商角色时也有意回避平台与数据买方之间的竞争、平台与数据卖方之间的竞争，数据要素交易价格并未在竞争机制约束下充分反映市场供求和价值规律，数据资源配置丧失效率。从激活并维护数据要素交易市场竞争来看，针对数据交易平台的法律规制设计应当避免不当的制度安排造成数据交易的行政垄断，防止平台衍生排他性垄断力量，以顶层设计协同促进不同地域间、不同行业间数据交易平台的互联互通，培育不同数据交易平台间的竞争；同时应当强化数据交易市场竞争执法打破数据供需两侧数据垄断，防范市场力量不平等导致的交易地位不平等影响交易公平。

---

① 　Mark Armstrong, "Competition in Two-Sided Markets", *Rand Journal of Economics*, Vol. 37, No.3（2006），pp.668-691.

第九章　数据要素的市场激励与收益分配

当前，大数据、互联网、云计算、人工智能、区块链等技术推动数字经济加速创新，成为重组全球要素资源、重塑全球经济结构、改变全球竞争格局的关键力量。数据要素这一新型生产要素作为数字经济的载体，是数字化、网络化、智能化的基础，已经快速融入生产、分配、流通、消费和社会服务管理等各个经济环节，深刻改变着生产方式、生活方式和社会治理方式。作为数字经济的重要组成部分，数据要素已经成为我国经济建设的核心生产要素，催动土地、劳动力、资本、技术等生产要素的转变，爆发出强大的活力，展现了巨大的价值和潜能。2020 年 4 月 9 日，《中共中央　国务院关于构建更加完善的要素市场化配置体制机制的意见》对外公布，把数据与土地、劳动力、资本、技术并列为生产要素，凸显了数据这一新型数字化生产要素的重要性。我国的政府工作报告也多次强调，要推进要素市场化配置改革，培育技术和数据市场，激活各类要素潜能，这些指示无不显示了数据要素在当下情境中的关键地位。数据生产要素作为具有巨大价值和潜能的新资源、新资产和新资本，吸引了众多学者的关注，存在的大量的调查与研究的成果，基于此，本书广泛收集资料，并对数据要素与其治理关键——共票机制进行了分析，以期为相关的研究提供借鉴。

第一节　数据要素的市场激励机制

数据要素的市场激励机制是指通过一系列的经济、法律、技术等手段，激励各方在数据领域进行生产加工、流通交易、开放共享的机制。建立有效的市场激励机制，有助于推动数据要素的流动利用和价值最大化。

一、数据要素激励机制的基本概述

激励机制包括非市场激励机制和市场激励机制，其中前者主要是基于政府的宏观调控，后者则是指市场这只无形之手。《数据二十条》指出："对各类市场主体在生产经营活动中采集加工的不涉及个人信息和公共利益的数据，市场主体享有依法依规持有、使用、获取收益的权益，保障其投入的劳动和其他要素贡献获得合理回报，加强数据要素供给激励。"数据要素激励机制有利于实现数据的最大化利用和创造价值。目前存在的主要激励手段包括：（1）建构数据定价和付费模型。这是所有市场激励机制通用的手段之一，也是刺激数据参与者积极性的内在动力。（2）建构建立机制。奖励可以是金融激励、积分体系、特权或其他形式的激励，以吸引更多的数据提供者参与市场。（3）利用新型技术。利用智能合约和区块链技术建立去中心化的、安全的数据市场。这有助于减少不信任，确保数据交易的透明性和安全性。

收益分配制度是激励机制的核心内容。一方面《数据二十条》指出，"结合数据要素特征，优化分配结构，构建公平、高效、激励与规范相结合的数据价值分配机制"，强调了数据价值分配机制的构建对数据要素激励机制的重要作用。另一方面《数据二十条》也强调，"推动数据要素收益向数据价值和使用价值的创造者合理倾斜，确保在开发挖掘数据价值各环节的投入有相应回报，强化基于数据价值创造和价值实现的激励导向"，则指出了数据价值创造和价值实现的重要性，只有让数据的生产者和创造者获得了收益，才能充分地调动其积极性，吸引更多的社会主体参与数据的生产加工等价值实现事业。而这些整体上反映在数据要素的收益分配上。

二、现有数据要素分配的缺陷

数据要素激励机制主要体现在数据要素制度，现有的数据要素分配主要有数据要素权限分配不明确、数据要素收益分配不合理、数据要素供需对接不充分等不足。

（一）数据要素权限分配不明确

数据要素从产生到盈利主要有生产、收集、传播、使用、再创作、再传播、再使用七个步骤。整个过程的参与者主要有数据生产者、数据生产平台企业、数据服务者、数据使用者（区别于数据服务者，数据使用者可以对数据进行二次创造，并进行产品经营）四个部分。而数据要素的相关权限主要有：数据加工使用权、数据要素所有权、数据产品经营权。

三种权限在四类参与主体分配过程中的混乱是导致数据要素权限分配不明确的主要问题。

首先，数据要素的所有权划分非常模糊，往往对于数据生产者而言，权利不能得到保障。作为数据要素的生产者，数据生产个体理应对数据要素有一定的所有权。然而在现实中，数据生产平台有对数据的直接存储、管控的能力，而数据生产者在数据完成后就没有了对数据的使用进行管控能力。数据生产个体在完成数据生产后，生产平台往往就直接将数据收集并利用。这就造成表面上数据要素是生产者在平台上生产，即数据的权限应该被生产者和生产平台共有，但实际上数据的所有权是被数据生产平台企业所控制，数据要素的市场者很难对其自身生产的要素进行管控。

其次，数据要素的加工使用权的分配也并不明确。一般的数据接受者通过向平台和数据产出者付出流量或者金钱的方式得到了数据的使用权。但对生产平台这一主体而言，因为其参与了数据的生产及数据管理的特殊性，平台自身能否拥有完整的数据使用权并没有被特殊地界定。再加上平台直接管理着数据，不需要告知数据生产者就能够直接使用数据，并且平台在使用时带有一定的隐蔽性，数据生产者往往很难发现平台对自己生产数据的使用行为。这就导致了平台几乎能够完全避开数据生产者而独立地使用生产者的数据。这不仅直接损害了数据生产者的数据要素加工权，更可能在使用数据时间接侵犯数据生产者的隐私。

最后，数据要素的产品经营权与加工使用权之间模糊的界限以及社会对数据要素产品的弱监督性也导致一些时候数据使用者越权使用数据。一般的数据使用者并不具备数据要素的产品经营权，他们不具备对数据资源进行加工处理并通过经营获取利润的权利。但因为难以对越权行为进行有效的监督和及时的纠正，数据使用者的越权行为往往容易被忽略与掩饰，也无形中助长了许多越权牟利行为的产生。

对于现有的数据要素权利分配机制而言，不同主体所拥有的数据要素权利的界定存在着很大的争议，不同的群体都倾向于选择对自己有利的数据要素分配方式。同时，数据平台企业对数据的直接控制与社会对数据使用的弱监管性又导致了数据使用者越权使用数据，侵害数据生产者权益。数据要素权限分配亟须更加明确的界定。

（二）数据要素收益分配不合理

区别于其他的生产要素，数据要素拥有价值因人而异、生产成本难以计算、非物质且可复制、参与生产主体复杂等特点。这些特点导致数据要素的收益很难得到全面且客观的评估，难以形成公平的收益分配制度。同时，因为少数企业及平台能够垄断大部分数据资源以及数据价值信息，进行数据生产的个体在数据要素收益分配中往往处于不利地位。数据要素的收益难以全面客观地评估和少数企业或平台垄断的现象，导致现行的数据要素收益分配存在许多的不合理现象。

首先，数据的价值因人而异的特点导致数据要素的收益难以被标准化衡量。因为不同的数据需求者需要的数据要素类型不同，这就导致同一数据在不同数据需求者心中的价值存在很大差异。那么，当数据的所有权进行交易、转让时的价格就很难评判。再加上数据的异质性比较强，参与数据交易的主体较少。在数据交易市场中，同一数据很难被多次交易，这又导致很难通过市场交易行为确定数据的价格。同时，价值因人而异还体现在数据生产主体上，不同的数据生产主体对同一数据有不同的价值评估，这也是数据要素的价值难以评估的原因之一。

其次，数据要素生产成本难以计算的特点导致难以明确收益分配标准。因为数据要素从普通的符号串变成有价值的数据集涉及数据的采集与处理、数据价值开发、数据存储管理、数据价值推广宣传等多方面的技术与工作。同时，因为缺少一个统一的标准或指标来衡量这些工作的贡献，在不同的计算方法体系下计算得到的生产成本有一定的差异。即使在一个指标下计算得到的数据要素成本能够被大多数数据生产参与者接受，但技术一旦发生更新，生产不同数据的风险发生变化时，数据要素的生产成本也会有一定的波动。这种波动也并没有一个明确的标准，难以对变化后的数据生产成本进行准确预测和计算。这些都导致数据要素收益分配难以形成的结果。

最后，少数企业或平台对数据资源与数据价值信息的垄断导致数据生产个体在利益分配时会受到一些不公正的待遇。因为数据的收集处理、存储管理等后续工作被企业或平台操持，数据提供者在把数据提供给企业和平台后，几乎丧失了对自身数据的控制，大多数数据提供者甚至对自己提供的数据价值一无所知。这就造成垄断信息的企业可以将数据资源的大部分收益控制在自己手里，导致数据提供者无法得到自身应得的利益。即使有部分数据提供者意识到了自身数据的价值，想通过与平台企业的商议获得自身利益。但因为企业对大多数数据的垄断，这些小部分数据提供者依旧难以争取到理想的收益，大多数利益还是流向了数据平台企业。

对于现在的数据要素收益分配机制而言，两个主要问题是数据要素收益不能确切衡量和数据提供者在收益分配中占极大的劣势。前者将会极大地影响数据的交易流通和数据的有偿使用，后者将会压抑数据提供者的生产积极性，影响数据的创新生产。因此，规定统一的计算方法计算数据的价值与成本，将数据价值明确是促进数据要素生产的关键。

（三）数据要素供需对接不充分

现在的数据要素市场面临严重的供求不平衡的情况，数据需求者很难根据自身的需要去得到相应的数据，这与当前数据要素市场的成熟度、数据共享和合作的机制、数据要素的管理和开发有很大的关系。

首先，当前的数据要素市场还不够成熟。市场上缺少足够多的专业数据收集者提供准确、完整、及时的数据，并且数据需求者很难找到精确满足自身需求并且有足够保障的数据。同时，因为一些数据会随着社会的变化而变化，很多的数据需求需要在一定时间内才能发挥作用，而数据收集者又很难预测到数据需求的变化。当数据收集者的预测出现问题时，就会造成一部分数据要素过剩而另一部分数据要素稀缺，这又进一步扩大了数据供求关系的不平衡。

其次，当前的数据共享与合作机制还不够完善。大多数数据被少数的平台企业所控制，而这些企业存在一定程度上的竞争关系，不会轻易地将其得到的客户在数据需求方面的信息告诉给其他平台。并且，各家企业的数据库也并没有建立起联合互通的渠道。即使成功建立了渠道，也缺乏足以让各个参与者满意的利益分配机制，这种联合也只能是表面上的工作。最后，数据需求方依旧很难通过简单的方式得到其需要的数据，数据要素供求双方难以有效地完成对接。

最后，当前不同主体对数据管理和开发也存在很大的差异性。当前的数据管理缺乏统一的标准，不同的数据要素主体之间可能采用不同的数据格式与结构，缺乏统一的命名和编码规范，这会导致供需双方在实现数据对接时变得更加困难。并且，由于不同企业对数据开发的程度不同。相同的原始数据在不同组织的开发下可能会有不同的效果，这又导致数据质量的不一致性，会对数据的可信度造成一定的影响，进一步影响数据要素供求的对接。

对于数据要素供需对接不充分的缺陷而言，主要问题在于供需本身存在的不平衡与供需对接过程中的一些影响因素。要处理好这两方面问题，需要加强数据需求供给信息的互通，建立完善的数据共享和合作机制，统一数据的管理开发范式。最终实现数据要素在需求方与供给方之间的快速有效流转。

第二节　数据要素的分配框架

习近平总书记在党的二十大报告中指出，"坚持按劳分配为主体、多种分配方式并存，构建初次分配、再分配、第三次分配协调配套的制度体系"[1]。《数据二十条》充分体现了党的二十大的这一重大部署，第四部

---

[1]　习近平：《高举中国特色社会主义伟大旗帜　为全面建设社会主义现代化国家而团结奋斗——在中国共产党第二十次全国代表大会上的报告》，人民出版社 2022 年版，第 46 页。

分明确提出要建立体现效率、促进公平的数据要素收益分配制度。在数据要素收益分配环节，以共票作为大众参与数据要素流转活动的对价，可以充分调和个人与企业数据权利的内在冲突，有效摆脱数据要素收益分配的困境。共票与数字货币相结合，利用区块链分布式技术对数据收益中的用户贡献进行标识，并通过区块链共识算法等方式在市场主体的充分竞争和博弈中形成价格共识，有利于构建公平合理的数据收益分配体系。

一、扩大数据要素的市场化配置的范围，市场运行覆盖面实质性拓展

《数据二十条》明确提出将数据作为一种与资本、劳动等并列的新型生产要素，这是我国数字经济发展中的重要创新举措。数字作为一种生产要素，是数字经济时代竞争的核心资源和国家基础性战略资源，客观上具有全部生产要素参与分配的共性，只有充分流动、共享、加工处理才能创造价值，公正的数据利益分配机制可充分调动各方主体的积极性，最大限度地发挥数据价值。数据价值的充分释放和合理分配方能驱动经济高质量发展，如何对数据要素收益进行分配，以市场化方式来实现数据要素的流转交易，尽可能地扩大数据要素市场化配置的范围，扩大数据要素市场化的覆盖面。构建"充分发挥市场在资源配置中的决定性作用，扩大数据要素市场化配置范围和按价值贡献参与分配渠道"的数据要素市场化配置机制。探索引入更多的市场机制，以各类应用场景为依托，让市场主导数据要素的流通和交易，以市场化的方式盘活数据要素流动渠道，以市场化的方式实现对数据的流转交易行为，让数据要素进行市场化轨道运行"新常态"。

二、初次分配适当向价值创造者倾斜，市场主导以贡献度为分配标准

《数据二十条》提出"由市场评价贡献、按贡献决定报酬"，发挥市场在贡献评价和收益分配中的决定性作用，根据数据要素的边际贡献决定要素价格来进行要素报酬分配。作为利益分配机制的共票能让各参与方均获得相应价值回馈，以内生激励机制促进数据要素市场的良性运转。市场化的收益分配的总原则是"谁投入、谁贡献、谁受益"，由市场来衡量数据要素各参与方的投入产出收益，数据采集、加工、分析等创造价值的环节也作为收益分配的要素贡献，保障市场主体投入的劳动和其他要素贡献在收益分配中得以合理体现。按价值贡献参与分配渠道的扩大，意味着不再单纯地依靠劳动、资金、技术、管理等，数据价值和使用价值的贡献度也在收益分配中予以体现，以期实现劳动者贡献和劳动者报酬相匹配。通过共票来重构数字要素的收益分配，形成以初次分配为主的数据收益分配制度，使得数据要素价值创造的参与者能够根据自己的贡献度来参与数据权益的分配，进而更积极、主动地贡献数据，并以此来获得更多的合理收益，真正释放数字要素红利，实现数字要素收益的最大化和分配的最优化。为确保在数据流转的各个环节的投入得到相应的回报，《数据二十条》明确要推动数据要素收益向上述数据价值和使用价值的创造者倾斜，强化基于数据价值创造和价值实现的激励导向。

三、再分配关注公益和相对弱势群体，政府引导调节促进社会公平实现

在激发数据要素价值，实行贡献值分配的基础上，我们更要关注数字要素收益共享的普适性，以合理分配共享进一步激发人民参与共建共富的

积极性，以数字经济高质量发展助推共同富裕的实现。共票以推动数据开放共享促进共同富裕，让数据要素收益分配的红利更好地惠及人民，让数据要素收益在无限次分享之过程中持续地创造价值并不断增值，让可分配收益的"蛋糕"越做越大。"做好蛋糕"和"分好蛋糕"同样重要，两者相互融通的，在初次分配蛋糕的同时，我们持续跟进再分配来予以平衡。《数据二十条》提出"更好发挥政府在数据要素收益分配中的引导调节作用"，在初次分配的基础上进行再分配，由政府通过征收税收和政府非税收入，在各收入主体之间进行收入再分配过程，以弥补初次分配的不足。再分配主要是关注公共利益和弱势群体的问题，防止资本在数据领域的无序扩张。在整个数据要素收益分配过程中，政府的引导调节对于公平分配机制具有保障作用。政府参与数据要素引导调节更多的关注点在于公共数据资源的公益使用，增强企业的社会责任，在充分利用公共数据的基础上共享开放收益。完善数据要素收益的再分配调节机制，能让全体人民更好共享数字经济发展成果。为体现数据要素收益分配的市场化效率，同时促进社会公平的实现，在政府的引导下合理共享公共数据资源的开放收益，以此鼓励企业依托公共数据提供公益服务，强化社会责任，共同承担风险。

第三节　基于共票的数据要素收益分配

数字经济高度发展的重要成果之一即数据要素价值的不断挖掘与实现。社交网络、在线搜索、线上购物等数字服务竞争都围绕着大量消费者数据的收集、分析和使用展开，几乎我们在网上的任何活动痕迹都具有潜在商业价值，能被数字平台利用并推动其业务发展。为交换数字服务，用户除了提供自己的个人信息外，还提供有价值的社会数据。尽管微信等平台巨头提供的服务是"免费"的或对消费者有经济价值，但通过数据收集实现的规模经济，平台所享受的数据价值利益远超消费者。呈指数级倍增的数据不断向少数平台巨头汇集，出于维护和扩张商业生态体系之目的，平台利用数据优势建造数据孤岛，斩断数据开放共享之渠道，导致数据价值难以被充分挖掘、利用。[①]平台巨头垄断了数字时代的生产方式，用户、平台内商家、其他中小企业等都高度依赖平台。[②] 平台基于数字技术的垄断"使得资本从传统生产领域流向数字生产领域，强化了资本对剩余价值的剥削，甚至威胁到劳动力价值实现"[③]。当数据要素参与价值分配时，数据红利几乎被掌控海量数据的平台巨头独占，使消费者和其他企业难以共享，阻碍共同富裕实现。对数据要素价值予以合理分配有利于使数据红利更好地惠及消费者及中小企业。在数据利益无限次分享之过程中，数据能持续创造价值，并不断增值给予初始投资者回报。因此，应当构建合理的数据价值分配机制，从而使人民共享发展成果，推进共同富裕实现。

一、共票：中国原创的数据要素收益分配制度理论

分配公平是实现社会福利的前提性条件，也是实现共同富裕的应有之义。然而，实践中数据主要集中在少数人手中，苹果公司首席执行官蒂姆·库克曾表示，"个人数据的囤积只会使收集它们的公司致富"[④]。数据

① 参见杨东、徐信予:《数字经济理论与治理》，中国社会科学出版社 2021 年版，第170 页。
② 参见蓝江:《数据—流量、平台与数字生态——当代平台资本主义的政治经济学批判》，《国外理论动态》2022 年第 1 期。
③ 参见龚晓莺、杨柔:《数字经济发展的理论逻辑与现实路径研究》，《当代经济研究》2021 年第 1 期。
④ William Magnuson, "A Unified Theory of Data", *Harvard Journal on Legislation*, Vol. 58, No. 1（2021）, pp. 23–68.

领域富者更富的"马太效应"日益凸显，将加剧社会的贫富差距。

数据收益分配主要存在两个问题：一是按照什么标准分配？二是如何落实分配制度？就前者而言，党的十九届四中全会提出，我国应探索建立健全由市场评价贡献、按贡献决定报酬的机制，这一机制有利于数据资源的优化配置，也有利于数据利益科学公正的分配。对于后者，依据马克思的观点，每个人的劳动都是其对社会的贡献[1]。由于在数据流通加工中准确计量和评价每个人的"数据劳动"及其对于社会的贡献极其复杂。这使得按劳分配的直接对象由社会总产品中用于个人消费的产品转变为商品价值的一部分，或者说个人劳动时间只有转化为社会必要劳动时间，才能成为获取收入的依据。因此，在数据收益分配的实现层面，我国应当采用劳动—价值转换—"凭证"模式[2]。其中将"数据劳动"转换为"凭证"，则成为实现数据利益分配机制的重要内容。

（一）共票理论的基本介绍

共票（Coken）是数字经济背景下应运而生的全新数字化权益凭证，其以区块链为技术基础，能调整人与人之间的利益分配关系，改变过去由股东垄断利润的局面，让更多处于弱势地位的消费者、劳动者等相关数据提供主体获得合理的收益分配，在保证分配效率的同时充分体现了收益分配机制的公性。[3]

共票机制是一种旨在实现多方参与、共同决策的机制。随着区块链技术和人工智能技术的日益成熟，数字经济普及化的趋势日渐明显，如何处

① 徐斌、张雯：《公正批判与建构——〈哥达纲领批判〉中的马克思公正思想》，《中共中央党校学报》2018年第6期。
② 邱海平：《社会主义分配理论的创新发展》，《马克思主义与现实》2022年第4期。
③ 杨东、李佩徽：《扎根中国大地建构自主知识体系，开拓数据要素市场化配置新路径》，《人民法院报》2022年9月8日。

理数字经济下数据要素的利益分配也成为一个亟须讨论的重要问题。为了保障中国新时代新型数字经济的健康发展，为了保障广大群众在经济数字转型中的重要利益，应当考虑一种适当的利益分配制度来解决数据要素的利益分配问题。在这种背景下，共票机制为我们提供了一条可行之路。为此，我们应当详细探讨共票机制的定义，从不同角度解析共票的概念和特征，并分析其在实践中的应用。通过对相关文献的综合研究，进行对共票机制的深入理解，为进一步研究和应用共票机制提供必要的基础。

为研究新数字经济下基于区块链技术发展的共票机制，我们注意到共票机制的精神是为了引领区块链技术的正确发展和应用，共票强调的是新兴技术下的共享精神，保障每一个参与者的合法利益，保障所有劳动者获得与其劳动相对应的应得的合法利益。在讨论共票机制的技术前，我们应当先讨论历史上的共享机制，在对比中研究共票机制的独特性和其对数字经济的重要作用。

从历史上看，人们一直在尝试提出一种能完美解决人类社会经济、政治纠纷与利益分配的决策机制、分配机制。在经济领域，公司和股票被视作突破性的重要发明。古代的股份合作制度甚至可以追溯到罗马帝国时期，这种制度允许多人共同投资和分享企业的风险和收益。当时，政府通过招标形式，把公共服务包给私人公司，这类公司的名字就叫"为公共服务的组织"。这类公司直接把股票卖给投资人，股票持有人可以把股票拿到股票市场上交易。而现代的股票制度则要归功于17世纪的荷兰，荷兰东印度公司成为历史上第一家股票交易所上市的公司。该公司通过发行股票吸引了大量投资者。这种股票制度有效地分散了远洋航海贸易的风险，提高了东印度公司的盈利能力，保证了公司的健康发展，从而投资者也从中获得了充足收益。此后，股市与股票制度不断发展，在美国大放异彩。然而，股票制度也有其固有的缺陷。股票市场允许投资者通过购买股票成为公司的股东，并享有相应的权益，如投票权和分红权。然而，在股份有限公司制度的实际运行中，真正掌握公司的往往是持有大量股份的大股东，股市上的绝大参与者实际上并没有决策权。这为广大的参与者利益分配埋下严重的隐患。在股票的发展历史上，也往往是掌握大量资本的资产阶级收益，普通群众常常成为股市变化的受害者。除股份与金钱直接挂钩导致的占比差外，股票市场还存在着操纵和内幕交易的风险，这可能扭曲市场的公平性和透明度。操纵行为可能通过虚假宣传、传言或大量买卖来人为操纵股票价格。同时，股票市场中存在信息不对称的问题。某些投资者可能拥有更多的信息和资源，从而在交易中获得不公平的优势。这种不对称性可能导致投资者无法准确评估风险和收益，从而影响市场的有效性和公正性。即使在严密的监管下，高门槛和专业知识要求也给普通投资者造成了诸多麻烦。股票市场的参与门槛相对较高，投资者需要具备一定的财务知识和市场洞察力，以便进行投资决策和风险管理。对于普通投资者来说，理解和把握市场的复杂性和波动性可能是一项困难的任务。

　　有鉴于此，在政治领域也有许多值得我们参考的决策与利益分配机制。其中最为直接、相对原始的是雅典式民主或古希腊式民主。雅典民主是一种公民领导的地方自治，公民大会是古希腊民主政治的核心。在公民大会中，所有成年男性公民都可以参与讨论和表决政治议题。在公民大会上，政治家们向民众演讲，介绍政策并争取选民支持。公民大会是民主政治的核心，也是直接民主制的典型范例。每个人都是国家的主人一直是人们心中的政治理想典范。然而雅典民主与现代民主制度的差异仍然是巨大的。首先，雅典民主的参与权并非如现代基于居民，阿提卡的女性被认为是不完整的人（女性不具有人权，但直至法国大革命时期仍有争论），奴隶被认为是物品，不算人；其次，制度的不完善导致政府的效率非常低。政治家们为了名利经常借演讲互相诋毁，选民的民意会受在剧场中上演的政治讽刺戏剧的巨大影响都是无法忽视的事实。此后，随着社会生产力的不断发展和政治事务的复杂程度不断增加，罗马共和国采用了一种共和制度，其中选举代表参与政治决策。尽管罗马共和国不是直接民主制度，但它为后来的代议制奠定了基础。在17世纪，代议制发展成熟，在代议制民主中，选民通过选举代表来参与政治决策。代表与选民有联系，并在议会或国会中代表选民的利益发言和投票。不过，无论是代议制还是原始的直接民主，都受着腐败、权力集中、民粹主义和少数群体压迫等问题的困扰。

在考察过经济、政治领域的一些决策和分配制度后，我们可以重新讨论共票机制的重要内涵和作用。共票即"共"，凝聚共识，共筹共智，是能够真正共享的股票，符合共产主义理想；二即"票"，支付、流通、分配、权益的票证。笔者坚持认为区块链经济形态核心制度理念就是众筹。众筹的含义就是打破生产资料的垄断，生产资料所有者、劳动者与消费者等各方主体都参与生产经营，分享利润，同时生产直接对应需求，优化资源时空配置。股份制为人类历史上一个伟大的制度发明，而众筹是人类历史上又一个伟大的制度发明。公司制成就了社会化大生产所需要的社会资金的集合，成就了工业革命，进而成就了资本主义。而强调众扶众包众创的众筹内嵌社会主义核心价值，裨益社会主义制度。正如股票之于公司，共票也是众筹制的核心。但与少数人利益的股票不同，共票能够将利润分享给大多数人，分享给普通劳动者和消费者。共票追求的是实质上的共享，要通过制度的变革和机制的创新来打倒垄断资本。[①] 可以看出，共票机制是和中国特色社会主义建设相结合的，是在习近平新时代中国特色社会主义思想的指导下发展的，体现了中国特色社会主义核心价值观。在中国特色社会主义核心价值观中，富强、民主、文明、和谐，自由、平等、公正、法治，爱国、敬业、诚信、友善十二个关键词可以分为三个层面。共票机制对于中国新时代的数字经济发展的关键作用恰恰是符合中国

---

① 杨东：《共票经济学："票改"的意义》，《金融时报》2018年8月27日。

特色社会主义核心价值观的要求的，并且格外体现了其中平等公正的社会治理思想。在中国特色社会主义核心价值观的指导下，我们也可以注意到共票这个重要概念和以往如股票等基于资本主义制度提出的经济模型的巨大差别。在股票、股市制度中，真正得到利益的、掌握了生产资料的资产阶级，是在代议制中掌握了政治权利的新兴贵族。真正参与劳动过程，在劳动中创造财富的无产阶级、广大农民却难以从股票制度中取得他们应得的分红利益。即使一部分的无产阶级乃至身份较为体面的中产阶级（本质上仍然是无产阶级的）参与到了股市当中，也往往只能得到暂时的投机利益，并很快因为股市波动失去利益乃至自己的本金。这样的股票机制最终就形成了资金导向的结果，资金至上的局面。这种根植于西方资本主义社会的分配制度显然是和中国特色社会主义所追求的"共同富裕"理念相违背。与股票机制不同，共票机制是真正为劳动者设计的，保障劳动者获得他们应得的利益。

共票和区块链技术的发展有着重要关系。区块链技术作为一种突破性的新生信息技术，进入公众讨论领域以来就饱受讨论与争议。一方面，区块链技术的去中心化为人类社会经济提供了可能性和驱动力；另一方面，其不受监管的特性也有着非法犯罪的可能性和金融上的危机。而共票正是为区块链的治理应运而生，共票作为区块链上集投资者、消费者与管理者"三位一体"的共享分配机制，同时也能对数据赋权、确权、赋能，能为以数据为核心的数字经济激发新动能。共票机制概念的提出，对将区块链纳入中国特色社会主义下的数字经济体系有着十分重要的作用。对共票机制的深入研究也将帮助数字经济的健康发展。

（二）共票理论的在促进数据要素发展中的重要作用

自人类文明发展伊始，生产力及其生产要素的快速发展、生产组织形式、经济形态、科学技术这四者总是相伴而生，密不可分的。概括来说，经常是，前一个时代的经济形态高度稳定后，科学技术高速发展，因此反过来带动了生产力的高速发展，同时推动新的生产要素出现并高速发展，而往往上个时代的生产组织形式已经无法满足更高水平生产力的制度需求，以及新生产要素发展需求，甚至严重阻碍、束缚了其发展，因此，生产组织形式势必发生重大改变。当上述过程在社会中大规模发生时，往往伴随新的社会阶级以及其相应的阶级诉求出现，进而推动全社会经济形态的重大改变。上述的这一过程循环往复，人类社会也就在这个过程中螺旋式地不断向上，向前发展。以当下我们所处的信息时代为例，正是计算机相关技术的高速发展，以资本作为重要生产要素，推动现代股份制公司这一生产组织形式的不断发展与完善，整体社会呈现出信息经济的形态。

然而，伴随着近年来以区块链、人工智能、大数据为代表的一系列新技术的不断涌现与高速发展，作为上述技术的重要基石，"数据"这一新型生产要素的重要性与日俱增，更逐渐成为推动生产力进步的澎湃引擎。然而，当下面对的问题是，以股份制公司为主的信息经济形态严重阻碍了"数据"这一强调多次利用而非具体所有的新型生产要素发挥其促进生产力发展的重要作用。相关的例子不胜枚举，关于数据侵权的案例更数不胜数。国内如大众点评诉爱帮网案、新浪诉脉脉案、酷米客诉车来了案，国外如 Linked-In 公司爬虫爬取领英数据案等。这些案例的争论焦点，主要集中在数据归谁所有，以及加工处理后所得利润的具体分配方式上。虽然上述案例存在制度建设不完备的因素影响，但仍不难发现，当下的股份制公司天然具有"数据孤岛"的制度属性。也就是说，在该孤岛内数据流通快捷方便，而岛与岛之间则难以联通，不能充分发挥数据要素的真正价值。

究其原因，正是"股份制公司"，这一以"股票"为主要确权工具的生产组织形式本身。股份制公司所创造的社会财富并没有完全流向生产者与消费者，相反，所有者，尤其是份额占有率较大的所有者攫取了绝大部分的社会财富。换言之，所有者、生产者、消费者并不能均衡地、平等地分享企业创造的社会财富。最终导致的直观结果就是，社会上出现了占有众多生产资料的少数人，与占有少数生产资料的多数人。这些少数的寡头们正如汪洋上的一座座孤岛，垄断了全社会的生产资料，不利于其充分流动，无法为包括大多数人的全社会创造更大的社会财富。而这些生产资料中正包含了"数据"这一非常强调流通与重复利用的生产要素。

总而言之，原有的生产组织形式已经无法满足当下的需求，经济形态也亟须向更高层次的"数字经济"发起转型。现在，我们再套用前文中提出的发展模型，回过头来审视当下，向下一个"数字经济"时代前进时我们已经具备了哪些元素及其相应的特点。

其一，科学技术。区块链技术、大数据技术、人工智能技术、虚拟现实技术等，其中更迭经济形态视角下最有根本意义的正是区块链技术。所谓区块链即一个又一个区块组成的链条，"每一个区块中保存了一定的信息，它们按照各自产时间顺序连接成链条。这个链条被保存在所有的服务器中，只要整个系统中有一台服务器可以工作，整条区块链就是安全的。这些服务器在区块链系统中被称为节点，它们为整个区块链系统提供存储空间和算力支持"①。相比于传统的网络，区块链具有两大显著的特点：一是数据难以篡改，二是去中心化。这保证了区块链所记录信息的真实可靠性，解决了不信任问题。其中最具革命性意义的正是区块链技术使"去中心化"的组织形式提供了实现的可能。每一个区块中包含的"智能合约"，就是并不需要中介机构支持的 P2P 交易形式，该形式大幅提升了生产要

---

① 涂平生等：《基于区块链技术的林业数据采集系统设计与研究》，《自动化应用》2022年第 7 期。

素的流通能力。

其二，生产力及生产要素。数据要素的蓬勃发展。正如前文中反复强调的，确保数据的无阻碍流通为激发数据生产价值的最根本需求。在此基础上，数据将不再是无价值之物，亦不再是一次性消耗品，而是在反复利用与分享共享中创造更大的价值。与其他生产要素具有鲜明区别的是，"数据"，总量在持续爆发性增长，多主体可同时使用。前者意味着社会中的每一个个体都是数据的所有者，都在源源不断地创造数据。后者意味着只有坚持"开放""共享"的理念，才能实现数据的重复，反复利用。打个简单的比方，俗话说"赠人玫瑰手有余香"，玫瑰只是在两个人之间转移，但该动作同时为赠予者和受赠者两个人提供快乐的感觉。换言之，数据不会因为分享而等量减少个体利益，而是做加法（当然，数据的隐私权同样需要法律保障）。

其三，生产组织形式。以共票为基础的去中心化众筹模式。在数字经济的时代，以共票为基础的众筹模式或将取代以"股票"为基础的股份制公司制。共票，其性质上天然地与数据要素相契合，两者均通过开放共享、高速流通和重复利用来实现价值最大化。因此，数字经济的时代下，原有的具有极其强烈垄断性质，过分强调单次占有权的"股票"势必会被契合数据要素性质的共票所代替。而具体到商业应用层面，共票所对应的形式即为"众筹"。何为众筹？众筹的字面义即为"大众投资"。显然，它与区块链技术天然契合，均具有去中心化、P2P、点对点的重要特征。众筹与当下的上市募股有所区别，前者直接建立在 P2P 的基础上，而后者在当下则有众多包括银行、券商等在内的中介机构。然而，值得注意的是，"众筹"的形式由来已久，早在 2009 年，全球众筹行业鼻祖 Kickstarter 就已经在美国成立，而在 2011 年，中国也陆续出现了大量众筹性质的机构，并在 2014 年前后掀起了一波"众筹化"的浪潮，大量资本入局。需要注意，此"众筹"非彼"众筹"。实际上，功利主义的众筹平台群魔乱舞，理想主义的众筹模式纷纷落马。

到 2016 年，中国众筹的先驱"点名时间"迎来了最终的结局，被经纬投资的 91 金融收购，由 91 金融独立运营，原创始人张佑完全退出。曾经叱咤风云的"众筹网"也进行了裁员整合，奄奄一息，勉强求生。

存活的众筹平台，都仅仅借用着"众筹"这个新词汇，来混淆监管视听。实际的业务本质，都已经或是电商卖货，或是变相集资。也就是说，目前的种种众筹平台都已经发生异化，偏离了其产生之初"为 P2P 服务"的本心。是什么导致了这样的结果？笔者认为，正是缺少区块链技术为基础的去中心化数字经济网络支持。京东、淘宝等电商的入局就已经说明，当时的众筹仍然建立在中心化、股份制公司运营、资本垄断的基础上。缺少区块链对于真正意义上 P2P 众筹模式的技术保证，发生异化是为命中注定的事。

经过上文的分析，我们发现，未来的理想化的"数字经济"，是以区块链等核心技术作为支撑，以数据要素作为推动生产力发展的重要引擎，以共票为基础的去中心化众筹模式为生产组织形式的一种全新经济形态，上述三者间互相联系，互为支撑，均具有"共享，开放，去中心化"的重要特点，不可分割。

共票对于区块链治理而言，指明了区块链发展的前景——回归初心，释放技术创新驱动力，服务实体经济。这将引导区块链的技术发展道路，塑造拓展区块链的制度设计。共票是区块链技术和数据经济结合诞生的中国原创理论，站在中国实践之上，回应了社会实际需求。区块链是真正符合众筹理念的基础技术，围绕区块链技术和众筹理念进一步构建共票机制，真正释放区块链与众筹制度应用的重大潜能，赢得数字革命时代制度变革的领先契机。

作为数字经济的重要组成部分，数据要素已经成为我国经济建设的核心生产要素，催动土地、劳动力、资本、技术等生产要素的转变，展现了巨大的价值和潜能，在民族复兴的关键节点上具有关键作用。面临数据要素在分配中具备的数据要素权限分配不明确、数据要素收益分配不合理、数据要素供需对接不充分的痛点难点，共票在数字经济背景下应运而生，成为全新的数字化权益凭证，为调整人与人之间的利益分配，改变由股东垄断利润的局面以及让更多消费者、劳动者等相关数据提供主体获得合理的收益分配提供了条件，在保证分配效率的同时充分体现了收益分配机制的公性。以共票机制为基础的有关数据要素收益分配的实践正在蓬勃展开，只有围绕区块链技术和众筹理念进一步构建共票机制，真正释放区块链与众筹制度应用的重大潜能，才能赢得数字革命时代制度变革的领先契机。

二、共票：中国原创的数据要素收益分配制度理论落地

共票理论在理论证成中有其合理性，在实践中也展开了落地应用。其中较为典型的是娄底市不动产登记实践和中国移动咪咕公司的"咪票"实践。

（一）共票理论的实践场景：娄底市不动产登记

成立于 2016 年的北京金股链科技有限公司，是一家基于区块链技术的数字金融资产服务的平台，拥有超过 20 项技术专利。平台基于具有完全自主知识产权的国内领先的区块链数字金融资产服务系统，通过为投资人、投资机构和项目方提供资产所有权登记服务、资产流转登记服务、项目信息披露服务、登记信息查询服务，同时整合电子合同服务、数字证书服务以及电子签名服务等，打造"一站式"服务平台。该公司的主要产品包括："区块链 + 政务数据"共享交换中台、不动产区块链信息共享平台、区块链电子证照服务平台、"区块链 + 不动产交易"一体

化服务平台、"区块链 + 不动产银行"专网服务平台、区块链不动产智能评估平台。

1."区块链 + 政务数据"共享交换中台

充分利用区块链不可篡改、可追溯的分布式共享账簿的特性，实现政务数据的全面共享。为"互联网 + 政务服务"提供数据的全闭环应用，实现跨部门、跨区域、跨行业公共服务事项及相关业务的数据可信共享，如图 9-1 所示。其核心功能包括：数据上链、数据共享、权限控制和主动推送。

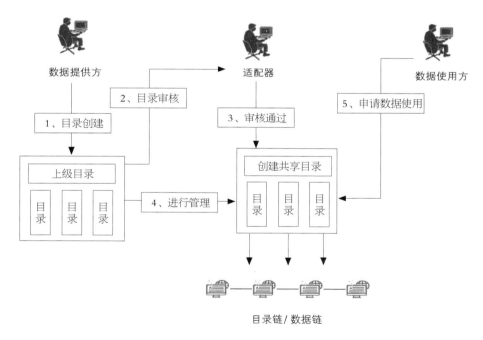

图 9-1　"区块链 + 政务数据"共享交换中台工作流程图

资料来源：笔者自绘。

2. 不动产区块链信息共享平台

不动产区块链信息共享平台，采用区块链联盟链技术作为解决方案，利用其多中心共同维护、数据不可篡改、交易记录可追溯等特点，实现宗地信息、楼盘表信息、登记业务信息，以及相关附件信息的共享上链，非常适合多部门协同工作、共享数据信息平台的场景，如图9-2所示。不动产登记系统可以通过区块链信息共享平台获取其他业务系统的业务数据，包括税务系统的完税信息、房产系统的合同备案等信息。

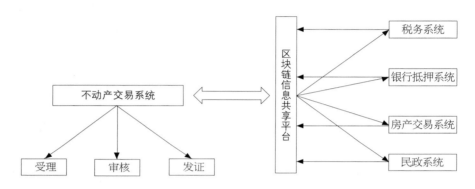

图 9-2　不动产区块链信息共享平台 / 系统的关系 / 功能

资料来源：笔者自绘。

3. 区块链电子证照服务平台

相比传统的纸质文件，电子证照具有非人工识读性、系统依赖性、信息和特定载体之间的可分离性、信息存储的高密度性、多种信息媒体的集成性和信息的可操作性等优点，是各级政府深度推行网络化审批的必要构建，是解决"办证难""假证伪证"等问题的重要手段。通过构建区块链电子证照平台，可以有效确保证照信息安全可信，提高证照信息利用率，增强政府公共服务能力，提高公众对政府服务的满意度。

该平台的核心功能有以下四个：CA签章，确保证照真实可信，使证照具有同等的法律效应；证照生命链，记录证照全生命周期的使用记录；证照校验，随时随地可对电子证照进行真伪校验；证明生态链，以一维拓展体现电子证照各场景的生态。

百亿级证件照存储量　每秒千个证照提交　每秒三千次以上的证照查询　7×24小时无故障运行

图9-3　区块链不动产智能评估系统性能

资料来源：笔者自绘。

4."区块链+不动产交易"一体化服务平台

"区块链+不动产交易"一体化服务平台主要面向城市二手房市场不动产交易流程多、时间长、办证难、缴税慢、多头跑等实际情况，通过不动产政务数据共享，推行"区块链+不动产交易"平台，实现在线验证权利人及房源、在线买卖、实时分销、在线核税和完税，并将信息上传到区块链网络中进行存证共享，实现不动产在线全流程交易，如图9-4所示。

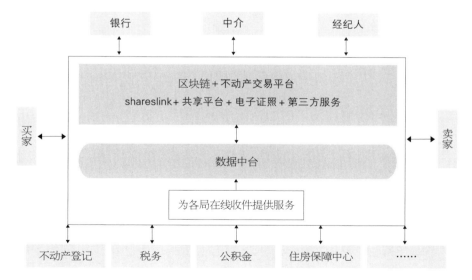

图9-4　"区块链+不动产交易"一体化服务平台示意图

资料来源：笔者自绘。

5. "区块链 + 不动产银行"专网服务平台

"区块链 + 不动产银行"专网服务平台的设计旨在极大程度上简化银行与不动产之间的数据交互，降低人工成本。通过将不动产登记业务前置至银行，银行机构可以直接接入区块链不动产信息共享平台，实现与不动产相关的数据共享，如图9-5所示。这样，公众无须在不动产登记中心和银行之间来回奔波，从而享受更为便利、快捷和高效的政务服务。在贷款前，可以进行产权证书信息查询、登记证明信息查询、购房情况查询、抵押查询；在贷款过程中，进行在线抵押申请，相关抵押登记专网负责受理；在贷款后，可以进行抵押查封订阅，并将抵押查封状况变更推送。

对住宅、办公、商业等进行房地产评估

与专业的房地产评估机构合作，共同为银行、税务等客户提供房地产评估服务

一秒预评
输出不动产信息一键评估一秒出评估结果

24h 更新
每24h 计算房屋均价，实时掌握市场动态

一房一价
利用数学建模及房产评估模型影响因子进行计算，实现一房一价

全链追溯
评估过程、结果实时上链

图9-5 "区块链 + 不动产银行"专网服务平台核心功能

资料来源：笔者自绘。

6. 区块链不动产智能评估平台

不动产智能价格评估系统依托区块链信息共享平台获得的不动产基础数据、产籍数据、交易数据等，整合自然资源和规划局、住房保障中心、金融、税务等各部门各行业的数据，并利用数学建模、趋势分析等技术，建立娄底市不动产价格数据分析体系，来实现数据的系统管理、快速调

取、精准分析、趋势预判等全方位应用，为主管部门提供数据支撑与决策支持。

娄底模式利用区块链技术打通各部门间数据，创建数据共享应用新模式，如图9-6所示。第一，将企业业务流程中供应链的信息流、商流、物流和资金流数据与融资数据上链，提高数据可信度，解决信息割裂。第二，核心企业的信用转化为数字凭证，使信用可沿供应链条有效传导，降低合作成本，实现信用打通。第三，数字凭证可进行多级拆分和流转，提高资金的利用率，解决中小企业融资难、融资成本等问题。

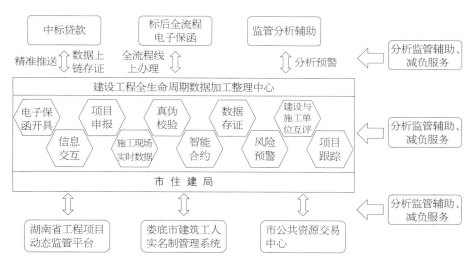

图9-6 娄底模式运行框架图

资料来源：笔者自绘。

总体而言，娄底市住建部门为贯彻落实深化"放管服"改革文件精神、用活用好数据资产，优化工程建设领域营商环境，率先尝试将住建领域数据资源作为资产注入万宝投子公司——湖南智慧政务区块链科技有限公司，以政府引导、市场主导的方式打造工程建设领域减负信息服务平台。平台运用区块链技术通过打通住建、人社和交易中心关键业务系统数据，实现互联互通和安全共享应用，充分利用数据支撑工程建设项目辅助分析监管、标后电子保函和融资助贷服务。企业可不受地域和时间的限制，不需要提供任何纸质资料，即可通过平台数据服务直达金融机构，真正打造成了"一平台受理、线上审批、功能整合、当日出函"的新模式。对于促进重大项目尽快开工建设，扩大有效投资，稳定宏观经济大盘具有重要意义。

（二）共票理论的实践场景：咪咕"咪票"

2023 移动云大会于 4 月 25—26 日在苏州举办。在 26 日的"元宇宙融合创新论坛"上，中国移动咪咕公司与中国人民大学交叉科学研究院举行了战略合作签约仪式，双方将加强在元宇宙人才培育合作机制、元宇宙"产学研用"四位一体合作平台、校企合作长效机制等方面的协作，共同推动元宇宙的中国自主知识体系的建立，为数字中国建设贡献力量。共票理论在中国移动咪咕公司可以首先落地 DIY（do-it-yourself）视频彩铃和游戏。以下思路围绕 DIY 视频彩铃展开，DIY 游戏等相关领域可以套用。

共票指代区块链上的共享新权益，代表区块链正确的发展方向。通过增长红利分享的功能，以吸引系统外部参与并贡献内部系统。通过共票流通消费的功能，以便利系统上资源配置优化。基于共票权益证明的功能，是凝聚系统共识的机制与手段。

共票可以通过赋予数据分享与再分享以价值，数据不再是无价值之物或者一次性交易品，而可以通过共票在不断分享中增值以回报初始贡献者。一个在较小范围的成功范例可见南京市的基于区块链技术的跨区域电子证照共享平台。南京市作为国务院办公厅确定的"互联网 + 政务服务"平台建设的试点城市，经过一年的探索、研究，在相关部门、市信息中心和技术合作单位的支持下，创新地将区块链技术运用在"互联网 + 政务服务"平台建设中，南京利用区块链技术在电子证照共享方面的特性和优点，打造电子证照共享平台新模型，进而解决数据安全与数据共享的矛盾，各部门链上提交数据，系统加密全部数据，链上保存全部加密数据并同步到全网。进而解决数据的灵活使用问题，根据数据应用需求和权限授权的范围，各部门可以灵活使用证照提交、证照核对、详情查询、评估结果等多种数据交互方式。南京模式的核心是类似于共票的积分制，每一个应用部门既是数据的使用者也是贡献者。通过数据的共享获得积分，用积分消费的形式获得数据的使用权，在这样的机制下，各部门增量数据的上传就成为基于自身需求的需要，也为存量数据的上传提供了驱动力。这样所谓的积分制实际上就是共票的一次实践，整体上为共票理论在中国移动咪咕公司落地提供了经验。

共票理论在中国移动咪咕公司落地的实践中，首先，中国移动公司将选建一个区块链，并在内部创设新的共票——"咪票"（Mi-Coken，简称MiKen），作为内部使用的共享新权益。为防范风险，可先将"咪票"定性为一种"粮票"，之后再实现与数字人民币的对接。在设置好运行边界的基础上，实现"咪票"内部转让平台的交换、交易和流通。

其次，"咪票"不同于普通积分制的积分获取标准主要与消费者的消费金额挂钩，"咪票"获取的主要依据则是贡献度，具体包括两种途径：一是内容提供方（content provider，CP）将自己创作的视频彩铃上传到系统或设置成自己的视频彩铃。在此途径中 CP 主要以视频彩铃的质量和形成的影响为标准，获得源自咪咕和其他使用其视频彩铃用户的"咪票"。此外，其他用户也可以作为二代（或 N 代）CP，基于智能合约所形成的共识（主要包括权利授予和收益分配等内容）对已有视频彩铃进行创作，并基于其二次（或 N 次）创造的视频彩铃获得"咪票"。二是多次推荐和转发相关视频彩铃。在此途径中用户主要以其参与次数和提升某一视频彩铃的影响度作为依据获得"咪票"。也即用户越积极参与，获得的"咪票"越多，以此来吸引更多的用户参与，对于形成爆款的视频彩铃也可以直接给予现金奖励。整体上通过"咪票"不断分享中增值以回报初始贡献者，形成反复迭代模式，在多个参与者之间分享价值，充分激发用户的创造积极性与参与积极性。

最后，基于共票理论中"四众"（众创、众帮、众扶、众筹）理念在 DIY 视频彩铃上的应用设计，将极大地刺激用户对 DIY 视频彩铃的使用和创造热情。不仅将中国自主的原创性理论应用于实践，有效地转变传统的运营思路，将促进产业的优化升级，而且还可以将其作为进入元宇宙的第一个场景，推动元宇宙的有序发展。

概言之，中国移动咪咕公司与中国人民大学深入合作，基于共票理论进行探索，打通视彩号确权系统和咪咕自有短视频生态，构建了一套从版权保护到版权增值的机制。以"共票"作为理论依据，咪咕打造"视彩号"内容传播体系，构建优质"视彩号"筛选机制并写入区块链智能合约，无论是原创作者、二创达人，还是为内容点赞、打赏、分享的用户，都可以通过对优质内容的传播和助力获得相应收益，形成商业闭环和良性内容生态。

第十章　公共数据的开放利用与授权运营

2022 年 10 月，党的二十大报告中指出，加快构建新发展格局，着力推动高质量发展，建设现代化产业体系，要加快建设质量强国、网络强国、数字中国。[①] 加快发展数字经济，促进数字经济和实体经济深度融合，打造具有国际竞争力的数字产业集群。优化基础设施布局、结构、功能和系统集成，构建现代化基础设施体系。创新服务贸易发展机制，发展数字贸易，加快建设贸易强国。数据要素作为第五大生产要素，在推进中国式现代化、助力国家高质量发展中具有高度的战略价值、经济价值和社会价值。"十四五"规划中提出"开展政府数据授权运营试点，鼓励第三方深化对公共数据的挖掘利用"。上海、广东、成都等地颁布实施的数据条例明确了公共数据授权运营的合法性并开展了地方的实践探索。公共数据授权运营成为盘活公共数据要素资源、释放公共数据价值的重要途径，对推动我国数字经济高质量发展具有重要国家战略意义。

---

① 参见习近平：《高举中国特色社会主义伟大旗帜　为全面建设社会主义现代化国家而团结奋斗——在中国共产党第二十次全国代表大会上的报告》，人民出版社 2022 年版，第 28—30 页。

第一节　国内外公共数据的开放利用

公共数据的开放利用是由政府、相关事业单位、社会组织、企业等各种要素组成的整体。这些要素在实施数据开放和促进数据利用的过程中相互联系、相互作用，共同推动公共数据的充分利用。通过公共数据开放利用体系，可以鼓励各方充分利用数据进行科技研究、咨询服务、产品开发、数据加工等活动，以释放数据的价值，推动透明政府、数据经济和公共服务的发展，更好地促进社会治理。公共数据的重要性体现在以下几个方面：（1）促进科学研究和社会发展公共数据为科学家提供了丰富的研究素材，促进了科学研究的发展。例如，气象数据可以帮助科学家更好地了解气候变化，从而制定相关政策和应对措施。（2）改善政府治理和公共服务。公共数据的获取和收集可以帮助政府更好地了解社会问题，为决策提供依据。例如，交通流量数据可以帮助政府规划城市交通，提高交通效率，减少拥堵问题。（3）促进经济增长与企业商业创新公共数据的开放可以激发商业创新，推动经济增长。通过分析公共数据，企业可以发现市场需求和趋势，从而开发出更好的产品和服务。非公共数据指不公开或不对外公布的数据，只能由特定的人或组织访问和使用。这些数据通常包含敏感信息，比如个人身份信息、商业机密等。

2022 年 12 月，《数据二十条》正式确立了数据要素的顶层设计，为数据要素市场化发展举旗定向，推动构建数据要素双循环新发展格局。各地政府、行业也在积极推动地方试点，在实践中探索数据要素市场化规则体系。数据要素相关政策环境的不断完善带动了中国数据要素资源规模持续扩大，但不可忽视的是，中国数据要素市场建设仍然尚在探索阶段，虽然《数据二十条》确立了数据要素基础制度的"四梁八柱"，但是数据产权界定、统一规范的交易流通规则和价值分配等问题仍然有待进一步厘清。[1]特别是作为其中重要组成部分的公共数据，目前整体开放质量不高，面临开放数据可用性低、开放利用效果不佳、数据安全风险高等问题，而公共数据治理方面的家底不清、权责不明和治理能力有限等问题更是严重限制了公共数据的开放利用，很难有效支撑数据价值的充分释放[2]，阻碍了数据要素的自由流通和价值实现。从现有研究来看，学界对于公共数据的研究主要聚焦于公共数据的类型化规制、公共数据的价值创造机制、公共数据开放的实践案例、基本原则、法律性质及运营机制等问题，并逐渐展开对于公共数据估值及技术系统等方面的探讨，但对于体系化的思考仍稍显不足。笔者自2015年起先后赴贵州、娄底、杭州、上海等地开展与当地地方政府的合作，探索具有中国特色的公共数据流通机制及理论研究。笔者研究设计的娄底住建行业减负平台，通过数据赋能为企业减负增效，利用技术手段推动公共数据开放共享中的可信机制建设，有力支撑了数字政府建设与数据资源的开发利用。同时，笔者受自然资源部和北京市不动产登记中心委托，研究推动利用区块链技术提高自然资源登记效率。本书将立足于笔者长期的研究和实践，结合中国数据要素市场化建设背景下公共数据利用的实际情况，考察国际公共数据开放的制度实践，探索中国数字经济发展下公共数据开放利用的制度体系构建，以期推动公共数据价值释放，实现公共数据赋能实体经济、提升治理效能的制度目标。

一、中国公共数据开放利用的现状

公共数据作为社会数据资源的重要组成部分，具有高权威性、高准确

---

[1]　杨东、高清纯:《双边市场理论视角下数据交易平台规制研究》,《法治研究》2023年第2期。

[2]　孟庆国、范赫男:《强化公共数据治理持续释放公共数据价值》,《网络安全与数据治理》2022年第10期。

率、高可信度，在金融服务、医疗健康、城市治理等场景中具有极高的价值和市场需求①，其开放利用已经成为国际上备受瞩目的数据治理新方向，公共数据价值释放既是推动经济发展、完善社会治理、提升政府服务和监管能力的需要，也是数字经济全球竞争背景下增强国家竞争力的重要抓手。中国政府也在积极推进公共数据开放应用工作，着力提升公共数据治理水平，在政策制定、平台系统建设、数据共享开放、数据开发应用等方面开展了大量实践并取得了积极进展。2020 年，《中共中央　国务院关于构建更加完善的要素市场化配置体制机制的意见》提出"推进政府数据开放共享"，将数据开放作为经济社会快速发展的重要生产要素；2021 年，《中华人民共和国国民经济和社会发展第十四个五年规划和 2035 年远景目标纲要》将公共数据开放共享确定为"十四五"时期重点任务之一，明确提出"开展政府数据授权运营试点，鼓励第三方深化对公共数据的挖掘利用"②。此次《数据二十条》的出台，立足推动数据要素流通和市场化发展的价值目标，提出数据分级分类授权思路，强调对各级党政机关、企事业单位依法履职或提供公共服务过程中产生的公共数据要加强汇聚共享和开放开发，强化统筹授权使用和管理，推进互联互通，明确了对于公共数据的整体治理思路。

同时，各地各部门也都在加快公共数据开放进程，积极建设地方性公共数据开放平台，先后出台了《上海市公共数据开放暂行办法》《北京市公共数据管理办法》《浙江省公共数据条例》《广东省公共数据管理办法》等一批地方性法规和地方政府规章制度，据不完全统计，截至 2021 年，中国省级地方政府出台的公共数据治理相关政策已达 146 项，年投入资金超过 28 亿元③。

---

① 黄尹旭、杨东：《金融科技功能型治理变革》，《山东社会科学》2021 年第 7 期。

② 《中华人民共和国国民经济和社会发展第十四个五年规划和 2035 年远景目标纲要》，人民出版社 2021 年版，第 51 页。

③ 清华大学公共管理学院：《〈中国政务数据治理发展报告（2021 年）〉由清华大学公共管理学院与中国电子信息行业联合会联合发布》，2020 年 12 月 12 日，见 https://www.sppm.tsinghua.edu.cn/info/1004/5650.htm。

截至 2023 年 8 月，我国已有 226 个省级和城市的地方政府上线了数据开放平台[①]。相关政策的出台为全面推动中国公共数据开放提供了政策供给与制度安排。

从实践效果来看，政府正在依托数据采集打造公共数据资源库，数据的存储方式也正在向集约化存储深化推进，多层级数据流通框架初步构建，并依托大数据平台围绕城市治理、环境保护、生态建设、交通运输、食品安全、金融服务、经济运行等应用场景开展数据分析应用，以服务场景为牵引推动数据融合，提供多样化共享服务。[②]

二、中国公共数据开放利用的困境

目前，虽然中国公共数据政策体系正在逐步搭建，在政务决策、治理、应用服务等各个环节的作用也逐步凸显，但是从实际开放情况来看，中国公共数据开放度仍然较低，企业使用的政府开放数据占比仅为 7%[③]，开放利用程度与市场需求之间仍存在较大缺口，因而尚存较大开放空间。从目前存在的问题来看，主要包括以下几个方面。

（一）公共数据开放的基础设施及生态建设有待完善

第一，开放的数据可用性较低，影响开发利用效果。数据可用性是数据开发利用的前提条件，直接关系到数据开放后的再利用效果。[④] 因此，国际上在推进公共数据开放时均会设置相应的开放标准，如 2007 年开放政府

---

① 复旦大学数字与移动治理实验室：《中国地方公共数据开放利用报告——省域（2023年度）》，2023 年，第 4 页。

② 《中国数据要素市场发展报告（2021—2022）》，2022 年 11 月 25 日，见 https://www.sohu.com/a/610107419_120056153。

③ 王建冬等：《数据要素基础理论与制度体系总体设计探究》，《电子政务》2022 年第 2 期。

④ 宋烁：《论政府数据开放的基本原则》，《浙江工商大学学报》2021 年第 5 期。

工作组（Open Government Working Group）首次提出了公共数据获取和开放的八项标准：完整性、原始性、及时性、可获得性、机器可读、非歧视、非财产性、免于许可。[①]2015年，《国际开放数据宪章》进一步提出了公共数据开放的六大准则：默认开放、及时全面、可获取和可使用、可比较及客户操作、改善政府治理及扩大公民参与、包容性发展与创新，以此来为公共数据开放提供可用性保障。但从实际执行情况来看，目前各国开放情况均不理想，达标的开放数据总量仍然几乎处于停滞状态。中国目前各地数据开放平台的数据也普遍存在着碎片化、低容量、更新慢或不更新、未使用开放许可、机器不可读等问题，严重影响了公共数据的开发和利用。

第二，支持公共数据高效率调用、深层次开发与利用的基础能力和平台尚不完善。目前，中国部分地区建立了省级、地市级数据开放平台，归集及开放部分公共数据的统计数据集供查询及下载，但受资源预算和技术能力掣肘，海量的原始数据的归集、加工与开发应用尚未形成规模。浙江、上海、深圳等地的平台虽然提供了API接口，但普遍存在接口调用难度高，可调取到的数据容量小、更新频率低等问题。海南、北京等地虽然已经在积极探索打造公共数据开发应用平台，但是绝大部分尚未形成足够的数据处理能力，在数据接入过程中，出现系统间调用容量受限，服务稳定性得不到有效保障，需要反复重试等情况。当前，虽然中国不同地区公共数据运营模式各不相同，但是大多由于缺乏明确的路径指引导致各地在深层次发展上面临着诸多困境，因此，对基础性平台和深度开发能力的建设很难取得实质性的进展。[②]

第三，数据产品和数据服务丰富度和定制化程度有待加强。目前，中

---

① Open Government Working Group，"8 Principles of Open Government Data"，2022-9-12，https://opengovdata.org/.

② 王伟玲：《政府数据授权运营：实践动态、价值网络与推进路径》，《电子政务》2022年第10期。

国公共数据产品和服务模式单一，地方的公共数据开放门户网站更多的是服务于民众对于统计数据集的查询及下载，细颗粒度的数据开放不足。此外，通过数据开放平台开放的动态数据占比较低，开放的公共数据商业化应用有限。结合中国当前公共数据开放的实践来看，中国公共数据运营被归纳为"行业主导模式、区域一体化模式、场景牵引模式"①，其中尤以前两者为代表，反映出当前国内公共数据产品更多是供给导向，与产业需求匹配度不够高，缺少紧密结合产业需求的针对性产品设计和开发。以金融场景为例，由于不同金融机构对于同类数据的对客方式、使用场景、风控机制上各有不同，所以目前数据接口标品化难以快速适应金融市场的需求。开放银行模式为丰富数据服务类型提供了宝贵的模板，然而在金融系统之外的部门，囿于价值回馈方式的不同，这种数据共享机制很难被直接复制和借鉴。②

（二）公共数据开放面临数据安全挑战，掣肘数据开放进程

公共数据的开放在创造经济社会价值，提高政府治理能力的同时，还面临着数据安全风险与合规挑战。2005 年，美国医疗机构因其员工违规操作导致患者信息大批量外泄③；2017 年，因美国健身软件发布用户定位的热力地图，导致美军军事基地及作战信息泄露④；（Meta 原 Facebook）继

---

① 《公共数据运营模式研究报告》，2022 年 5 月 30 日，见 https://dsj.guizhou.gov.cn/xwzx/gnyw/202205/t20220530_74436679.html。

② 杨东、程向文：《以消费者为中心的开放银行数据共享机制研究》，《金融监管研究》2019 年第 10 期。

③ P. M. Boshell, "The LabMD Case and the Evolving Concept of 'Reasonable Security'", 2018-7-16, https://businesslawtoday.org/2018/07/labmd-case-evolving-concept-reason-able-security/.

④ C. Nebeker, "The Strava Heat Map: How a Social Network for Athletes Turned into a National Security Threat", 2018-3-3, https://recode.health/2018/03/03/strava-heat-map-social-network-athletes-turned-national-security-threat/.

利用数据操纵美国大选的指控后再次暴露风险隐患，超过 5 亿用户信息被泄露甚至被非法销售①。上述情形在推动各国数据安全立法的同时，也为公共数据的开放利用敲响了警钟。《中华人民共和国网络安全法》《中华人民共和国数据安全法》《中华人民共和国个人信息保护法》三大支柱性立法的出台，为中国数据的安全流通提供了制度保障，但在发展层面，配套的开放制度却尚未建立，这也导致公共数据开放缺乏安全可行的规则指引，数据安全和个人信息保护成为各地政府头上的达摩克利斯之剑，客观限制了公共数据的开放。

以金融服务场景为例，金融机构根据自身业务场景，可通过工商信息完善客户资质与风险评判，建立客户关联图谱，实现对高净值客户的精准营销等。但出于对安全方面的顾虑，个税、房产、工商等具有高价值的公共数据的获取仍存在困难，不利于金融服务实体经济和支持小微企业的经济发展。

政府部门在开放公共数据过程中的顾虑在技术侧都直接或间接地与数据的一个重要特点相关：数据容易被复制。特别是明文流通的数据，容易在分发过程中间被复制，从而导致分发失控。所以，数据要素安全可靠的流转，需要经过严谨专业的安全评估、保护和检验，并非简单地做一些脱敏、加密处理就能够保护好数据的安全。通过技术手段能够赋予数据安全性一定的保障，但这种保障并非绝对。例如，运用 API 接口所衍生出的"可用不可见"和"可见不可得"服务，亦有学者指出，"可用不可见"模式虽然可以实现在不触碰原始数据而仅通过公共数据开放平台获得分析结果或服务，但可能导致服务严重受限于平台所能提供的程序功能无法满足市场实际需求。而"可见不可得"模式下虽然得到的

---

① E. Roth, "Meta Fined \$276 Million Over Facebook Data Leak Involving More Than 533 Million Uusers", 2022-11-28, https://www.theverge.com/2022/11/28/23481786/meta-fine-facebook-data-leak-ireland-dpc-gdpr.

是处理过的信息，但程序设计始终面临"防止逆向工程反推原始数据集而限制数据服务"和"避免保护多度以限制数据多次开发利用价值"的两难。[1] 同时，为了保证数据的安全性，数据的删除、销毁模式也值得深入考量，中国尚未明确数据销毁义务的义务主体、销毁方式和销毁范围等具体制度内容，导致很多情况下数据仅仅是被拒绝访问，并未在数据库中被切实销毁。[2]

（三）公平有效的公共数据开放模式尚未形成影响利用效果

中国公共数据开放仍处于起步阶段，相关机构和企业对于公共数据开放较为谨慎，虽然《意见》构建了公共数据授权开放的基础框架，各地政府也在不断探索开放利用机制，但是具体的实施措施仍然有待建立。[3] 目前，受限于数据安全要求、技术水平等方面的因素，公共数据在利用上存在失衡的现象，部分地区对于公共数据的开放的力度和影响有限，难以形成常态化、规模化、市场化公共数据开放生态。此外，在开放过程中，由于欠缺规范的运营机制，数据资源提供方、数据开发服务商往往优先获得开发利用的权利，并利用该优势实现不当获利现象多发，破坏了数据的公共属性。[4] 另外，相关机构面对大量的数据需求服务能力有待提高。因此，公共数据开放的步伐较慢或者选择性地开放数据，其中较为明显的是更倾向向国资企业、大型机构开放，因此也造成了公共数据开放利用过程中不同主体面临不公平的处境。这种数字鸿沟

---

① 胡业飞等：《价值共创与数据安全的兼顾：基于联邦学习的政府数据授权运营模式研究》，《电子政务》2022 年第 10 期。

② 赵精武：《从保密到安全：数据销毁义务的理论逻辑与制度建构》，《交大法学》2022 年第 2 期。

③ 黄尹旭：《论国家与公共数据的法律关系》，《北京航空航天大学学报（社会科学版）》2021 年第 3 期。

④ 周进：《我国公共数据资源应用情况探析》，《上海信息化》2022 年第 11 期。

亦成为数据要素市场基础设施建设中的重要掣肘与重点关切。① 例如，目前，电力等能源数据仅向大型银行开放，对于中小型金融机构的准入设有限制，这也影响了实际利用效果，很难切实满足行业需求，小微金融机构难以实质性分享公共数据开放红利，不利于公共数据价值的充分释放。

三、中国公共数据开放和价值利用的制度建议

公共数据开放的关键在于对开放数据的有效利用与价值挖掘，如果只关注数据供给侧，很难真正促成社会对开放数据的有效利用，那么数据开放政策的价值将被稀释。② 从国际经验来看，公共数据开放需要健全的治理框架、公平透明的政策保障、完善的基础设施、统一的技术标准体系及多元化的市场生态，将公共数据转化为具有经济社会价值的平台③和产品的数据服务商以及专业服务机构。此次《意见》的出台，为公共数据的开放利用确立了基本框架，根据数据内容和用途对公共数据设置了不同的运营标准与开放模式。在这一框架之中，数据有偿开放与授权运营具有鲜明的中国特色，对具体制度的构建必定成为后续工作的重点之一。有学者认为，公共数据授权运营应成为公共数据开放利用机制的主渠道。④

---

① 邱泽奇等：《从数字鸿沟到红利差异——互联网资本的视角》，《中国社会科学》2016年第 10 期。

② OECD，"Open, Useful And Re-usable Data（OURdata）Index：2019"，2020-3，https://www.oecd.org/gov/digital-government/policy-paper-ourdata-index-2019.htm.

③ 黄尹旭：《平台经济用户的责任规则重构——基于未授权支付的研究》，《华东政法大学学报》2022 年第 3 期。

④ 宋烁：《构建以授权运营为主渠道的公共数据开放利用机制》，《法律科学》2023 年第 1 期。

可以看到，公共数据的汇聚共享和开放开发已经成为主旋律，其公共属性、数据规模及开放基础使其有望成为数据要素市场化建设的主力军，而公共数据的开放有利于为个人及企业数据的流通提供有效参考，加快数据资源的开发利用。综合国际实践经验与国内的制度建设及行业实践，可以从以下几个方面来加速推进公共数据的开放利用。

（一）多方协同优化公共数据开放基础设施建设，构建安全高效的数据开发利用基础

公共数据流通中面临的一个主要难题在于如何打破数据壁垒，建立全国范围内统一规范的公共数据开放共享平台及开放管理制度，强化对于公共数据资源的管理，形成标准化、协同化的数据开放服务，加快数据汇聚共享，推动公共数据的互联互通和有效利用，这也是国家在建设数字政府以及推动数据要素市场化建设中的一项重要要求。但从实际情况来看，公共数据种类庞杂，规模大，各地各行业的数据差异较大，且在技术路线设计及日常运营维护上都需要投入大量的资源和人力，需要多方协同参与。为了提升公共数据开放平台的运维能力，应广泛发挥社会各界的力量，可以考虑通过市场化招投标方式选拔优秀的运营机构来运营和管理公共数据开发应用平台，通过统一数据授权路径、建立数据的回传机制等新提升公共数据开放平台的服务能力，优化扩大公共数据的有序开放。打造面向全国统一数据要素市场的公共数据方法基础设施建设，其中通过区块链、隐私计算等技术推广数据的安全流通交易，建立数据资源层面的互信互联互通则必不可少。①

针对公共数据开放利用的技术难题，如政府部门公开公共数据资源缺

---

① 窦悦等：《打造面向全国统一数据要素市场体系的国家数据要素流通共性基础设施平台——构建国家"数联网"根服务体系的技术路径与若干思考》，《数据分析与知识发现》2022 年第 1 期。

乏统一的标准，数据资源开发过程中，数据复杂多样、数据交换接口开发流程复杂等，应当建立统一规范的标准体系，在政策法规的基础上，强化技术治理理念，充分利用大数据、区块链、人工智能等先进技术工具，提高技术成熟度，完善"以链治链"（governance of block chain by RegChain）和"法链"（RegChain）的数据治理新维度[①]，开启"数据密态时代"的新征程，以降低数据安全风险，提升数据治理能力，全面推动数字化建设工作。

（二）建设多元化的公共数据开放机制，推动公平合理的价值利用模式

数据要素市场的发展离不开交易成本的降低与流通效率的提高，而发展数据中介是降低阻碍数据分享和流通的各类交易费用以及提升流通交易效率的关键。《意见》提出，要"培育数据要素流通和交易服务生态"。围绕促进数据要素合规高效、安全有序流通和交易需要，培育一批数据商和第三方专业服务机构，通过构建数据商、第三方服务机构和行业自律组织等组成的数据生态体系推动数据流动和价值释放。但是，数据流通中的障碍是多维的，主要矛盾往往依场景、数据类型、机构之间的信任关系等因素而有别，结合目前国内发展的阶段及遇到的数据产业发展挑战，建议发展多元化数据中介模式，可因地制宜地推动形成具有中国特色的制度方案，推动大数据供需有效对接，搭建数据定价议价机制，安全合规的数据交割模式，引导数据要素以更多的价值形态融合到数字经济的生产生活之中。通过数据中介的推动、引导及相关咨询，在保障安全合法合规的基础上，推进具有高价值的包括各类政府、公共事业单位数据在内的各类数据开放共享，为现有数据交易市场的发展提供

[①] 杨东：《区块链＋监管＝法链》，人民出版社 2018 年版，第 52 页。

更加丰富、多维、高质、合规的数据供给，繁荣数据交易市场，促进数据要素在数字经济领域及各相关行业发挥更大的作用和价值。同时，立足中国行业实践的客观情况，场内场外共同发展，构建多元化的流通交易模式，鼓励支持各方主体共同参与基于公共数据的产品和服务开发，一方面，促进政企数据融合，打造更有价值的数据产品；另一方面，利用商业机构的数据开发能力，增加数据市场基础设施和服务供给，增强数据产品的创新性，提升数据市场活力。

开放方能产生价值[1]，应通过法律法规等规范性文件保障公共数据资源开发运用权利的公平公正，使公共数据资源可以根据需要、公平公正地向社会进行开放，建议坚持非歧视原则，要求公共数据在开放中对各类市场主体一视同仁，明确公共数据开放类别和要求，坚持准入等规则的公平性和透明性。进一步而言，笔者于 2018 年提出共票（Coken）等中国原创数据治理的概念和理论，通过数据流通的内生激励机制，将技术治理嵌入数据流通与价值实现过程中，进而合理分配数据价值，从而为处理此类问题提供有益理论指导。[2]

（三）加速建立公平合理透明开放的公共数据授权运营机制

《中华人民共和国网络安全法》和《中华人民共和国数据安全法》立足数据安全设立了数据的分类分级保护框架，而《意见》在此基础上，以发展为导向提出了数据要素市场化建设中公共数据的分类分级授权要求，根据数据内容和用途设置了不同的开放条件：用于产业发展、行业发展的公共数据有条件有偿使用，用于公共治理、公共利益的公共数据有条件无偿使用，用于数字化发展的公共数据按政府指导定价有偿使用，

① 杨东、李佩徽：《畅通数据开放共享促进共同富裕路径研究》，《法治社会》2022 年第 3 期。
② 杨东：《"共票"：区块链治理新维度》，《东方法学》2019 年第 3 期。

允许并鼓励各类企业依法依规依托公共数据提供公益服务，明确要求对于不承载个人信息和不影响公共安全的公共数据要加大供应和使用范围。《意见》为公共数据的开发利用奠定了基础的框架，明确了公共数据开放的基本原则，而不同的开放模式也有助于引入各类市场主体参与公共数据的开发利用，有利于相关数据产品和服务创新，在降低政府的成本投入的同时提高开发利用效率，而分类分级的运营模式也有助于数据价值的进一步挖掘，为破解公共数据开放利用困难带来转机。但需要看到的是，目前，《意见》虽然为公共数据开放指明了方向，但是公共数据分类分级的具体标准及授权运营等相关规则尚未明确，在制度实际落地过程中，对于公共数据开放的具体范围及形式，公共数据定价及各方权责等问题仍待进一步厘清。

建议在此基础上，加快配套的制度建设，构建公平、合理、透明、高效的授权管理机制与安全治理机制，明晰公共数据开放利用中各方主体的权责边界，对公共数据开放利用的全环节提供制度保障，坚持非歧视原则，保障公共数据资源开发运用权利的公平公正，引导市场主体平等地参与公共数据的开放利用，促进公共数据的高效流通。

（四）强化数据安全技术研发应用，加速推进技术标准化体系建设

随着数字技术的发展与应用，其对于数据安全流通的重要作用也日益凸显。推动数据要素治理技术的融合应用，强化社会数据协作共享，推动基于公共数据的创新已经成为各国政府的关注焦点。美国发布的《联邦大数据研发战略计划》，利用信息技术优化资源配置，提高政府服务效率；日本发布的数字新政计划与活力 ICT 日本新综合战略，通过数字技术实现数据公共价值。《意见》鼓励公共数据在保护个人隐私和确保公共安全的前提下，按照"原始数据不出域、数据可用不可见"的要求，以模型、核验等产品和服务等形式向社会提供数据服务及产品，并将创新技术手段

推动个人信息匿名化处理等写入政策，也正是凸显了技术对于数据流通的重要作用。

立足于国内外政策及实践情况，建议进一步强化数据安全技术的研发应用，推动隐私计算、区块链、人工智能等前沿技术在数据流通中的利用①，积极探索数字技术创新应用以及数据要素市场化领域的综合试点，实现数据不动价值动，可通过区块链实现数据流通全流程可记录、可验证、可追溯、可审计，探索对于数据确权登记、权责界定、可信流通生态建设，以及价值分配等方面的技术解决方案。同时，加快相关标准体系的建设，并针对不同的技术路线，制定通用的安全级别标准，更好地促进公共数据安全可控的开放流转。

第二节　公共数据授权运营的模式比较

公共数据赋能经济社会发展有赖于市场化、社会化的数据利用方式。② 为了进一步实现公共数据的有效供给，2021 年 3 月《中华人民共和国国民经济和社会发展第十四个五年规划和 2035 年远景目标纲要》首次提出"开展政府数据授权运营试点，鼓励第三方深化对公共数据的挖掘利用"。公共数据授权运营作为一项新的公共数据社会化开发利用机制，源于数据开放的实践困境，并与数据开放存在密切逻辑勾连。③"公共数据授权运营基础制度的建立，必须首先厘清公共数据授权运营与公共数据开

① 黄尹旭：《区块链应用技术的金融市场基础设施之治理——以数字货币为例》，《东方法学》2020 年第 5 期。
② 沈斌：《公共数据授权运营的功能定位、法律属性与制度展开》，《电子政务》2023 年第 11 期。
③ 沈斌：《公共数据授权运营的功能定位、法律属性与制度展开》，《电子政务》2023 年第 11 期。

放的关系，在此基础上公共数据授权运营规则的难点在于授权给谁、授权动力足不足、授权多少的问题。"[1]

公共数据授权运营是在保障公共数据安全的前提下，为释放公共数据价值，政府部门与符合规定安全条件的法人或者非法人组织签订协议，授权其运营公共数据的方式。通过合适的实践路径将政府数据授权给特定主体进行市场化运营，具有两方面重要的实践意义。一方面是能够更加全面充分地发掘和释放公共数据的经济社会价值。在对公共数据有效治理的基础上，凭借先进数字技术、企业活力、政策引导和制度规范来促进公共数据价值释放，推动数字经济全面发力，加快数字社会建设步伐，提高数字政府建设水平。[2]另一方面是能够在实践层面推动公共数据更为有序地进入市场，不断优化公共数据市场化配置的可行路径，提升各行业各领域运用公共数据推动经济社会发展的能力。

一、国内公共数据授权运营模式

（一）公共数据授权运营模式比较

目前公共数据授权运营的实践发展仍处于探索阶段。中国软件评测中心联合中国科学院科技战略咨询研究院等单位研究发现，我国公共数据授权运营已经形成三种主要模式。[3]

一是区域一体化模式。该模式主要由地区（省、自治区、直辖市）数

---

[1] 冯洋：《公共数据授权运营的行政许可属性与制度建构方向》，《电子政务》2023 年第 6 期。

[2] 孟庆国、范赫男：《强化公共数据治理 持续释放公共数据价值》，《网络安全与数据治理》2022 年第 10 期。

[3] 《中国科学院冯海红：公共数据授权运营加速，涌现三种主要模式》，2022 年 6 月 6 日，见 https://www.163.com/dy/article/H96FPMMN05129QAF.html。

据管理机构以整体授权形式委托数据运营机构整体开展区域内公共数据运营平台建设和市场运营。例如，成都将公共数据开发利用权统一授权给成都市大数据集团。这种模式将公共数据作为国有资产进行市场化运营，价值共创逻辑能够调动各方积极性并且易于监管和推广。但是易形成区域壁垒，阻碍跨地区数据流动。各地区一体化标准不一，难以实现跨地区的数据共享，从而形成公共数据的区域壁垒，不利于数据的跨地区流动，限制了公共数据资源价值的释放。

二是行业主导模式。该模式主要由垂直领域行业管理部门授权和指导其下属机构承担本领域公共数据运营平台建设、场景开发和市场运营。例如，航旅纵横受中航信委托，通过签订协议的方式，对民航运行、旅客航空出行数据进行开发利用，并形成专业化产品或服务。该模式分行业对数据进行授权利用，有利于提高开发利用效率，同时也易形成数据壁垒，数据垄断风险较大。由于公共数据管理及运营主体单一，数据垄断风险较大，不利于吸引社会各方有效运用公共数据开展相关技术、产品及模式创新。[①] 垂直领域的公共数据重复利用效率一直没有被重视，具有形成垄断的趋势。

三是场景牵引模式。该模式主要由地区或行业数据管理机构在公共数据资源统筹管理基础上，基于特定应用场景通过针对性、专业化分类授权引入专业数据运营机构，分领域、分场景激活公共数据价值的运营模式。例如，北京市授权北京金控集团建设运营公共数据金融专区进行市场化专业化运营。该模式能够对避免数据垄断、构建共建共治产业生态具有积极作用，但也存在数据有序开放、授权管理问题。在场景牵引模式的具体活动中，每一次开放利用的需求都是场景化的个案需求，其实际操作流程附带相对高昂的制度成本。

---

① 中国软件评测中心：《公共数据运营模式研究》，《软件和集成电路》2022 年第 6 期。

亦有论者根据授权的特征，将公共数据授权制度总结为政府采购服务模式与特许经营模式。[①] 其中前者主要方式有两类：一是部分业务外包，政府负责监督双方合同契约的执行并根据承接主体提供服务的质量和数量对其支付相应的报酬[②]；二是委托代理，即"政府通过公开招标的方式将公共数字文化设施委托给承接主体进行运营管理，政府对其管理运营的情况进行监督与检查，并按照契约规定的服务数量、质量给予资金费用"[③]。对于特许经营模式。"政府授予运营者对于特定公共数据的特许经营权和相应的收益权，运营者对公共数据进行加工处理，形成数据产品和数据服务提供给社会"[④]。相较政府采购服务模式，特许经营模式更加强调效率性和市场性，具有较强的经济激励效果。具体在本章第三节中对这两种模式进行展开。

（二）公共数据授权运营案例——"数字福建"

"数字福建"是习近平总书记亲自擘画、亲自部署、亲自推动的重大战略。[⑤]2000年10月，时任福建省省长习近平在数字福建项目建议书上作出长篇批示。他指出：建设"数字福建"意义重大，省政府应全力支持。实施科教兴省战略，必须抢占科技制高点。建设"数字福建"，就是当今世界最重要的科技制高点之一。[⑥]2001年2月，在福建省九届

---

① 马颜昕：《公共数据授权运营的类型构建与制度展开》，《中外法学》2023年第2期。
② 完颜邓邓、卞婧婧：《政府购买公共数字文化服务的实践与思考》，《图书馆学研究》2020年第24期。
③ 完颜邓邓、卞婧婧：《政府购买公共数字文化服务的实践与思考》，《图书馆学研究》2020年第24期。
④ 马颜昕：《公共数据授权运营的类型构建与制度展开》，《中外法学》2023年第2期。
⑤ 数字福建法治保障调研组：《强化法治保障，助力数字福建建设》，《人民政坛》2023年第9期。
⑥ 本书编写组编著：《闽山闽水物华新——习近平福建足迹》（上），人民出版社、福建人民出版社2022年版，第217页。

人大四次会议上，"数字福建"写入《政府工作报告》。"数字福建"的总体布局下，近些年福建省出台多项政策和法规，围绕公共数据权属、开放共享、开发利用和配套管理制度，为公共数据授权运营搭建制度条件。2010 年 11 月，福建省政府印发《福建省政务信息共享管理办法》。2015 年 2 月，颁布《福建省电子政务建设和应用管理办法》，在国内率先明确"信息资源属于国家所有"。2018 年 1 月，福建省列入中央网信办、国家发展改革委、工业和信息化部联合开展的公共信息资源开放试点省份。2019 年 11 月，颁发了《福建省政务数据共享管理实施细则》，以推动政务数据汇聚共享应用。2022 年 7 月颁布《福建省公共数据资源开放开发管理办法（试行）》，规范公共数据资源开放、开发及其相关管理活动。2023 年 9 月，为整合构建全省一体化公共数据体系，加快推进公共数据全量汇聚、融合治理、共享应用和开放开发，促进数据要素高效流通，福建省人民政府办公厅印发《福建省一体化公共数据体系建设方案》。

福建在数据资源体系建设开展了积极探索实践，发挥数据关键生产要素作用，推进公共数据共享应用，深化公共数据资源开发利用，推进数据资源市场化配置，促进数据要素高效流通，培育壮大数据要素市场，按照《福建省大数据发展条例》的规定，承担公共数据汇聚治理、安全保障、开放开发、服务管理等支撑工作。目前，初步形成"三平台一所"的全省一体化数据资源体系框架为数字福建建设提供源源不断的数据动能。"三平台一所"包括汇聚共享平台、统一开放平台、开发服务平台和大数据交易所，统称为福建"一体化公共数据平台"[①]，如图10-1 所示。

---

① 　龚芳颖等：《公共数据授权运营的功能定位与实现机制——基于福建省案例的研究》，《电子政务》2023 年第 11 期。

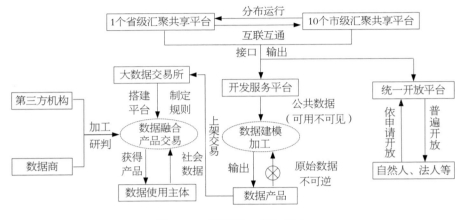

图 10-1 "三平台一所"模式

资料来源：龚芳颖等：《公共数据授权运营的功能定位与实现机制——基于福建省案例的研究》，《电子政务》2023 年第 11 期。

二、国外公共数据授权运营模式

国际以欧美为代表的国家在市场化开放利用方面经过探索，形成数据信托、数据中介等代表的市场化运营模式。数据信托主要仿照信托的管理模式，美国构想"信息受托人"，给数据控制者施加特殊的信托义务，英国构想"数据信托"，自下而上的第三方机构进行数据管理。

数据信托（data trust）是一个相对较新的概念，为数据产业发展提供了一种法治路径，备受关注。2017 年，英国政府首次提出将其作为一种为人工智能训练提供更大数据集的方式。2020 年年初，欧盟委员会的一项提案提出将数据信托作为一种为研究和创新提供更多数据的方式。2020年 7 月，印度政府出台了一项计划，将数据信托作为一种让社区对其数据拥有更大控制权的机制。

在公共数据信托领域，加拿大走在世界的前列，加拿大的《数字宪章实施法案》建议建立公共数据信托基金，允许为"社会公益目的"重新使用去标识化数据。2017 年 10 月以多伦多滨水区政府机构为代表的加拿大政府和 Alphabet 旗下的 Sidewalk Labs 公司宣布，多伦多市码头区重建地块已被选中用于首个由 Alphabet 技术驱动的智慧城市。在提案中，Sidewalk Labs 设想了一个自动化的城市环境，从交通信号灯到垃圾箱再到生活空间，几乎每一个地方都将安装摄像头和传感器，正是这种无孔不入的数据收集特点，使得加拿大公众非常反对该项目，最终该项目没有成功实践。

　　然而，Sidewalk Labs 通过设立数据信托基金的公共数据治理模式却值得我们关注。"公民数据信托"在其中被定义为"为实现社会和个人的利益，建立的一种数据和数字基础设施的指导和管理模式，以控制数据的收集和使用"。它尤其适用于在城市环境中收集和使用数据，以及在获得个人必要同意时存在挑战的情况。这一模式将处理公共数据的公司设想为一个独立的第三方信托机构，确保数据的价值归属于收集数据的各类社会主体，并能够有效保护数据隐私和安全。公共数据信托基金的设计目标有两个：一是规范数据收集，二是利用数据创造价值。因此它需要取得微妙的平衡：为了保护公民的隐私，该基金旨在将数据收集限制在最低限度，并为公民提供选择退出的能力。然而为了将收集到的数据资产化，它需要确保来自跟踪设备的数据流不间断，并维护商业用户可能感兴趣的数据库，使其从智慧城市数据中获取价值。这样一种公共数据信托模式并不仅仅着眼于公共利益，也致力于探索公共数据的商业价值。

第三节　公共数据授权运营机制的完善

　　公共数据授权运营机制是我国自主探索的新型制度设计。目前虽然《数据二十条》的新要求为公共数据开发利用指明了方向，各地方和各行业正加快探索公共数据授权运营机制并取得了积极进展。但公共数据授权运营的基本概念、内涵和模式有待进一步探讨；责任权利、运行、评估、收益分配等具体机制尚待明确，凡此种种均需要加快解决，以充分释放公共数据价值。

一、公共数据授权运营机制存在的主要不足

目前，北京、上海、广东、海南、贵州、成都等地区通过制定地方政策、搭建运营平台、创新应用场景等试点举措，探索开展授权运营[①]，并从制定具体管理办法、公共数据使用范围、所形成的数据产品和服务的交易规则、安全要求及合规评估等方面进行初步规定，但也凸显出以下问题亟须解决。

一是在主体方面，公共数据授权运营并非单一行政主体决定数据是否开放的问题，其授权运营过程中还涉及多元主体之间的协同互动，法律关系较为复杂，应根据数据供给方式不同，进行场景化规制较为妥当。不仅如此，由于缺乏数据要素产权制度的模糊性，普遍存在数据"不敢开放""需要的数据拿不到""数据质量不佳"等问题，消极影响了对公共数据的开发利用。就被授权主体而言，其参与方式不同和准入条件不够明确，而且整体上研发水平良莠不齐，也导致公共数据授权运营陷入瓶颈之中。

二是在授权方面，多数机构尚未意识到公共数据授权运营的功能价值，对其认识基本停留在政策性文件层面，这阻碍了公共数据授权运营的有序推进。在具体的制度设计层面，目前"普遍存在'授权程序不明

---

① 华为技术有限公司、中国信通院云计算与大数据研究所：《基于公共数据授权运营的数据流通建设白皮书》，2023 年，第 9 页。

确''流程机制不完善''单一主体缺乏市场竞争''实际应用难监管'等问题"①。这些问题亟须得到解决，并有待于形成全国一般性制度，以推进授权运营统一机制在全国范围内的建立和落实。

三是在收益方面，"授权运营为公共数据要素的市场化配置提供了一条重要通道，然而这条通道当前却因收益难以分配而阻塞"②。一方面，公共数据授权运营在收费对象、收费方式和收费形式上存在较大的争议，譬如，针对原生数据还是衍生数据收费？另一方面，在数据要素市场化背景下，如何在各数据参与主体之间进行利益分配尚未形成共识，即便是根据价值贡献度分配的方式也并未在实践中得到验证。

四是在监管方面，公共数据授权运营涉及的多元主体间容易产生监管上的交叉重叠，没有相应的国家层面的数据授权监管平台，即使地方政府存在授权运营监管部门，但也由于跨地区、跨地域，各部门在沟通协作上条块分割、壁垒林立，致使政府数据授权运营监管合力难以形成。此外，目前我国部分部门与地方政府未设立公共数据统筹管理机构，缺乏有效的运行管理机制。各级政务部门受到上级主管部门与本地政府的双重领导，导致公共数据管理权责不明确。同时，实践中仍存在数据重复采集、多次录入等效率问题。各部门之间也存在"数据孤岛"问题，各个系统连通不畅，尚未形成统一管理机制。

总的来说，我国的公共数据授权运营机制仍处于初级阶段，面临多项障碍和挑战。为了更有效、安全地推进政府数据授权运营活动，释放公共数据资源的潜力，迫切需要建立适应数字经济发展、具有中国自主知识体系的数据授权运营机制。

---

① 华为技术有限公司、中国信通院云计算与大数据研究所：《基于公共数据授权运营的数据流通建设白皮书》，2023 年，第 9 页。
② 门理想等：《公共数据授权运营的收益分配体系研究》，《电子政务》2023 年第 11 期。

二、公共数据授权运营机制的优化路径

公共数据授权运营得以有效落实，需要政策支撑体系的完善、基础设施的建设、授权运营意识的提高等加以保障。本书从主要的制度性设计入手，提出一些优化路径。

（一）明确基本原则

公共数据授权运营面临诸多问题，在寻求制度化解决路径时，应在遵循三个基本原则的基础上推进机制改革。

1.安全可控原则

公共数据授权运营是一种可控的利用方式，应当将安全可控原则贯穿于公共数据授权运营全过程[①]。保障数据安全是公共数据授权问题的首要出发点。公共数据授权运营中的数据授权、运营、开发利用等数据处理行为"不得危害国家安全、公共利益，不得损害个人、组织的合法权益"[②]。因此，公共数据授权运营必须是一种可控的利用方式，安全可控原则要贯穿数据授权运营全过程。一方面，确保公共数据运营平台安全可控，并对加入平台的市场主体身份进行安全认证；另一方面，确保授权运营中的数据开发利用行为安全可控，市场主体不能将数据带走而是必须在运营平台指定的环境中开发利用数据。

2.公私协同原则

公共数据具有公益效能，在其授权运营层面也应当基于这一效能展开。避免政府部门出现数据垄断、数据权力过于集中等现象，必须坚持公私合作，打破政府提供公共产品的一元化格局，并采用事前事中事后全流

[①] 刘阳阳：《公共数据授权运营：生成逻辑、实践图景与规范路径》，《电子政务》2022年第10期。

[②] 《中华人民共和国数据安全法》第八条。

程监管，提倡服务竞争和质量竞争。坚持以实现治理目标的结果导向，市场主体经过公共数据运营平台的认证后，均可加入平台开展数据开发利用活动。同时规范各方磋商和履行协议的程序性过程，并及时披露开发利用者信息，接受公众监督。这一原则不仅适用于横向的区域性数据整合，在纵向部门数据整合上也需要防止单一授权造成的数据垄断隐患。

3.适当激励原则

公共数据作为生产要素，缺乏适当的费用作为激励，难以有效地维持其运行，也不应当对其采用商业化手段产生过度收费。行之有效的方式是满足公共数据授权运营基本的、适当的激励需要，重视间接经济效益，确保公共数据授权运营实现公共利益最大化。也即在追求公益和商业平衡时，需要警惕授权运营对公共数据自由使用的限制，防止公共管理和服务机构被市场利益左右，导致它们不断扩张商业开发而削弱自由利用[1]，违背了公共数据授权运营机制建立的基本目的。

（二）明确授权主体和授权运营模式

就公共数据资源供给者（公共管理和服务机构）而言，我国应当以实现公共利益为基准选择授权运营的具体方式[2]。就被授权主体而言，目前各地规定不同，分别是"被授权主体""授权运营单位""法人和非法人组织"[3]。总体而言，"可以在公共数据开发运营公司中丰富非国有股份的来源和股权架构；而在特许经营方式下，宜根据项目设置匹配的准入门槛，

---

[1] 刘阳阳:《公共数据授权运营：生成逻辑、实践图景与规范路径》,《电子政务》2022年第10期。

[2] 刘阳阳:《公共数据授权运营：生成逻辑、实践图景与规范路径》,《电子政务》2022年第10期。

[3] 《上海市数据条例》为"被授权主体"；《重庆市数据条例》为"授权运营单位"；《北京市数字经济促进条例（征求意见稿）》《杭州市公共数据开放管理暂行办法（征求意见稿）》为"法人和非法人组织"。

鼓励各类市场主体充分参与竞争"①。在授权运营模式的选择上，上文已经说明包括政府采购服务模式与特许经营模式，这两种模式在实践中主要表现为：一种是国有资本运营公司模式，一种是特许经营模式，两者在授权、运营、监督和收益等方式存在着差异，如表 10-1 所示。两者并没有完全的好坏之别，各有所长各有不足。在具体的适用中应当基于场景的不同加以应用。

表 10-1　国有资本运营公司模式与特许经营模式的区别

具体内容		国有资本运营公司模式	特许经营模式
授权	授权运营规则	权属规则，先确权，将公共数据视为国有资产，再流转	利用规则，设立特许经营协议规范公私权利义务
	授权方式	集中统一授权	存在部分授权和分散授权
	是否采取竞争授权方式	否	是
	是否成立公司	成立国有资本运营公司	不必然设置项目公司
运营	经营目的	实现国有资本保值增值	提高公共服务质量和效率
	如何实现高价值的数据利用	依托平台向市场主体提供数据服务，由市场主体开发数据产品（服务）或自行开发数据产品（服务）	自行开发或与政府搭建平台开发数据产品（服务）
	如何实现高品质的数据供给	依托平台管理并提供数据服务	自行提供数据标准化、便利化服务
监督	内部监督方式	通过公司治理实行事前监督	依职权和依协议实行事中监督
	外部监督方式	政府审计及相关部门的行政监督、纪检监察和巡视监督	政府审计及相关部门的行政监督、公众监督

资料来源：刘阳阳：《公共数据授权运营：生成逻辑、实践图景与规范路径》，《电子政务》2022 年第 10 期。

---

① 刘阳阳：《公共数据授权运营：生成逻辑、实践图景与规范路径》，《电子政务》2022 年第 10 期。

（三）建构收益分配机制

上文阐述了国有资本运营公司模式和特许经营模式的不同之处，在这两种模式之下，实际上也形成了两种不同的收益分配机制，分别以成都和海南两地为代表。两地在公共数据授权运营的实践探索起步较早，并在收益分配方面形成了两种具有较强代表性的分配模式。前者以《成都市公共数据运营服务管理办法》为主要法律法规依据，探索建立起国有资产运营公司模式下的利益反哺模式。由成都市人民政府授权成都市产业投资集团下属二级国有全资公司成都市大数据股份有限公司开展政务数据集中运营。后者以《海南省公共数据产品开发利用暂行管理办法》为主要法律法规支撑，基于特许经营模式形成了以受益分成为特点的收益分配模式，即海南省大数据管理局和中国电信海南分公司商定以"建设 + 运营 + 移交"（BOT）的合作模式开展"海南省数据产品超市"的市场化建设，集合"数据产品化"与"服务一体化"开展公共数据运营。[①] 两者在收益分配原则、收益相关主体、收益机制设计以及收益支撑保障上既有共同之处，也有不同之处，如表 10-2 所示。

表 10-2　成都和海南两种收益分配模式的对比

模式维度		成都市国有资产运营公司模式下的利益反哺		海南省特许经营模式下的收益分成	
原则内容	分配阶段	第一阶段市场—政府	第二阶段政府内部	第一阶段市场—政府	第二阶段政府内部
	分配原则	数据市场配置	投入贡献激励	数据市场配置	投入贡献激励

---

① 　门理想等：《公共数据授权运营的收益分配体系研究》，《电子政务》2023 年第 11 期。

续表

模式维度		成都市 国有资产运营公司 模式下的利益反哺		海南省 特许经营模式下的收益分成	
原则 内容	分配内容	数据运营收益	数据和技术	"数据运营收益 ＋平台产权"	入账财政
主体 角色	收益拨付 主体	数据运营单位		数据运营单位	政府财政部门
	监管核算 主体	运营单位—国 资—财政	—	运营单位—数 据管理部门	数据管理部门
	投入贡献 主体	政府财政部门	数据提供单位	数据管理部门	数据提供单位
机制 设计	分配比例 议定	国有资产上缴 比例	—	特许期内一定 比例＋特许期 满全部产权	—
	投入贡献 核算	运营单位申报, 国资、财政核定	—	运营单位申报, 数据管理部门 核定	投入贡献＋数 据资源账户
	等价收益 拨付	运营单位上缴收 益至国资委	运营单位向数 据提供单位反 哺数据和技术 服务	特许期内收益 固定比例分成＋ 特许期满全部 产权移交	信息化项目经 费支持
支撑 保障	基础制度	《成都市公共数据运营服务管理 办法》		《海南省公共数据产品开发利用暂 行管理办法》	
	平台技术	公共数据运营服务平台＋ 隐私计算		数据产品超市＋隐私计算	
	人才队伍	—		—	

资料来源：门理想等：《公共数据授权运营的收益分配体系研究》，《电子政务》2023 年第 11 期。

　　总体而言，公共部门在数据授权运营中面临合规风险、成本过高等问题，一定程度上降低了开放意愿，探索建立面向市场主体的公共数据授权运营的收益分配制度，为政府部门提供合理的成本补贴，促进公共数据开发利用和各类数据融合应用。目前在收费对象、收费方式和收费形式方面仍然存在较大的争议，研究不同授权运营特点的收费方式，以及各方主体之间进行利益分配方法，稳步推进数据要素"按贡献参与分配，价格由市场决定"机制生成，同时，在政府部门的主导下，通过增加财政收入、加大转移支付力度的方式，激励多方主体积极参与数据要素市场建设。定收费的根本目的在于激励数据开发利用者，让他们持续在公共数据运营平台中共享数据和数据成果。（1）考虑借鉴行政法上的公用事业的定价标准，为数据产品订立一个合适的"公正合理"的价格，一方面要给政府部门财政激励，另一方面收费不能过高，导致数据价值无法被充分开发。（2）不建议一次性收费，可以按照"基准收费 + 后续收入利润比例"分配，初始基数控制在较低水准，以鼓励数据利用，后续按一定比例进行分配。在分配上体现数据作为生产要素参与价值分配的正当性与合理性。（3）收费方式应更加灵活多样，不应局限于传统形式。① 可将加入平台的数据开发利用主体回传自身运营数据或将研究开发的数据产品或服务作为其获得授权运营数据的对价和维持开发利用授权运营数据的资格；也可根据价值贡献的大小将本应获取的收益折抵取得特许经营资格或是继续从事数据运营的相关费用②，并采用本书所创设的共票理论予以落实。（4）对于不能直接分配收益的政府部门，由大数据交易所根据收入所得设置专项资金池，用以补贴不获取经济回馈的公益性数据授权项目，专项资金池使用必须由大数据中心审批。

---

① 刘阳阳:《公共数据授权运营：生成逻辑、实践图景与规范路径》,《电子政务》2022年第 10 期。

② 刘阳阳:《公共数据授权运营：生成逻辑、实践图景与规范路径》,《电子政务》2022年第 10 期。

（四）强化公私合力治理

公共数据授权运营是在保障公共数据安全的前提下，政府部门与符合规定安全条件的法人或者非法人组织签订协议，授权其运营公共数据的方式。其对于盘活公共数据要素资源、释放公共数据价值、推动我国数字经济高质量发展具有重要国家战略意义。目前，我国公共数据授权运营是国家公共数据开发利用的创新形式，主要包括政府主导、行业主导、应用导向三类模式。政府主导模式是以区域内数据管理方统筹建设公共数据管理平台为基础整体授权至综合数据运营方开展公共数据运营平台建设，但易形成区域壁垒，阻碍跨地区数据流动。行业主导模式主要由垂直领域行业管理部门统筹开展行业内公共数据的管理、运营、服务等各项工作，在我国以医疗、交通、气象等行业实践居多，也包括北京金控集团在授权下运营的公共数据金融专区、气象专区等。该模式分行业对数据进行授权利用，有利于提高开发利用效率，但也易形成数据壁垒，数据垄断风险较大。应用导向模式主要由数据管理机构在公共数据资源统筹管理基础上，基于特定应用场景对开发特定数据的强烈需求，通过针对性、专业化授权，引入专业数据运营机构，依托场景生态激活公共数据价值的运营模式。该模式能够避免数据垄断并构建共建共治产业生态，但存在数据开放范围受限、政府多方部门授权管理竞合问题。我国公共数据授权运营机制尚处于起步阶段，存在诸多障碍与挑战。为了更有效、安全地开展政府数据授权运营活动，释放公共数据资源的价值，亟须建构更具代表性、创新性和适用性的政府数据授权运营机制。

国家数据局具有职能任务集中化、权力运行集约化、工作网络集群化、资源运作集聚化之特点，其秉持数据开放共享之理念，能够在复杂环境下对公共数据开发利用进行全局性考量，兼顾市场和社会对数据产品的价值需求，通过一体化权力运行有助于贯彻公共数据开放共享的整体性部署和一体化建设。为强化公私合作以释放公共数据价值，国家数据局可以利用自身优势，在安全可控、非独占性、适度激励原则的指导下，构建一套兼具高效利用与公平配置的公共数据授权运营新机制，并邀请专家结合具体案例进行验证修正，为机制的落地推广奠定基础。在公私合作过程中，还要明确数据共享责任机制和救济路径。细化既有责任机制，各部门权责利效互相匹配，依数据生命周期分别担任数据源、数据保存者、数据利用者与数据销毁者的不同角色，明确数据风险责任承担机制。此外，还可将《基础设施和公共服务领域政府和社会资本合作条例》（PPP条例）作为蓝本，制定数据共享PPP规范，积极鼓励私营部门和社会资本进入数据公共空间，打造跨政府—企业数据共享平台。国家数据局通过优化公共数据授权运营机制推动公共数据的安全有序开发，促进公共数据的市场化配置，从而实现有为政府和有效市场的结合，在公私合力下充分释放公共数据价值。

第十一章　数据要素的跨境流通

2020 年 8 月，商务部发布《全面深化服务贸易创新发展试点总体方案》，提出"在条件相对较好的试点地区开展数据跨境传输安全管理试点"，并要求在北京、天津、上海、重庆等 28 个省区市进行试点。2022年 1 月，国家发展改革委、商务部发布的《关于深圳建设中国特色社会主义先行示范区放宽市场准入若干特别措施的意见》指出，"放宽数据要素交易和跨境数据业务等相关领域市场准入"，加速数据要素跨境市场建设。2023 年 9 月国家互联网信息办公室《规范和促进数据跨境流动规定（征求意见稿)》第一条指出，"国际贸易、学术合作、跨国生产制造和市场营销等活动中产生的数据出境，不包含个人信息或者重要数据的，不需要申报数据出境安全评估、订立个人信息出境标准合同、通过个人信息保护认证"。

在地方层面，全国各省区市陆续颁布数据条例或数据条例草案，促进数据流通利用，激发市场主体活力。如 2022 年 6 月颁布的《上海市数字经济发展"十四五"规划》指出："构建与跨境数据流通特点相适应的数字贸易基础设施，推动建设临港数字贸易枢纽港示范区，逐步培育国际数据传输、数据存储、数据分析和加工服务业态。"这些实践探索为促进跨境数据自由高效有序流动奠定了良好基础。

第一节　数据要素跨境的流通模式

　　跨境数据流通是推动人才流、物流、资金流和信息流跨域自由流转的基础，在促进经济增长、加速技术创新、推动企业全球化等方面发挥了积极作用。《数据二十条》指出："积极参与数据跨境流动国际规则制定，探索加入区域性国际数据跨境流动制度安排。推动数据跨境流动双边多边协商，推进建立互利互惠的规则等制度安排。鼓励探索数据跨境流动与合作的新途径新模式。"

　　因为涉及多种多样的权利，因此对跨境数据流动的限制至关重要。除了出于保护个人隐私的目的，还涉及金融、电信、国家安全等领域。[①] 不同国家做法不同，国内学者对此作了较为深入的研究：有论者分析了美欧数据监管理念、数据监管法律体系、数据监管实施体系的差异，介绍了美欧在数据跨境流动监管领域的立法、实践及其对中国的借鉴意义。[②] 有论者解构了网络数据长臂管辖权问题，探讨了数据跨境流动领域长臂管辖权行使的"全球共管"模式。[③]

　　总体而言，对数据流动的限制措施可大致分为以下四类：（1）禁止将数据传输到国外（数据永远不会离开所在国家）；（2）本地处理要求（数据可以离开该国，但主要处理必须在本地进行）；（3）本地存储要求（数据副本必须存储在本地）；（4）有条件的流动制度，即数据只能在某些条

---

①　谭观福：《国际经贸规则视域下中国对数字贸易的规制》，《河北法学》2023 年第 12 期。

②　单文华、邓娜：《欧美跨境数据流动规制：冲突、协调与借鉴——基于欧盟法院"隐私盾"无效案的考察》，《西安交通大学学报（社会科学版）》2021 年第 5 期。

③　邵怿：《网络数据长臂管辖权——从"最低限度联系"标准到"全球共管"模式》，《法商研究》2021 年第 6 期。

件下才能被传输到国外，例如数据主体同意。①

　　商事交易使得个人数据跨境传输日益频繁，各国立法规则差异较大，不少学者开始研究不同国家在限制个人数据跨境传输问题上的方法。② 各国为实现跨境数据限制，通过不同方式保护本国公民。下文将对美国和英国的数据跨境情况进行简要介绍。

一、美国数据的跨境流通

　　美国在世界贸易组织（WTO）电子商务多边谈判进程中，就数据跨境流动监管问题提出了意见。美国主张对数据跨境流动实行宽松的监管政策，鼓励数据自由跨境流动。但由于 WTO 进展缓慢，为寻求新方案，美国转而诉诸自由贸易协定来实现数据监管规则为主导的数据跨境流动监管协调。美国贸易代表曾表示，美国未来将在数据跨境流动领域与有相似监管理念和监管协调意愿的国家或地区合作。③

　　与欧盟统一立法模式不同，美国数据保护立法体系带有明显的"拼凑"特色，由联邦级立法、州级立法、行业自律准则三部分构成。④ 美国尚未形成统一的联邦数据保护立法，但许多联邦、州的法律中均涉及隐私保护的相关法律条文。

　　从联邦立法来看，美国数据保护法采取分行业式分散立法模式，集中于特定领域和特定对象。美国在电信、金融、健康、教育及儿童在线隐私等领域均有专门的数据保护立法，例如，金融领域的《格雷姆—里

① Martina Francesca Ferracane, "Data Flows and National Security: A Conceptual Framework to Assess Restrictions on Data Flows under GATS Security Exception", *Digital Policy, Regulation and Governance*, Vol. 21, No.1（2019）, pp. 44–70.
② 张继红：《个人数据跨境传输限制及其解决方案》，《东方法学》2018 年第 6 期。
③ 陈思、马其家：《数据跨境流动监管协调的中国路径》，《中国流通经济》2022 年第 9 期。
④ 彭岳：《数据隐私规制模式及其贸易法表达》，《法商研究》2022 年第 5 期。

奇—比利雷法》(GLBA)、医疗健康领域的《健康保险可携性和责任法案》(HIPAA)、儿童在线隐私保护领域的《儿童在线隐私保护法》(COPPA)等。从州立法来看,各州均在积极进行数据保护领域立法。最为突出的是美国加利福尼亚州,形成了以 CCPA/CPRA 为代表的"美国标准"。2018年6月28日,加利福尼亚州州长批准通过《加利福尼亚州消费者隐私法案》(*California Consumer Privacy Act*, CCPA),创设了美国历史上最为严格且全面的数据隐私保护制度。2020年11月3日,加州选民投票通过第24号提案《加州隐私权法案》(*California Privacy Rights Act*, CPRA),该法案实质性修订了此前里程碑式的 CCPA,因此 CPRA 亦被称为 CCPA 2.0,已于2023年1月1日全面生效。美国加利福尼亚州的 CCPA/CPRA 与欧盟的《一般数据保护条例》(GDPR)也一并成为当前全球最突出的数据保护立法。

美国跨境数据流动的实践[1]呈现允许境外数据流入、限制境内数据流出的特点[2],美国对于个人信息类型的数据跨境传输持开放态度,但对于其他重要数据则采取相应的限制,严格限制关键技术与特定领域的数据出口。同时有长臂管辖的特点,例如无论数据是否储存在美国境内,均允许美国联邦政府强制调取服务提供者的数据,否定以数据存储位置认定数据主权的判断标准,确立以服务提供者的控制权认定数据主权的新体系,扩大美国执法机关调取海外数据的权力。这意味着,任何在美国设有办事处

---

[1] 美国直接相关的法案主要有:《澄清海外合法使用数据法案》(*Clarifying Lawful Overseas Use of Data Act*,CLOUD Act)、《出口管理条例》(*Export Administration Regulations*, EAR)和《2019国家安全和个人数据保护法案》(*National Security and Personal Data Protection Act of 2019*,NSPDPA)。目前,CLOUD Act 和 EAR 均已生效,但 NSPDPA 尚未生效。

[2] 《跨境数据流通合规与技术应用白皮书(2022年)》,见 https://www.digitalelite.cn/h-nd-5751.html?checkWxLogin=true&openId=ivelYu7FK1CHq34bBUCS1IIHkR5PnbPqDb0oKq7stYI%3D&secondAuth=true&appId=wx15bfb9a75d52850c。

或子公司的外国公司均须受 CLOUD Act 的约束。同时，其他国家若要调取存储在美国的数据，则必须通过美国"适格外国政府"的审查，须满足美国设定的人权、法治、数据自由流动标准。

二、英国数据的跨境流通

2021 年 8 月，英国政府公布其在脱欧后的新全球数据计划，明确其将与美国、加拿大、巴西等国家建立全球数据合作伙伴关系，并签订新的数据传输协议。目的在于完善数据跨境流动治理框架，降低国际数据传输成本，为本国数字经济在脱欧后实现自主发展创造良好的条件。[1]

为了使受英国 GDPR 约束的企业和组织将个人数据从英国转移到另一个国家，企业和组织有三种选择：（1）该国必须提供足够的数据保护和隐私法，（2）必须有适当的保障措施，（3）必须适用例外情况。例外情况包括个人数据被转移的个人本人同意，或根据公共利益或主张或法律权利进行的转移。与 GDPR 下美国与欧盟的关系类似，根据英国 GDPR，以美国为例，由于美国是被视为无法提供足够的数据保护和隐私法的国家。那么此时如果企业和组织为了允许数据传输，就必须确保在另一个国家／地区（即美国）接收个人数据的实体具有适当的保护措施来充分保护个人数据。

新的英国数据传输机制已于 2022 年 3 月 21 日生效。但是，在要求合规性之前有一个宽限期。在 2022 年 9 月 21 日之前，企业和组织可以继续在新合同中使用旧的欧盟 SCC，以确保采取适当的保障措施。因此，从 2022 年 9 月 21 日开始，企业和组织将需要在新合同中使用 IDTA 或英国

---

[1] Oliver Dowden,"UK Unveils Post-Brexit Global Data Plans to Boost Growth, Increase Trade and Improve Healthcare", 2021-8-26, https://www.gov.uk/government/news/uk-unveils-post-brexit-global-data-plans-to-boost-growth-increase-trade-and-improve-healthcare.

附录，以遵守英国 GDPR，除非传输到被认为提供充分数据保护和隐私法律的国家 / 地区，或者有例外情况。此外，对于 2022 年 9 月 21 日之前签订的合同，旧的欧盟 SCC 可以继续作为适当保障措施的合同基础，直到 2024 年 3 月 21 日。2024 年 3 月 21 日之后，继续依赖旧欧盟 SCC 的旧合同将需要进行修订，以纳入 IDTA 或英国更新附录。在英国运营的企业和组织需要以其他方式处理英国个人数据的企业和组织，将需要审查其合同关系。现有合同和新合同都需要根据新的英国 GDPR 跨境转移要求的生效日期和合规日期进行审查，这项举措可以看出英国对于跨境数据传输的严格规定。

第二节　数据要素跨境流通的国际组织

数据跨境流通有利于促进全球经济增长和各行各业的创新与合作，已经成为当今数字化时代的重要趋势。数据跨境流通建立在不同国家之间的传输和共享的基础之上，这需要大量专门致力于促进和规范数据在国际范围内流通的国际组织。

一、全球性国际组织

全球性国际组织在跨境数据流通中发挥着关键作用，它们通过制定标准、促进合作、提供指导和推动政策，有助于解决与跨境数据流通相关的各种挑战。

（一）联合国官方统计大数据和数据科学专家委员会

联合国官方统计大数据和数据科学专家委员会（UN Committee

of Experts on Big Data and Data Science for Official Statistics，UN-CEBD）于 2021 年成立，其前身为官方统计使用大数据问题全球工作组，专注于国家层面上的大数据官方统计。[①] 联合国大数据全球平台中国区域中心成立于 2020 年 12 月，分别举办了第一届大数据国际研讨班和第一次国际专家咨询委员会会议。中国区域中心的建立旨在促进大数据在官方统计和 2030 年可持续发展目标统计监测中的应用，工作目标包括：大数据、数据科学方面的研究；相关人员培训；举办各类国际研讨会，促进区域合作，促进各利益相关方在数据共享方面的共识。

（二）国际数据空间协会

国际数据空间协会（International Data Spaces Association，IDSA）于 2018 年在德国成立，是由行业、企业和研究机构等主体组成的数据领域国际非营利组织，其前身是 2016 年成立的工业数据空间协会，其宗旨在于建立开放、安全、可信赖的数据空间，目前在全球范围内拥有来自 28 个国家和地区的 140 多家会员单位，其中包括数十家来自中国或在中国运营的企业、协会、科研机构。IDSA 提出在欧洲建立统一、可信的数据流通空间，确保数据主权的实现，强调数据所有者对数据空间内的数据流动享有完全的自主权，宗旨在于在参与各方之间建立信任机制，平衡数据安全和数据主权的需求，并基于此建构提供标准化互操作的数据生态系统。[②]2023 年 7 月 5 日的 2023 全球数字经济大会上，"国际数据空间协会（IDSA）中国能力中心"正式成立。

---

① UN Committee of Experts on Big Data and Data Science for Official Statistics，"Introduction"，https://unstats.un.org/bigdata.
② 吴蔽余等：《国际数据空间（IDS）的实践述评及启示》，微信公众号"上海数据交易所研究院"，2022 年 11 月 3 日。

（三）国际数据委员会

国际数据委员会（CODATA）原称国际科技数据委员会，是原国际科学联合会下属一级学术机构，其宗旨是推动科技数据应用，发展数据科学，促进科学研究，造福人类社会，成立于 1966 年，秘书处设在法国巴黎。国际科学联合会和国际社会科学联合会于 2018 年 7 月合并为 International Science Council（ISC），国际科技数据委员会也随即更名为国际数据委员会，聚焦重点从科学数据的跨学科研究转变为推动大数据与数据科学发展的主要机构。

作为 ISC 下属的数据委员会，CODATA 致力于通过国际交流与合作提升各个领域研究数据的可获取性，以及提升此类数据的互操作性和可用性。CODATA 支持在可查找、可访问、可互操作和可重用的原则下（FAIR 数据原则），采取适当措施促进开放数据和开放科学。CODATA 于 2015 年发布的战略规划将 CODATA 的三个工作重点设定为：（1）支持围绕开放数据和开放科学的原则、政策和实践；（2）推动数据科学前沿领域的发展；（3）通过能力建设提升各国数据技能和国家科研体系在支持开放数据中发挥的作用，促进开放科学的发展。除日常工作会议和国际学术年会，CODATA 还与相关机构合作举办全球科学数据大会（SciDataCon）和国际数据周（International Data Week）等数据领域的大型国际会议。

（四）世界经济论坛

世界经济论坛是一个独立的国际非政府组织。2020 年 6 月 9 日世界经济论坛（The World Economic Forum: the Data for Common Purpose Initiative，DCPI）发布《新数据经济中经得起未来考验的跨境数据流动路线图》。该路线图是由世界经济论坛与巴林经济发展委员会及委员会牵头的世界各地组织项目共同参与完成，旨在制定的一个有利于数据跨境流动的实践方案，实现促进数据密集型技术创新发展并促进数据跨境的国际和区际合作，实现跨境数据共享各方在该路线图的指导下能够在正确观念的指引下制定本国国内数据出境政策。[1]

二、区域性国际组织

欧盟委员会于 2013 年推出开放数据平台（Open Data Portal）Beta 版用于数据共享与开放，平台开放的数据集与数据库来源于欧盟统计局收集或购买的数据，涵盖地理、统计、气象数据、公共资金研究项目数据以及数字图书馆等。这些数据向用户免费提供，欧盟内外的客户均可下载使用。

欧洲数据门户网站（European Data Portal）由欧盟委员会（European Commission）开发，收集欧洲各国公共政府数据门户网站上的相关信息（Public Sector Information）的元数据，以及关于提供数据和重用数据等信息，旨在提高开放政府数据的可获取性与价值。目前该网站包含以下四个模块的内容。

（1）查找数据集（searching datasets）：目前该门户网站建了 13 个元数据类别，分别为农业、渔业、林业与食品（agriculture，fisheries，forestry & foods），能源（energy），地域与城市（regions & cities），交通（transport），经济与金融（economy & finance），国际问题（international issues），政府公共部门（government & public sector），司法、法律制度与公共安全（justice, legal system & public safety），环境（enviorment），教育、文化与运动（education，culture & sport），健康（health），人口与社

---

[1] World Economic Forum,"A Road map for Cross-Border Data Flows: Futwre-Proofing Readiness and Cooperation in the New Data Economy", 2020-6, https://www3.weforum.org/docs/WEF_A_Roadmap_for_Cross_Border_Data_Flows_2020.pdf.

会（population & society），科学与技术（science & technology）。该分类遵循 DCAT Application Profile（一项以 W3C 数据分类目录为基础的针对欧洲数据门户网站的规定）修订版内容，并且已经与 Eurovoc 词库进行了映射。

（2）提供数据（providing data）：该模块提供已收录政府数据网站列表，可以按国别进行筛选。此外，也为希望被欧洲数据门户收录的政府数据网站提供说明指南。

（3）使用数据（using data）：详细介绍了如何使用开放政府数据，以及开放政府数据的经济效益。

（4）图书馆资源与培训（library and training）：关于开放政府数据的电子教学模块，以及关于开放政府数据和特色项目的培训指南及参考书目的知识库。

目前该网站收集的数据集已经超过 100 万个，可通过关键词进行检索，然后按照国家（德国、法国、意大利、波兰等）、来源机构、分类（上述 13 个分类及 1 个临时数据类别）、关键词、格式（CVS、WMS、WFS、html、TXT、JSON、XLS、PDF、ZIP、XLSL 等）、许可方式（open-goverbment-licence、CC-BY、CCBY4.0 等）进行筛选。此外，还可以按照相关性、名称、最近修改、最近创建对检索结果进行排序。

该网站还从可获取性、机器可读性、DCAPAP 兼容性、许可、可下载 URL 等方面对元数据的质量进行评估，并按照评估结果将数据目录进行排名，旨在帮助数据提供者和数据门户网站对其数据记录进行检查。

此外，原始数据目录中可能包含有错误的数据集。欧洲数据门户网站将对这些错误进行评估并反馈给目录的所有者。这将有助于改进整个欧洲可用的元数据和数据的质量。同时，元数据中可能会出现不同的许可或者缺少许可的情况，如果要对这些数据进行再利用，就需要向数据的拥有者或者出版者征求再利用这些数据需要遵循的条款和条件。

三、国际行业协会

国际行业协会在跨境数据流通中发挥着重要作用，它们代表着特定行业的利益，并通过制定标准、提供指导、推动最佳实践和促进行业合作，影响和引导行业内的跨境数据流通。

（一）国际数字地球学会

国际数字地球学会（The International Society for Digital Earth，ISDE）属于科学领域的非政府国际学术组织，2006年由中国科学院发起成立，美国、日本、加拿大等国均已加入。国际数字地球学会以"数字地球"理念为指导，旨在推动科学领域的国际交流与合作。[①]

国际数字地球学会以传播数字地球概念，推进和交流数字地球科学技术及其在社会和经济可持续发展中的应用，促进信息化，缩小数字鸿沟为宗旨。为人类合理利用自然资源，优化环境，保护文化遗产提供科学基础和理论支持；为建设生态文明，提高防灾应急反应能力，凝聚智慧和力量。

其主要活动包括：（1）召开两年一次的"国际数字地球会议"和"数字地球峰会"。组织和支持会员开展数字地球理论技术及应用等方面的学术交流，活跃学术思想，促进学科的发展。（2）跟踪学科最新发展动态，组织和召开与数字地球相关的讲座、交流会、研讨会，以及介绍会、展览、技术考察和社会活动。（3）推广与交流获取数字地球新技术及其应用的经验，促进数字地球技术的成果转化。（4）出版学会的学术刊物——《国际数字地球学报》；发布快讯；编辑出版会议论文集、专著等；以促进数字地球学科的交流，宣传普及数字地球科学知识。（5）加强与数字地

---

① 俞铮：《"国际数字地球学会"在京成立》，《中国海洋报》2006年5月26日。

球及相关学科的国家和地区的研究机构或组织的沟通与联系；积极参加国际上其他相关组织的活动，共同促进地球信息科学的发展。

（二）世界数据系统

世界数据系统（WDS）是国际科学理事会的一个跨学科机构，由其2008 年在莫桑比克马普托举行的第 29 届大会创建。其宗旨为致力于成为世界范围内存储并提供科技数据的卓越群体。主要职能与任务包括：（1）收集和存储国内外的数据，保证有效服务；（2）数据的收集、交换和有关文件的质量可靠；（3）对接受的数据承担同化、编辑、编目、存档、检索和散发；（4）负责探索数据存储、并在数据格式标准化方面开展国际合作。在其 2012—2017 年战略计划中，ICSU 阐明了其长期愿景，即"将卓越的科学成果有效转化为政策制定和社会经济发展的世界"。在这样的世界中，普遍和公平地获取科学数据和信息已成为现实，所有国家都有科学能力来使用这些数据和信息，并为创造以可持续方式建立自己的发展道路所必需的新知识做出贡献。

作为一个 ISC 跨学科机构，世界数据系统的使命是通过促进对所有学科的质量有保证的科学数据和数据服务、产品和信息的长期管理以及普遍和公平的访问来支持 ISC 的愿景在自然科学和社会科学以及人文科学。WDS 的目标是发挥科学数据服务在数据集的来源、用途和存储方面的功能，加强它们与研究界的联系，从而促进 ISC 保护下的科学研究。

WDS 的总体目标在其章程中定义如下：（1）实现对质量有保证的科学数据、数据服务、产品和信息的普遍和公平的访问；（2）确保长期的数据管理；（3）促进遵守商定的数据标准和惯例，提供机制以促进和改进对数据和数据产品的访问。当前的 2019—2023 年五年战略计划概述了实现这些目标的战略，围绕三个主要目标构建：（1）提高开放科学数据服务的可持续性、信任度和质量；（2）培育活跃的学科和多学科科学数据服务社区；（3）让值得信赖的数据服务成为国际合作科研的重要组成部分。①

（三）研究数据联盟

研究数据联盟（Research Data Alliance，RDA）由美国、欧盟和澳大利亚于 2012 年联合发起，目前已经与国际科技数据委员会（CODATA）、世界数据系统（WDS）共同成为主要国际科学数据合作组织。

RDA 自成立以来一直致力于科学数据基础设施建设，关注数据共享应用中的数据注册、管理及标准化等全球数据热点问题，目前通过其工作组和兴趣组在各学科领域间开展国际合作与研究工作。The TRUST Principles 的概念正是在 RDA 成员之间的讨论中提出的，并在 RDA 第 13 次全体会议期间正式启动。随后，相关讨论后续也于 2020 年 2 月刊登在施普林格·自然旗下期刊《科学数据》上。The TRUST Principles 从存储库的透明度、承担责任、用户导向、可持续性、技术能力提出了相关指导意见。其中，欧洲成立了 RDA Europe，通过建立 RDA 社区，协调欧洲各国的行动。

四、其他与数据有关的国际组织

数据要素跨境流通是一个涉及多个方面、需要多种国际组织共同推动的复杂行为。除上述国际组织之外，较为相关的国际组织还包括全球数字贸易博览会、国际科学理事会、经济合作与发展组织数据库、亚太经济合作组织（APEC）制度规则融通平台等等。

---

① "About World Data System"，https://worlddatasystem.org/about/.

（一）全球数字贸易博览会

全球数字贸易博览会是目前经国家批准的国内唯一以数字贸易为主题的国家级国际性展会，是中国（浙江）自贸试验区扩区后国家赋予的重要战略平台。首届全球数字贸易博览会于 2022 年 12 月 11—14 日杭州举办，既逢 G20 杭州峰会提出《G20 数字经济发展与合作倡议》五周年，又值 G20 罗马峰会中国宣布申请加入《数字经济伙伴关系协定》，举办全球数字贸易博览会是对 G20 峰会共识传承、深化、扩展、提升的一项具体行动，也是共商共建共享数字贸易规则制度体系的全球平台。

（二）国际科学理事会

国际科学理事会为讨论关于国际科学政策的问题提供了一个论坛，而且它积极地提倡科学自由，推动科学数据和信息的合理获取，推进科学教育。它与其他组织进行合作解决全球问题，担任顾问为从伦理到环境等各种话题提供建议。

在国际科学联合会（ICSU）框架下，还有很多的科学组织实际参与到科学数据的评估和交流活动，包括 ICSU 属下的大量科学协会，如射电天文和空间科学频率分配委员会（IUCAF）、天文学与地球物理学资料分析服务联合体（FAGS）。

（三）经济合作与发展组织数据库

经济合作与发展组织（OECD）数据库在国际上具有较高的认可度OECD 定期公布贸易、科技、教育等各领域各项指数等评价指标，是很多国家制定国家战略政策的重要依据。在数据经济方面，OECD 曾出台全球第一份政府间人工智能治理框架《OECD 人工智能原则》。

（四）亚太经济合作组织（APEC）制度规则融通平台

APEC 制定了《数据隐私框架》，旨在推动亚太地区各成员经济体制定一致的数据隐私标准和规范，促进跨境数据流通和交换。APEC 是较早关注互联网动向的全球性国际组织，其先后于 20 世纪 90 年代、2012 年成立电信与信息工作组与电子商务指导组探讨互联网领域出现的新问题。APEC 贸易和投资委员会（CTI）下属的数字经济指导组（DESG）推动建立的跨境隐私规则（CBPRs）对个人数据跨境流动国际规则的制定产生了重要影响。

第三节　数据要素跨境流通的治理体系

数据要素跨境流通治理体系是实现全球数字合作、促进创新和维护全球数字生态系统的不可或缺的基本保障。建构和完善数据要素跨境流通治理体系有助于确保跨国数据流通在全球范围内能够遵循统一的法规和标准，并形成稳定、可预测的可信数据跨境流通环境。

一、域外模式的比较与镜鉴

美国和欧盟两大经济体均在全球范围内输出基于自身价值观的数据跨境流动规则，不同之处在于输出的形式。美国推行以亚太经济合作组织（APEC）的隐私框架为基础构建的跨境隐私规则体系（CBPRs），并于经贸协定中渗透"美式模板"的数据跨境流动规则。[①]欧盟通过两类途径输出数

---

① 刘笋、余佳亮：《美欧个人信息保护的国际造法竞争：现状、冲突与启示》，《河北法学》2023 年第 1 期。

据跨境流动规则：一是以充分性认定和标准合同条款制度为典型的显性输出，二是以欧洲法院司法审查为代表的隐性输出。[①] 概括而言，美国主张自由流动，形成以自由贸易为理念、组织机构为基准、问责制原则为核心的规制路径；欧盟倡导人权保护，形成以人权保障为理念、利益均衡为基准、充分性原则为核心的规制路径。[②] 二者的目的在于巩固与强化对全球数据的掌控，美国通过推行低水平保护的数据跨境流动模式实现数据向本国企业汇聚，欧盟则向境外"投射"数据治理秩序以促进其企业全球化运作。[③]

美欧双方不仅治理模式对比鲜明，还因数据跨境流动规制展开多轮博弈。作为近期影响最深广的事件，部分文献聚焦于"Schrems Ⅱ案"并对其法律问题、本质原因、内外影响等进行详细分析。法律问题上，欧盟法院认为美国对欧盟个人数据开展的情报活动不符合比例原则，并且没有为权利可能受到侵犯的欧盟数据主体提供"有效的行政和司法救济"，不符合《欧盟基本权利宪章》第7条、第8条、第47条，以及GDPR第45条的要求，因而判决《隐私盾协议》无效。[④] 本质原因上，美欧在数据保护理念与定位、数据保护法律体系、数据法律实施体系等方面均存在差异，而欧盟凭借其数据隐私保护话语权，意图打破美国的数据垄断并重新夺回"数字主权"。[⑤] 内外影响上，《欧盟基本权利宪章》

---

① 金晶：《欧盟的规则，全球的标准？数据跨境流动监管的"逐顶竞争"》，《中外法学》2023年第1期。

② Anne Wright Fiero, Elena Beier, "New Global Developments in Data Protection and Privacy Regulations: Comparative Analysis of European Union, United States, and Russian Legislation", *Stanford Journal of International Law*, Vol. 58（2022），pp.151−192.

③ 洪延青：《推进"一带一路"数据跨境流动的中国方案——以美欧范式为背景的展开》，《中国法律评论》2021年第2期。

④ 黄志雄、韦欣妤：《美欧跨境数据流动规则博弈及中国因应——以〈隐私盾协议〉无效判决为视角》，《同济大学学报（社会科学版）》2021年第2期。

⑤ 单文华、邓娜：《欧美跨境数据流动规制：冲突、协调与借鉴——基于欧盟法院"隐私盾"无效案的考察》，《西安交通大学学报（社会科学版）》2021年第5期。

在数据保护领域的地位进一步提高，欧盟数据跨境流动传输工具适用于具体场景时的不确定性增加，欧洲数据保护委员会在数据保护领域将扮演更重要的角色，欧盟数据跨境流动规则与国际贸易法的不兼容问题日益凸显。① 对我国而言，欧盟数据跨境流动规则的调整在给我国企业的数据跨境传输带来消极影响的同时，也为我国数据保护水平的提升提供了新的机遇。②

除美欧之外，其他国家和地区也在建构和完善数据跨境流通治理体系。例如，俄罗斯基于其独特的网络安全考虑，收紧对数据的整体控制，实行严格的本地化存储原则，但此类孤岛般数据控制模式在维护国家数据安全和个人数据权利的同时，也在一定程度上制约了数据跨境流动对经济和科技发展的推动作用。③ 日本倡导"可信数据自由流动"的"数据流通圈"，积极开展双边和多边谈判，借助美欧的支持和优势，拉拢其他国家并逐步扩大其新方案的影响力，抢占国际规则制定的主导权，成为国际上拥有数据跨境流动规制话语权的重要力量。④ 东盟作为以新兴经济体为主体、经济合作为基础的地区一体化合作组织，经济增长前景广阔、国际地位日益凸显，其数据跨境流动规则的制定和执行体现包容、灵活与弹性，审核批准制度兼顾主体同意和分类管理，实施机制根据不同的情形采取不同的合同方式并辅以调查和问责，将以其独有优势获得更多全球竞争力和国际话语权。⑤

---

① 杨帆：《后"Schrems Ⅱ案"时期欧盟数据跨境流动法律监管的演进及我国的因应》，《环球法律评论》2022 年第 1 期。

② 梅傲：《数据跨境传输规则的新发展与中国因应》，《法商研究》2023 年第 4 期。

③ 孙祁、尤利娅·哈里托诺娃：《数据主权背景下俄罗斯数据跨境流动的立法特点及趋势》，《俄罗斯研究》2022 年第 2 期。

④ 邓灵斌：《日本跨境数据流动规制新方案及中国路径——基于"数据安全保障"视角的分析》，《情报资料工作》2022 年第 1 期。

⑤ 刘箫锋、刘杨钺：《东盟跨境数据流动治理的机制构建》，《国际展望》2022 年第 2 期。

二、经贸协定的规则与例外

经贸协定不仅是域外模式的比较与镜鉴中的重要材料，更有众多针对性研究的专文，对世界贸易组织（WTO）、区域贸易协定、数字经济协定中的数据跨境流动的规则与例外进行具体分析。

WTO 作为多边贸易谈判场所，理应成为解决与数字贸易密切相关的数据跨境流动问题的最佳平台。然而，由于数据的多维度，使得以 WTO 为代表的传统多边贸易规则体系陷入回应困局，但也须充分利用 WTO 的多边谈判功能，积极参与电子商务联合声明倡议（JSI）等诸边协议的谈判。[1] 此外，成员方可以在 WTO 中为数据保护达成一个基本框架，并依据 GATS 第 7 条通过互认机制来协调数据跨境流动规则，以及加强与 APEC 或 OECD 的合作。[2] 面向未来，第一，协同发展后续规则和现有规则，特别是与 GATS 的衔接和整合，与典型经贸协定的借鉴和继承；第二，平衡制度创新与国家安全，明晰国家安全与例外条款的合理解释与适用界限；第三，通过国家间对话、国际标准等软法路径推进凝聚规则共识。[3]

WTO 传统规则面临失语境地，《全面与进步跨太平洋伙伴关系协定》（CPTPP）、《区域全面经济伙伴关系协定》（RCEP）、《美墨加协定》（USMCA）、《数字经济伙伴关系协定》（DEPA）等经贸协定对数据跨境流动治理开展了良性探索，并对数据监管的基本态度、数据跨境流动的具体规则、例外条款三方面进行了规制，其中，USMCA 最为严格，RCEP 最为灵活，DEPA 和 CPTPP 则介于两者之间。[4] 概括而言，不同

① 许多奇：《治理跨境数据流动的贸易规则体系构建》，《行政法学研究》2022 年第 4 期。
② 谭观福：《数字贸易中跨境数据流动的国际法规制》，《比较法研究》2022 年第 3 期。
③ 刘影：《世界贸易组织改革进程中数据跨境流动的规制与完善》，《知识产权》2023 年第 4 期。
④ 郭德香：《晚近经贸协定对数据跨境流动的规制及中国因应》，《武大国际法评论》2023 年第 1 期。

经贸协定的规则既存在"原则 + 例外"规制模式和有拘束力条款设置的共性特征，也存在例外条款限制条件不同和参与主体范围各异的个性特点。①

除了以整体的视角对比不同的经贸协定以外，部分研究聚焦于其中的一般规则与例外条款进行具体分析，特别是我国近期加入的 RCEP 与申请加入的 CPTPP、DEPA。RCEP 数据跨境流动规则充分兼顾了缔约方之间经济发展和法律制度的差异，在倡导自由流动的同时，设置了"公共政策目标"与"基本安全利益"例外条款，但其范围和适用标准并未明确，因此存在一定的不确定性，我国现阶段的数据跨境流动治理强调数据安全的维护，与 RCEP 倡导自由流动的原则不符。② 对于 CPTPP，我国现行的数据跨境流动规则大部分符合其标准，而在文本上与 CPTPP 差距较大的一些限制规则，如数据本土化制度、限制／禁止出境制度等，在利用并解释 CPTPP 规则的情况下也存在对接可能，但根本前提是完善相关细则。③DEPA 则是全球首个针对数字经济而制定的专项协定，在数据议题上主要借鉴美式数字规则并采用灵活的模块式框架，反映了新加坡等国家在数字治理方面的诉求，相较传统综合性的贸易协定更具时代性、灵活性和可扩展性，同样地，我国数据跨境流动治理与 DEPA 等高水平国际数字规则之间仍存在一定的张力。④

总体上，根据对 WTO 规则、区域贸易协定、数字经济协定的借鉴、删改与演变，中国数据跨境流动治理体系须在保证国家主权利益的前提下

---

① 谢卓君、杨署东:《全球治理中的跨境数据流动规制与中国参与——基于 WTO、CPTPP 和 RCEP 的比较分析》,《国际观察》2021 年第 5 期。
② 张晓君、屈晓濛:《RCEP 数据跨境流动例外条款与中国因应》,《政法论丛》2022 年第 3 期。
③ 王玫黎、陈雨:《中国数据跨境流动规则与 CPTPP 的对接研究》,《国际贸易》2022 年第 4 期。
④ 靳思远:《全球数据治理的 DEPA 路径和中国的选择》,《财经法学》2022 年第 6 期。

促进数字经济发展，并探讨解释空间、修改可能与应对策略。①

三、法律制度的问题与改进

在我国相关制度体系初步形成之前，学者多在探讨数据跨境流动治理的原则与理念，并以"数据主权"为争议的起点和焦点。近年来全球数据跨境领域就数据本地化的合理性、"长臂管辖"的正当性展开了激烈讨论，分歧背后是依托"数字国境"与物理国境形成的不同"数据主权"理念。② 主张"数据主权"的学者认为，各国在数据流通领域的物理层、逻辑层、社会层享有层级性的数据主权，数据主权否定论分为"公域说"和"自治说"两种，前者是霸权主义的表现，后者则回避了权力归属、权利保障、责任分配等问题。③ 而基于发展的角度，有学者认为数据主权理念将导致"自由困境"难题，其所强调的绝对主权和明确边界与当今全球化的趋势是相逆相违的，导致本为保护本国数据安全的规则反而掣肘数据产业发展。④ 总体架构上，我国立法将"数据自由流动"作为基础性原则，将"数据安全流动"作为限制性原则，而二者的冲突并不会自然消解，其有赖于不同数据跨境类型下的原则权衡。⑤

在我国相关制度体系初步形成之后，学者开始聚焦于相关制度的问题及其改进，并可区分为政府监管、企业合规的两方视角。

---

① 马光、毛启扬:《数字经济协定视角下中国数据跨境规则衔接研究》,《国际经济法学刊》2022 年第 4 期。
② 吴玄:《数据主权视野下个人信息跨境规则的建构》,《清华法学》2021 年第 3 期。
③ 匡梅:《跨境数据法律规制的主权壁垒与对策》,《华中科技大学学报（社会科学版）》2021 年第 2 期。
④ 易永豪、唐俐:《我国跨境数据流动法律规制的现状、困境与未来进路》,《海南大学学报（人文社会科学版）》2022 年第 6 期。
⑤ 许可:《自由与安全:数据跨境流动的中国方案》,《环球法律评论》2021 年第 1 期。

基于政府监管的视角，现有研究多着眼于数据出境制度，包括安全评估和标准合同条款等。总体上，我国数据出境制度仍然存在体系程度不足的现实问题，对此，可遵循"识别、评估、缓解、预防"的管理逻辑，并按照风险水平采用"安全评估单列，其他制度互补"的体系架构。[①] 针对安全评估制度，应当区分一定数量的个人信息、重要数据、关键信息基础设施数据并分别探索精准风险评估的方式[②]，并进一步限缩和确定关键基础设施、重要数据的范围。[③] 针对标准合同条款制度，应限于授权范围，遵循比例原则，合理确定条款的强制使用机制和内容强制程度[④]，并借助既有的数据分级分类制度归纳合同内容类型，实现数据跨境流动监管过程中"义务是否履行"向"义务履行如何"的判断标准转变。[⑤]

基于企业合规的视角，现有研究多从企业自身、双向合规、特定案例等不同角度切入分析。从企业自身出发，企业应以前提条件、目的条件、内部条件、外部条件为主体内容，构建数据跨境流动的专项合规计划[⑥]，并进一步优化合规激励机制，为企业合规治理提供系统化、法治化、常态化的保障。[⑦] 同时，在数据跨境流动问题上，不仅有我国企业"走出去"，还有国外企业"引进来"，对此，应通过"良法善治"对承载着不同利益层次、位阶诉求的数据流动予以规范和约束，并建立独立的数据保护机构

---

① 赵精武：《论数据出境评估、合同与认证规则的体系化》，《行政法学研究》2023 年第 1 期。

② 丁晓东：《数据跨境流动的法理反思与制度重构——兼评〈数据出境安全评估办法〉》，《行政法学研究》2023 年第 1 期。

③ 马光：《论我国数据出境安全评估制度构建》，《上海政法学院学报（法治论丛）》2023 年第 3 期。

④ 金晶：《作为个人信息跨境传输监管工具的标准合同条款》，《法学研究》2022 年第 5 期。

⑤ 赵精武：《数据跨境传输中标准化合同的构建基础与监管转型》，《法律科学》2022 年第 2 期。

⑥ 谢登科：《个人信息跨境提供中的企业合规》，《法学论坛》2023 年第 1 期。

⑦ 陈兵：《数字企业数据跨境流动合规治理法治化进路》，《法治研究》2023 年第 2 期。

将规范落到实处，以达到双向合规。① 在我国企业"走出去"的进程中，也遭遇类似 TikTok 被禁的挑战，对此，中国企业应当采取多元化的合规路径以满足不同国家的数据治理标准，在中国法与目标国法之间确定适当的数据政策以求平衡，发生数据安全风险后及时与当地监管部门沟通并纠正风险行为也是企业负有的责任。② 同时，我国要主动参与国际制度的协商与议定，才能在出海企业的数据纠纷中化被动为主动，更好地维护出海企业的权益与本国的数据利益。③

四、交叉学科的援引与补益

数据跨境流动治理作为全球治理的重点问题，倘若只以法律规制视角考察未免过于单薄，相关的交叉学科研究包括但不限于法经济学、国际政治、外交战略、新闻传媒、技术治理。对此，应以系统观念为指引理念、工具与路径，理解并归纳数据跨境流动治理的认识论、方法论与实践论。④

在认识论层面，相关研究主要涉及数据跨境流动的风险、正负效应和双重悖论、各国规制存在矛盾的成因。以系统性风险为视角，数据跨境流动存有系统性风险，从风险累积、爆发和扩散等方面剖析其表现特征和主要成因，可以得出制度缺失、数据规模庞大、攻击升级与市场主体非理性等因素是风险形成的缘由。⑤ 以国际政治经济学为视角，数据跨境流动对

① 许多奇：《论跨境数据流动规制企业双向合规的法治保障》，《东方法学》2020 年第 2 期。
② 冯硕：《TikTok 被禁中的数据博弈与法律回应》，《东方法学》2021 年第 1 期。
③ 张翔、杨东：《我国跨境企业数据合规治理之变革路径——基于 TikTok 事件》，《中国信息安全》2020 年第 8 期。
④ 陈兵、马贤茹：《系统观念下数据跨境流动的治理困境与法治应对》，《安徽大学学报（哲学社会科学版）》2023 年第 2 期。
⑤ 王伟玲：《数据跨境流动系统性风险：成因、发展与监管》，《国际贸易》2022 年第 7 期。

主权国家发展具有双重悖论：一方面，在驱动数字经济发展、强化国家创新实力与增进社会福祉等方面，数据跨境流动具有不可替代的作用；另一方面，在涉及隐私保护、产业竞争、国家安全等多维度议题交织与互动，特别是在数字地缘政治等方面，数据跨境流动又存在被操控的风险。[①] 以国际公共产品供给为视角，数据跨境流动规制的效用梗阻呈现供给能力不足、供给过剩，以及供给制约需求的国际公共产品结构性"供给失灵"现象，依据国际公共产品供给侧结构性改革的方法指引，效用梗阻的形式治理范式革新应坚持"加减乘除"四重运算的复合策略框架。[②]

在方法论层面，相关研究主要涉及博弈论、数据价值链、国家间信任关系等分析框架。以博弈论为分析框架，数据跨境流动相关政策制定的本质是在本国与他国的信息技术水平、数字产业规模、数据保护法律状况及国际环境等多重因素下的利益博弈，以便在本地化存储、严格保护、宽松保护、折中保护与低保护五种模式中选取利益最大化的优选治理策略。[③] 以数据价值链为分析框架，数据价值链是数据获取、数据存储和仓储、数据建模和分析，以及数据使用的全过程，其流动事实上引发了全球价值链理论与数据主权理论的深入与扩张，数据跨境流动规则导向形成了贸易规制、数字规制两种主要模式，并在各自领域快速发展。[④] 以国家信任为分析框架，国际社会亟须建立国家之间的信任关系以保障数据安全、有序、可信任的跨境流动，国家之间的信任关系应以国家外交行为和价值观之感

---

① 唐巧盈、杨嵘均：《跨境数据流动治理的双重悖论、运演逻辑及其趋势》，《东南学术》2022 年第 2 期。

② 谢卓君、杨署东：《数据跨境流动规制效用梗阻的治理范式革新：一个国际公共产品供给的视角》，《世界经济与政治论坛》2023 年第 1 期。

③ 魏远山：《博弈论视角下跨境数据流动的问题与对策研究》，《西安交通大学学报（社会科学版）》2021 年第 5 期。

④ 张正怡：《数据价值链视域下数据跨境流动的规则导向及应对》，《情报杂志》2022 年第 7 期。

性维度为基础，由利益权衡和制度约束之理性维度的交互作用来构建，解决数据跨境流动信任关系缺失问题的关键在于制度而非利益。[①]

　　在实践论层面，相关研究主要涉及制度创新、机制设计等现实进路。在制度创新方面，由于涉及较多处理场景，且立法者存在游移的价值态度，因此在我国语境下不宜以固定概念的形式对数据跨境流动进行封闭式界定，应借助"场景—风险"视角，在全面考察具体场景及风险的前提下，建立动态调整的判定框架。[②] 依据环境风险与数据危机在风险控制方面的共通性，参照环境保护"三同时"制度，将数据跨境流动过程切分为数据流通初始意向、数据流动规划与实施、数据后续提供与使用三环节，构建"三同时"制度，分别完善不同场景合同中的动态风险防控机制、落实风险等级分类管理与审查多元架构和跨境风险审查委托与问责机制。[③] 在机制设计方面，为突破单一程序性监管局限，融合程序性与实质性优势，可将生命周期思想融入监管策略制定，选取数据收集、数据交换、数据销毁三个环节实施监管措施，创新完善数据跨境流动的监管思路，达到全方位、高效能、细粒度的监管目的。[④] 基于技术，创设"用户持有"的数据模型管理法律风险，利用"个人数据云"，允许数据主体以更分散的方式在本地存储其数据，从而减少对数据跨境流动的需求，并为最终由用户掌控其数据提高可能性。

[①] 孔庆江、王楚晴：《数据跨境流动全球治理：国家间信任关系的缺失与构建》，《现代传播（中国传媒大学学报）》2022 年第 10 期。

[②] 郭春镇、候天赐：《个人信息跨境流动的界定困境及其判定框架》，《中国法律评论》2022 年第 6 期。

[③] 徐瑛晗、纪孟汝：《"三同时"制度：个人数据跨境流动风险监管之创新》，《情报杂志》2022 年第 7 期。

[④] 罗文华：《基于生命周期的数据跨境流动程序性与实质性监管》，《中国政法大学学报》2021 年第 5 期。

第十二章 数据要素的安全治理

2020 年 3 月，中共中央、国务院发布的《关于构建更加完善的要素市场化配置体制机制的意见》，将数据纳入了生产要素的范围，明确要用市场化配置来激活数据这一生产要素。2022 年 1 月，习近平总书记在《求是》撰文指出："完善数字经济治理体系。要健全法律法规和政策制度，完善体制机制，提高我国数字经济治理体系和治理能力现代化水平。"①2022 年 6 月，中央全面深化改革委员会审议通过《关于构建数据基础制度更好发挥数据要素作用的意见》，指出要完善数据全流程合规和监管规则体系，建设规范的数据交易市场。2022 年 10 月，党的二十大报告强调："加快发展数字经济，促进数字经济和实体经济深度融合，打造具有国际竞争力的数字产业集群。"②而兼顾效率、公平与安全的数据要素市场治理体系建设，是我国数据要素基础制度建设的重要组成部分，也是加快数据要素市场建设的基本保证，更是我国占据国际数字竞争制高点的迫切需要。

---

① 习近平：《不断做强做优做大我国数字经济》，《求是》2022 年第 2 期。
② 习近平：《高举中国特色社会主义伟大旗帜　为全面建设社会主义现代化国家而团结奋斗——在中国共产党第二十次全国代表大会上的报告》，人民出版社 2022 年版，第 30 页。

第一节　数据要素安全治理的模式比较

与传统的网络安全威胁相比，数据安全风险不再局限于利用安全漏洞、恶意流量、病毒木马等网络攻击，表现出更为明显的多样性、复杂性等特点。现有主要数据安全风险来源有：首先，数据过度采集过程中存在的风险。随着数据逐渐发展成为数字平台企业的核心竞争力，基于对用户数据过度采集所引发的风险也随之加大、相关数据一旦被滥用或泄露，将严重侵犯用户的隐私权，甚至威胁生命财产安全。其次，数据违规交易中产生的风险。目前在我国的数据要素市场中，除了以大数据交易中心为场所的场内交易外，还存在着大量的点对点场外交易，这些场外交易由于缺乏相应的监管，容易催生个人信息售卖、电信诈骗等灰色产业链的形成，引发信息泄露和数据滥用等方面安全风险。再次，数据开放共享中产生的风险。数据只有开放共享后才能发挥信息聚合价值、场景价值和及时利用价值，但也会导致数据变得不可控因素增多，产生隐私泄露以及被不当利用的风险。最后，数据跨境流通所带来的数据安全风险。该类风险主要源于目前存在的技术漏洞、管理的缺位，以及政策法规的不完善等问题。严重时可以威胁到国家主权安全。针对这些风险，本节基于比较分析境内外数据安全治理的模式，主张适用中国自主的安全治理范式或模式。

一、英国数据治理模式

自 20 世纪 90 年代起，"英国历届政府和议会颁布出台了大量的法律法规和行政命令，逐步形成了一套相对完整的数据治理政策体系，其内容涉及个人数据（隐私）保护、信息公开（自由）、政府数据开放、国家信息基础设施、信息资源管理与再利用"①。整体而言,"英国以治理为理念指引,以善治为最终目标,建立起了以规章制度为保障、以组织要素为主体、以技术治理为途径的政府数据治理体系"②。

根据英国科技交易协会"techUK"于 2022 年 3 月发布的报告③,英国数据治理未来的六项原则包括:(1)为个人数据保护和支持创新的监管环境提供强有力的保障;(2)将英国置于正确的轨道上,以释放整个经济和社会数据(非个人和个人数据)的价值;(3)改善尖端研发(R&D)的数据访问;(4)加强英国的网络弹性以保护英国的数据基础设施;(5)通过保障措施实现全球数据自由流动;(6)坚决反对国内外数据本地化。

(一)英国数据监管立法及相关政策

1.《一般数据保护条例》与《数据保护法案》

英国脱欧之前,欧盟于 2018 年 5 月生效的《一般数据保护条例》(*General Data Protection Regulation*,GDPR)和英国议会于 2018 年通过的国内版《2018 年数据保护法案》(*Data Protection Act 2018*,DPA2018)为英国提供了全面的数据保护框架。虽然英国已经脱离欧盟,自 2021 年 1 月 1 日起,欧盟 GDPR 不再对英国产生直接影响,但根据 2018 年《欧盟(退出)法案》,欧盟法律体系(包括 GDPR)被纳入英国法律,英国 GDPR 现在在英国适用。目前,英国数据治理的关键机构除了最主要的信息专员办公室(ICO)、数字文化传媒体育部(DCMS)、政府通信总部

---

① 李重照、黄璜:《英国政府数据治理的政策与治理结构》,《电子政务》2019 年第 1 期。

② 谭必勇、刘芮:《英国政府数据治理体系及其对我国的启示:走向"善治"》,《信息资源管理学报》2020 年第 5 期。

③ techUK,"Six Principles for the Future of UK Data Governance",2022-3,https://pixl8-cloud-techuk.s3.eu-west-2.amazonaws.com/prod/public/9f697126-3120-42f8-9e1da00e-4be65a42/ff9eae77-eb6d-4fe9-88ade6bd89aac4b6/techuk-six-principles-for-future-UK-data-governance.pdf.

（GCHQ）、国家网络安全中心（NCSC）、政府数字服务局（GDS）、信息专员（IC）之外，还有司法部（MOJ）、政府法律部（GLD）内阁办公室（CO）、国家档案馆（TNA）等部门，这些部门都具有相对稳定的数据治理职能。①

2.英国脱欧后的数据改革

2021 年 7 月 6 日，英国政府下属的数字、文化、媒体和体育部（UK Government's Department for Digital, Culture, Media and Sport，英国 DCMS）发布了《数字监管计划：推动增长和促进创新》政策文件②，明确了构建英国政府数字监管方法的关键政策体系、目标、职能机构和推进时间表等内容；同年 7 月 18 日，英国下议院提交了《数据保护和数字信息法案》（*Data Protection and Digital Information Bill*），这是在英国脱欧后的机遇，以改变英国独立的数据法。

2022 年 5 月 10 日国家议会开幕式上，公布了一项新的《数据改革法案》（*Data Reform Bill*），旨在指导英国偏离欧盟隐私立法。该法案将用于改革英国现有的 GDPR 和 DPA。在原有制度框架下，关注英国脱欧后对欧盟的政策脱钩。2022 年 7 月 18 日，英国下议院通过了《数据保护和数字信息法案》（"143 号法案"），这标志着英国脱欧后数据保护框架计划改革的重要一步，旨在利用英国脱欧的机会，创造一个更新的世界级数据权利制度，从而实现为数据管理松绑、为企业减负、促进经济发展、改善英国人民生活的制度目标。但英国本次改革是否会偏离欧盟 GDPR 下的保护标准，增加个人数据自由流动，带来个人信息保护风险，并影响欧盟和英国之间的贸易，仍然是一个悬而未决的问题。

---

① 李重照、黄璜：《英国政府数据治理的政策与治理结构》，《电子政务》2019 年第 1 期。

② "Digital Regulation: Driving Growth and Unlocking Innovation", https://www.gov.uk/government/publications/digital-regulation-driving-growth-and-unlocking-innovation/digital-regulation-driving-growth-and-unlocking-innovation.

英国和欧盟于 2021 年达成充分性协议，用于确保与欧盟公司和组织共享数据的第三方国家或地区具有与 GDPR"基本相同"的数据保护级别，并规定 4 年内，欧盟委员会可以持续监督英国的法律状况，如果英国偏离目前的数据保护水平，欧盟委员会可以进行干预。

3. 英国《数据保护和数字信息法案》

《数据保护和数字信息法案》修改了"个人数据"定义。在英国《数据保护法》（*Data Protection Act*）中"个人数据"的定义与欧盟 GDPR 一致，即与已识别或可识别的自然人有关的任何信息。而根据《数据保护和数字信息法案》第 1 条的规定，个人数据的范围限制在：（1）控制者或处理者在处理时可通过合理方式识别的信息；（2）控制者或处理者应该知道其他人可能会通过处理获得信息，并且该人在处理时可能会通过合理的方式识别该个人。《数据保护和数字信息法案》将"个人数据"可识别性的评估主体限制在控制者、处理者和可能接收信息的人这三类主体，而非世界上的任何人，是一个富有争议的观点。

《数据保护和数字信息法案》还修改了研究的定义，科学研究将包含"任何可以合理地描述为科学的研究"，例如"为技术开发、基础研究或应用研究目的而进行的处理"。以科学研究为目的的同意规则也进行了修订，增加了与科学研究领域有关的同意必须与该研究领域公认的道德标准一致的要求。

《数据保护和数字信息法案》对企业承担责任的框架进行了改革，改革的重要驱动力是英国政府认为 GDPR 制定的责任框架太过严格且复杂，企业无法完全遵守。《数据保护和数字信息法案》建立的简化责任制度是围绕"隐私管理"（privacy management）的概念建立的，企业将通过隐私管理计划来管理数据风险并承担责任。《数据保护和数字信息法案》还建议免除数据控制者和数据处理者任命数据保护官的义务。但是，公共机构和可能会对个人造成高风险的信息处理者，必须根据该法案第 14 条的规定指定一名高级管理人员为"高级负责人"①。当然，企业仍然可以选择继续使用 GDPR 要求的数据保护官制度（DPO）。

（二）英国个人数据隐私保护

国外政府数据开放、隐私和个人数据保护的相关政策法规中界定了个人数据的范围。GDPR 将个人数据定义为，与已识别或可识别的自然人有关的任何信息。英国信息专员办公室（Information Commissioner's Office，ICO）进一步指出，真正匿名的信息不再是个人信息，超出了隐私法和数据保护法等类似法律的范围。英国《数据保护法》赋予公民修改其个人资料中的部分或者错误内容的合法权利，并严格限制英国税务机关未经其授权向第三方网站泄漏纳税人与其有关的信息。此后，英国陆续出台了《调查权法》《通信管理条例》《通信数据保护指导原则》等一系列法律，帮助英国构建了一个较为完整的关于个人隐私及其数据保护的法律体系。②

2021 年 9 月 10 日，英国 DCMS 公布了国家数据保护法改革建议③。该个人数据保护改良咨询文件包括了对英国 GDPR、《2018 年数据保护法案》（*Data Protection Act 2018*，DPA2018）和《隐私和电子通信条例》（*Privacy and Electronic Communications Regulations*，PECR）的一系列修正建议，建议修改英国目前的个人数据保护框架，特别是对英国 GDPR 下的问责框架进行重大的修改，而英国 GDPR 的核心定义和原则在拟议

---

① Ibrahim Hasan, "The Data Protection and Digital Information Bill", 2022-9-23, https://www. lawgazette.co.uk/legal-updates/the-data-protection-and-digital-information-bill/5113758. article.

② 郑志宇：《发达国家大数据营销个人隐私保护措施研究——我国国民隐私安全保护措施启示》，《现代营销》2022 年第 6 期。

③ "Data: a New Direction", 2021-9-10, https://www.gov.uk/government/consultations/data-a-new-direction.

的改良计划中保持不变。其累积效应将导致对现有标准的重大改革。这些建议是英国在脱离欧盟后，对现行法规进行改革的更广泛战略计划的一部分。

1. 英国医疗大数据

医疗行业方面，英国一直致力于打造一个官方机构来中心化地收集及管理全国的医疗数据信息。为应对 2019 年的新冠疫情，英国亟须建立医疗大数据以做防疫和研究之用。2021 年 5 月，英国公布医疗数据收集项目 GPDPR（General Practice Data for Planning and Research）。由于必须满足 GDPR 及 DPA 的要求，英国国家医疗服务体系 NHS Digital 作为本次 GPDPR 项目的医疗数据收集者，在数据安全和合规方面作出了更多的努力，也实行了相当程度的合规措施。首先，在 NHS Digital 官方网站的显眼位置发布了透明度声明（Transparency Notice），该声明完整公开了 GPDPR 项目的各种信息，包括数据收集的主体、收集数据的种类，每一种数据的收集目的、数据的接触者是谁、数据是否涉密、数据是否出境、数据保存的期限，以及数据主体在相应数据收集中可以主张和必须放弃的权利，并且注明了 GDPR 和 DPA 中相应的法律支持依据。除此之外，NHS Digital 在官网详细说明了两种选择性退出的机制及流程，分别为 type-1 opt-out 和 national data opt-out。前者在退出后，NHS Digital 将不再收集其个人医疗信息；后者则是在退出后，NHS Digital 依旧收集其个人医疗信息，但不会将其信息共享给任何第三方。

在数据信托的背景下看，英国生物银行是一家运营在 GDPR 框架下的生物银行，管理着由 50 万人捐赠的健康数据，用于科学研究。这些数据经过匿名处理后，向世界各地的研究人员提供，以对常见和威胁生命的疾病进行新的科学发现。该公司是一家有限公司，也是一个慈善机构，其董事会充当慈善受托人。这是一个医疗数据领域的成功案例，并属于一种数据信托实践。

2. 英国金融行业数据保护

英国是公认的全球领先的金融科技中心之一。英国央行《英国金融业数据收集改革（征求意见稿）》对于金融业数据如何收集和报告进行了广度深度兼备的讨论，提出了对金融业数据要素管理和治理的讨论框架，包括数据收集、报告数据质量、报告成本、共同数据输入、报告说明可能的程序化、架构和治理的创新等①。

除了英国央行，其他机构也积极研究金融数据隐私保护的监管方式。英国金融行为监管总署也在 2019 年 7 月举办反洗钱活动 Tech Sprint 专门聚焦于隐私权科技，并再次召集全球监管机构和企业共同致力研议对策。2021 年 2 月 23 日，英格兰银行官网发布文章《改革英国金融部门的数据收集：2021 年及以后的计划》。英格兰银行正与业界合作，借鉴相关国际监管举措，以制定金融业数据收集的目标和如何实现这一目标的计划。整个金融系统的参与者，包括像英格兰银行这样的主管部门，都期望有高质量、及时的数据来指导决策。英格兰银行的目标是以最低的成本完成金融部门数据收集任务。英格兰银行从根本上改变数据收集程序的运作方式。标准化可以给整个金融行业带来好处：提高运营效率，让公司管理层和公司投资者更加清晰。鉴于这些好处，英格兰银行将通用数据标准列为金融行业数据和流程标准化工作的一部分。为推动将通用数据标准应用于数据收集过程，英格兰银行将学习借鉴国际监管举措。在学习借鉴国际监管举措方面，英格兰银行在定期的监管报告中采用了可扩展商业报告语言（XBRL）和数据点模型（data point modelling）技术。英格兰银行还积极参与国际标准协调工作：包括推广用于衍生品工具报告的全球法人识别编码（LEI）、唯一产品识别码（UPI）、唯一交易识别码（UTI）和关键数

---

① 胡本立：《解读英国央行〈英国金融业数据收集改革〉——一个金融数据收集与管理的全面讨论框架》，《中国银行业》2021 年第 5 期。

据要素（CDE）。

（三）英国企业数据监管治理

个人数据是指能够单独或者与其他信息结合识别特定自然人的各种信息，包含了人格利益。企业数据则是企业依法所拥有的包括个人数据和非个人数据的数据集合体，可实现商业利益。对企业数据中的个人数据，应在剥离人格利益的前提下对其中的财产性利益进行探讨；而对企业数据中的非个人数据，可进一步分为未加工的基础数据和已加工的数据产品，并分别加以保护。企业数据的利用规则如图12-1所示。

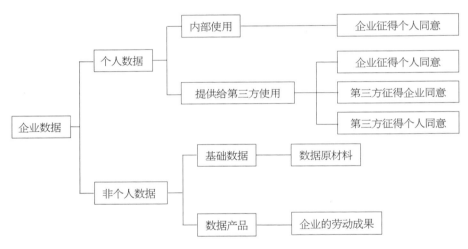

图 12-1　企业数据的利用规则

资料来源：笔者自绘。

1. 英国企业数据利用与个人信息保护

企业数据利用与个人信息保护存在冲突，在填写数据授权协议时，个人用户为使用企业服务往往未详细阅读便勾选同意。企业通过此种方式采集的用户数据包含了大量涉及用户人格利益的信息，对上述信息不正当使用将构成对个人信息的侵犯。企业长期在持续、大规模收集各类用户数据的过程中，形成了用户信息数据库。通过大数据技术，企业可轻易对用户进行"数据画像"，数据使用程度越高，对于用户的隐私侵害就越严重。正如有学者指出，数据分享的效率和隐私保护之间存在此消彼长的关系。

企业数据监管便力求在平衡个人信息保护与企业数据利用之间做到平衡。欧盟倾向于数据的人格利益，美国则注重数据的财产利益，但二者均基于一定的价值判断对个人信息保护和企业数据利用作出了平衡。个人信息保护与企业数据保护之间存在差异，应对数据中的人格权益和财产利益进行区分对待。接下来要介绍的英国企业数据治理中的关键政策变迁也围绕着个人信息保护与企业数据利用二者之间的此消彼长进行。

1981年，欧洲议会通过了世界上首部涉及个人数据保护的国际公约——《有关个人数据自动化处理之个人保护公约》即"欧洲公约"。1984年，英国议会通过首部《数据保护法》（*Data Protection Act*，DPA）提出了个人数据保护的基础性原则，禁止数据主体未经注册持有个人数据，设立数据保护登记官和数据保护法庭，分别作为法令执行的监管机构和申诉机构。

自20世纪90年代起，英国历届政府和议会颁布出台了大量的法律法规和行政命令，逐步形成了一套相对完整的数据治理政策体系。譬如，1995年欧盟颁布《个人数据保护指令》（*Data Protection Directive*，DPD），1998年英国议会颁布的新版《数据保护法》，2003年英国议会通过《隐私与电子通信条例》，等等。

2016年，欧盟通过《一般数据保护条例》（GDPR），该条例被认为是最严格的个人数据和隐私保护条例。在此基础上，2018年英国议会通过新版《数据保护法》，对个人和组织数据保护的权利和责任作出明确规定。一方面，加强公民个人隐私保护，授予公民对自身数据的携带权、删除权和反对权等权利；另一方面，积极帮助组织正确地保护和管理数据，健全数据保护的规则和机制。

2022 年 7 月 18 日，英国下议院讨论并提交了《数据保护和数字信息法案》（*Data Protection and Digital Information Bill*）。英国政府制定《数据保护和数字信息法案》，旨在利用英国脱欧的机会，创造一个更新的世界级数据权利制度，从而实现为数据管理松绑、为企业减负、促进经济发展、改善英国人民生活的制度目标。当时还是保守党成员的现任英国首相苏纳克在竞选首相时就提出，数据权利制度改革将是他的四大重点改革议题之一。

随着《数据保护和数字信息法案》提出的修正案增多，英国的数据保护法将逐渐与欧盟 GDPR 产生差异。若两种制度分歧过大，欧盟在 2024 年对英国进行充分性评估审查时，就越有可能做出否定决定。因此，《数据保护和数字信息法案》后续可能会在当前版本和欧盟 GDPR 要求中取得进一步的平衡。

2. 英国企业数据治理监管情况分析

ICO（Information Commissioner's Office）是英国的数据保护监管机构，也是英国企业数据治理的主要监管机构，负责监督和执行数据保护法规。

（1）ICO 对企业处罚原因及案例

ICO 负责处理有关个人数据的投诉，提供有关数据保护法规的指导，同时也对违规行为进行调查并可能对违规者处以罚款。ICO 对企业的第一类处罚原因是企业未能尽确保个人数据安全的义务，因网络攻击或其他原因造成了个人数据的泄露。处罚依据为 GDPR 第 5 条第 1 款第 f 项：未能确保个人数据的安全，造成了个人数据的泄露，包括未能采取合理的技术手段、组织措施，避免数据未经授权即被处理或遭到非法处理，避免数据发生意外损毁或灭失。这个原因造成的处罚案例有：Tuckers Solicitors LLP（2022 年 3 月 10 日被处以 98000 英镑罚款）、Inter Serve Limited（2022 年 10 月 24 日被处以 8 万英镑罚款）。

第二类处罚原因是企业使用公共电信服务为直接营销目的，导致公众生活受到影响。例如，发送未经同意的营销短信、拨打未经请求的电话。处罚依据在于《数据保护条例》（*Data Protection Act 1998*，DPA）的 55A 条，《隐私和电子通信条例》（*Privacy and Electronic Communications Regulations 2003*，PECR）21—24 条。这个原因造成的处罚案例有：H&L 商业咨询有限公司（2022 年 3 月 29 日被处以 8 万英镑罚款）、Green Logic 英国有限公司（2022 年 10 月 3 日被处以 8 万英镑罚款）、Euroseal Windows（2022 年 10 月 3 日被处以 8 万英镑罚款）、Apex Assure（2022 年 10 月 19 日被处以 8 万英镑罚款）。

第三类处罚原因是企业违法搜集了公共信息，且在信息留存上不合规。GDPR 第 5 条第 1 款第 a 项和第 e 项；GDPR 第 6 条；GDPR 第 9 条（未能满足生物特征数据，根据 GDPR 和英国 GDPR 归类为"特殊类别数据"要求的更高数据保护标准）；GDPR 第 14 条（关于控制者应向数据主体提供的信息）。例如，ClearviewAI 于 2022 年 5 月 18 日被 ICO 处罚 7552800 英镑，原因为该公司使用从网络和社交媒体收集的英国和其他地方的人的图像来创建可用于面部识别的全球在线数据库的过程中，未能以公平和透明的方式使用英国人的信息，因为个人没有意识到或不会合理地期望以这种方式使用他们的个人数据，且企业没有正当理由收集人的信息，也未能制定流程来阻止数据被无限期保留。

（2）企业数据监管难题：罚款执行困难

英国媒体 The SMS Works 收集的数据表明，自 2020 年年初以来，英国信息专员办公室（ICO）发布的 GDPR 罚款 74％仍未支付。ICO 在收取 GDPR 罚款上存在困难的理由可能如下：

首先，执行过程过长。大多数行业部门支付 GDPR 罚款的比率很低，至少有 50％的拖欠率。数据表明，自 2020 年年初以来，ICO 发出了 47 项符合条件的罚款，其中，82.4％因短信垃圾邮件而被罚款，但只收取了 19 项。GDPR 的罚款预计为 700 万英镑，但目前只追回了 181 万英镑。

分析发现，收到最多罚款金额的国际大型企业并不是问题的主要原因，这些公司中的大多数已经为它们迄今为止遵守的 GDPR 罚款安排了分期付款计划（如英国航空公司）。问题主要在于参与垃圾短信游戏的小公司，这也是 2019 年的主题。最主要的一类是家装营销，在这类营销中，上门推销的人会因提供房主没有要求的服务而被罚款。该研究还指出，一些被罚款的公司并没有恶意违反 GDPR 条款。一些人发送了他们认为是合法的短信或电子邮件营销活动，但他们忽略了在技术上 GDPR 的要求。

其次，公司具有逃避 GDPR 罚款的意愿和技巧。一个是申诉过程，这个过程显然可以持续数年，几乎每一个被罚款的实体都有权上诉。至少有一家公司——埃尔登保险（Eldon Insurance）——在 2019 年年初因电子邮件垃圾邮件被罚款 6 万英镑，近三年后仍深陷上诉程序。还有一些干脆关门大吉，改头换面。这种方法的结果好坏参半，但似乎确实适用于一些公司，它们用新的名字保留了原来的员工或相同的办公地址，清算的公司可以获得法律保护，避免被罚款。但 ICO 有时也可以选择追究业务董事的责任，并让他们在清算时承担个人责任。然而，这并不是该机构的首选策略；除了试图让与业务断绝关系的相对较小的公司破产可能带来的糟糕公关之外，该机构有时在法律追索上花费的钱，比他们从罚款中获得的要多得多。还有一些人干脆拒绝付款，继续他们的生意。数据发现，当 GDPR 罚款超过 10 万英镑时，公司干脆忽略它的可能性会大大增加。

二、欧盟数据治理模式

欧盟颁布了大量数据保护相关的法规和指令，其中《一般数据保护条例》（GDPR）被认为是全球最严格的数据保护法规之一。欧盟数据治理模式致力于在数据处理活动中实现隐私保护、权利尊重和数据安全的平衡，为全球数据治理提供了有益的参考。

（一）欧盟数据治理基本体系概述

早期，欧洲以公约的形式尝试对数据监管进行立法。1950 年的《欧洲人权公约》被视作欧洲数据监管的萌芽，赋予了公民个人隐私权，该项权利后被广义解释至个人数据保护，允许公民就数据侵权向政府提出救济。1981 年，欧盟颁布了全球首个针对个人数据保护所制定的公约——《关于个人数据自动化处理的个人保护公约》，提出成立公约委员会对缔约国的数据监管作出评估指导，并要求缔约国设置数据监管机构，承担立法咨询、权利保护、处理投诉等工作。由于公约不具有强制性，具体实施依赖于成员国的转化立法，实践效果平平，但是作为早期尝试，为数据监管奠定了法律基础。

为加强数据监管的统一性，1995 年《数据保护指令》应运而生。该指令吸取了公约规定过于宽泛的教训，进一步主张在欧盟层面设立统一的监管机构，规定了公正合法、目的明确、知情同意等数据处理原则，协调了欧洲各国在数据保护上的一致性，是欧盟数据监管统一立法的开端。

随着"数字单一市场"战略的提出，2018 年，被称为"史上最严条例"的《一般数据保护条例》出台，该条例强调了监管机构的独立性，详细规定了监管机构的权力，具有高度的可操作性。此外，条例细化了数据控制者和处理者的权利义务，要求企业设置数据保护官，加强内部监管，优化了数据监管模式。

欧盟的政策决策特点是多方面互动的，欧洲委员会、欧洲议会、欧洲理事会、欧盟理事会、欧盟委员会等机构参与制定欧盟法律法规。欧盟的法律基本框架大体可分为三个层次：一级法律，主要指条约；二级法律，包括指令、法规、决定、意见建议等；三级法律为判例法，主要指根据二级法律作出的对具体事件或案例的判决或裁定。

一级法律层面上，1981 年《个人数据自动化处理中的个人保护公约》，是世界上第一部关于数据保护的国际公约。二级法律层面上，1995 年《关于涉及个人数据处理的个人保护以及此类数据自由流通的第 95/46/EC/ 号指令》、2018 年《一般数据保护条例》、2018 年《非个人数据自由流动条例》，形成数据治理的统一框架；2019 年《网络安全法案》，确立了第一份欧盟范围的网络安全认证计划；2020 年《欧洲数据战略》，致力于实现真正的单一数据市场的愿景；2020 年《数据治理法案》、2022 年《数据法案（草案）》、2022 年《数字市场法案》、2022 年《数字服务法案》作为落实《欧洲数据战略》所采取的重要立法举措，为欧洲新的数据治理方式奠定了基础。

整体来看，欧盟始终致力于保护数据主体的人格权和隐私权，通过明确权利义务、统一立法标准、设立专门机构、设置数据保护官等手段，调动欧盟、成员国、数据控制者等多方力量保障数字时代公民的私权利，形成了欧盟与成员国二级共建、具有统一性和独立性的监管模式。而 2022 年颁布的《数据法案》草案则延续欧盟以往风格，进一步强化用户获取和使用数据的权利，要求成员国依靠独立监管机构审查行为者获取数据的权利和义务，制定有效、适度且具有警戒性的处罚规则并向欧盟委员会报备，采取一切必要措施确保规则得到实施，深化了对数据的二级监管机制。

（二）欧盟数据治理重点问题：流通中的安全问题

欧盟数据安全治理问题主要体现在其对内数据流通和对外跨境流通当中。目前全球在数据跨境问题当中存在两种：限制性规范和推动性规范。其中，限制性规范是指数据安全偏好性，推动性规范是指数据红利偏好性。[1] 纵观全球，国家更加偏向于限制性规范，保护国家内部的权利。而

---

① 中兴通讯、德勤：《数据跨境合规治理实践白皮书》，2021 年，第 1—2 页。

国际组织则出于促进区域经济发展的需要，偏向于数据红利，促进数据的流通和开放。

欧盟作为一个特殊的国际组织，提倡数据跨境自由流动的同时规定多样化的数据。以欧盟 GDPR 为例，该条例很大程度上就是以这一点作为出发点进行的立法规则。但是很遗憾的一点是，似乎当这两者产生矛盾的时候，GDPR 并没有找到一个合适的方式解决。[①] 同时，在积极寻求数字主权背景之下，欧盟推出了诸如《欧洲数据战略》等多项政策及战略，逐步搭建有关数据共享流通的顶层设计。同时，还出台了包括《欧洲数据治理条例》《非个人数据自由流动条例》在内的法律法规，希望通过法律制度的设计来消除妨碍数据流转、利用、共享的实际障碍。此外，欧盟还加大了公共投资，提高数字基础设施的建设水平，建设数字公共空间。

1. 个人、企业数据流通促进：以《数据治理法案》为例

欧盟对于个人数据流通的促进主要通过对公共机构的数据、数据中介机构、数据利他主义等主要要素的规制形成。以《数据治理法案》为例，该法案主要阐述了三方面的内容，分别对应三个要素：一是支持促进开发公共机构共享其持有的由于敏感暂时尚未得到共享使用的数据；二是创立数据中介机构，允许数据共享服务提供者以非营利的性质促进个人、企业间的数据交换；三是促进数据"利他主义"的发展。

该法案的亮点也可以从以上三点当中提炼，比较突出和值得借鉴的是：法案意识到自然人对于非营利组织带有公益性质的科学研究等活动，更愿意分享个人信息供其使用。例如，为了研发特殊疾病的诊疗手段，患者往往愿意将相关信息分享给相关机构。但如何有效识别此类机构是否真正出于公益目的而非商业盈利来收集个人信息的，一直挫伤着大众的分享

---

① 　高富平：《GDPR 的制度缺陷及其对我国〈个人信息保护法〉实施的警示》，《法治研究》2022 年第 3 期。

意愿。法案通过设立一系列认定标准，对符合要求的"数据利他"实体进行备案登记，并颁发"欧盟认可的利他主义组织"的标签。同时，法案还对数据利他组织的后续活动设定了专门的合规监管要求，从而解决了这个问题。这种数据利他主义目前在我国并没有相关的组织设定，也将成为下一步从数据中介到数据利他转变的有力参考。

2. 非个人数据流通问题：以《非个人数据自由流动条例》为例

针对非个人数据流通，数据的使用场景和使用程度确定十分重要，以欧盟《非个人数据自由流动条例》为例，该条例明确指出"非个人数据"的内涵。一是确保非个人数据的跨境自由流动。该条例明确指出，在处理公共部门数据的特定情况下，成员国必须向委员会通报已有的或计划中的数据本地化限制措施。该要求对《一般数据保护条例》（GDPR）的适用没有影响，因为它不包括个人数据。在混合数据集的情况下，保证个人数据自由流动的 GDPR 规定将适用于该数据集中的个人数据，非个人数据自由流动规则将适用于其中的非个人数据。二是确保数据在欧盟境内可因监管目的而被跨境使用。对于不向成员国相关机构提供相关数据（该数据可能在另一个成员国进行存储或处理）访问权限的用户，该成员国可以对其进行制裁，也可以要求数据所在国的监管机构给予协助调取数据，除非违反数据所在国的公共秩序。三是鼓励制定云服务行为准则。由于数据在不同服务商之间转移涉及复杂的经济和竞争利益，因此欧盟委员会对此没有采取直接立法作出详细要求，而是鼓励在欧盟层面建立数据服务提供商"自我规制的行为准则"，以便用户变更数据存储和数据处理服务提供商时更加容易，但又不对提供商造成过大的负担或扭曲市场。

3. 政府间数据流通共享：以《欧洲互操作法案》为例

2022 年 11 月 21 日，欧盟委员会采纳了《欧洲互操作法案》（*Interoperable Europe Act*）提案及其随附的说明，以加强整个欧盟公共部门的跨境互操作性和合作。该法案将支持建立一个欧盟独立且互联的数字公共行政网络，推动欧洲公共部门的数字化转型。同时，该法案还将帮助欧盟及其成员国为公民和企业提供更好的公共服务，因此，这是实现欧洲 2030 年数字目标和支持可信数据流的重要一步。

法案主要分成两大部分内容，为互操作性的实施和开展提供了互操作的技术解决方案、多层面支持以及组织架构的建设，同时也规定了公共行政部门在互操作层面上的新的义务和要求。首先，该法案为互操作性的实施提供了相关支持和保障。在法案的构建层面，主要参考欧洲互操作框架（European Interoperability Framework, EIF）及专门的互操作框架。其中，EIF 由欧洲互操作委员会制定并由欧盟委员会通过和公布，提供了关于法律、组织、语义和技术互操作性的模型和一套建议；专门的互操作框架是在 EIF 的基础之上，为满足特定部门或行政级别需要而制定的。同时，互操作解决方案被欧洲互操作委员会推荐时，应带有"欧洲互操作解决方案"的标签，并应在欧委会专门建立的、具有公开性和共享性的欧洲互操作门户网站上公布。其次，为促进互操作解决方案的创新发展，法案还提供了一系列支持措施，包括相关支持项目的设立，技术监管沙盒的开发和应用，相关内容的能力和互操作问题培训以及专业人士的同行评审等，从技术、项目等多个层面进行了互操作性实施的支持。最后，为促进特定网络和信息系统跨境互操作性的战略合作，法案规定成立欧洲互操作委员会，其主席由来自欧盟委员会的代表担任，有关事项的表决由欧洲互操作委员会成员的简单多数决定。欧洲互操作委员会可以组建工作组来审查与欧洲互操作委员会任务相关的具体情况。

欧洲互操作委员会的工作职责包括：支撑国家互操作框架和其他相关国家政策、战略或指南的实施；通过互操作性评估指南；提出促进互操作解决方案共享和再利用的措施；监测已开发或推荐的互操作解决方案的整体一致性；向欧盟委员提议，适当确保具有共同目的的互操作解决方案之间的兼容性，并支持新技术的互补与过渡；制定、更新并在必要时向欧盟委员会提出 EIF；评估专门的互操作框架与 EIF 的一致性；推荐欧洲互操作解决方案；向欧盟委员会提议在门户网站上公布互操作解决方案；向欧盟委员会提议设立"政策实施支持项目"；审查创新措施、监管沙盒使用情况和同行评审报告，并在必要时提出后续措施；提出培训等加强公共部门机构互操作性能力的措施；通过欧洲互操作议程；以及与欧盟委员会、相关标准化组织、欧洲数据创新委员会等机构进行协调配合的职责等。同时，法案规定成立欧洲互操作共同体。欧洲互操作共同体将通过专业知识和建议为欧洲互操作委员会的行动作出贡献。欧洲互操作共同体成员可以在欧洲互操作门户网站发布有参考意义的内容、参与工作组、参与同行评审。欧洲互操作委员会应每年组织一次欧洲互操作共同体的在线会议。

除上述三大支柱外，法案还规定了公共部门机构的两项一般性义务：首先，法案对欧盟公共部门机构和其他欧盟机构设置了互操作性影响的强制性评估义务。也即当公共部门机构或欧盟其他机构计划建立新的网络和信息系统，或对现有网络和信息系统进行重大修改时，应评估该计划对跨境互操作性的影响。互操作性评估应在对新的或修改后的网络和信息系统的相关法律、组织、技术要求做出具有约束力的决定之前进行。公共部门或其他欧盟机构应在其网站上公布互操作性评估结果。互操作性评估应至少包含以下内容：介绍建立或修改计划以及该计划对一个或多个网络和信息系统跨境互操作性的影响，包括调整相关网络和信息系统的预估成本；介绍相关网络和信息系统与欧洲互操作解决方案的一致程度，以及与调整前的网络和信息系统相比有了哪些改进；介绍支持数据在机器与机器之间交互应用程序接口。其次，相关共享义务：在欧盟的公共部门之间共享和再利用互操作解决方案。公共部门机构或欧盟其他机构应向提出请求的实体提供支持其以电子方式提供或管理公共服务的互操作解决方案，解决方案中的共享内容应包括技术文档和文件源代码，且为了使再利用方能够自主管理互操作解决方案，共享方应向再利用方提供一定的保证。

欧洲一体化建设，按照先经济后政治的原则，经历了煤钢联营、经济共同体、统一大市场、经济货币联盟四个发展阶段，正从经济一体化向政治一体化过渡①，现在这一过渡进入数字时代，需要建立欧盟数字政府，《欧洲互操作法案》即是建立这一欧盟数字政府的基础。建设数字政府，特别是欧盟这样由各具特色的加盟国组成的联合体，不是一个纯粹引入数字技术的问题，或者说，仅靠技术解决不了互操作问题，它需要不同组织之间长期的合作机制，而《欧洲互操作法案》为此提供了依据和渠道。欧盟数字政府的建成将可以大幅加强欧盟各成员国公共部门间的合作，为欧洲公民提供更便捷和高质量的服务，同时也可有力促进欧洲单一数字市场的发展。《欧洲互操作法案》为中国全国一盘棋的数字政府、数字经济、数字社会建设提供了有益的参考。

（三）欧盟跨境监管的数据跨境监管启示

欧盟的数据跨境流动监管主要依赖充分性保护认定协议，本质是欧盟对与其往来数据的国家保护体系和数据保护水平的评估，现已发展为欧盟发展数字经济和争夺数据跨境流动领域国际话语权的重要支撑点。②

1.欧盟数据治理的优势与不足

一方面，欧盟有关数据流通的立法十分完善并成体系化。根据相关网站检索并汇总可以看出，欧盟关于数据立法在全球范围内处于领先地位。从20世纪80年代以来，欧盟从个人数据的保护入手，进一步扩展到数据跨境流通当中的安全问题，同时促进数据在欧盟内部的贸易发展，形成了十分完善的法律体系和规则。

---

① 徐伟:《欧盟的尴尬现状与暗淡未来》,《中国经济时报》2006年6月26日。
② Flora Y. Wang, "Cooperative Data Privacy: The Japanese Model of Data Privacy and the EU–Japan GDPR Adequacy Agreement", *Harvard Journal of Law & Technology*, Vol. 33, No.2（2020）, pp. 661–691.

而重点就数据跨境流通中的安全问题，欧盟也先后通过《一般数据保护条例》《非个人数据流通条例》《欧盟数据法案》三部法律进行了较为完整的体系化规定，这三部法律分别就数据流通当中的各个数据主体之间、数据主体和第三方之间的权利义务和相互制约作出了明确的规定，为欧盟的数据安全提供了十分严格、完善的保障。另一方面，欧盟数据权益属性清晰。欧盟在数据立法的一开始就对于数据权属问题作出了较为明确的规定，并通过《一般数据保护条例》《非个人数据流通条例》《欧洲互操作法案》规定了个人对于数据的七大权利和政府对于数据的权力。减少了因为权属不明而引起的安全争议。

不仅如此，欧盟的立法体系并没有在实际运用当中得到充分的打磨，存在成本高、落实难、具体场景不确定性大等问题。根据对欧盟近些年来实际市场和案例的简单检索。就和中国相比而言，欧盟内部的数据市场和其完善的立法体系并不匹配。因此，笔者认为在借鉴立法当中应当充分考虑这个问题，国际立法在借鉴欧盟立法当中应当更偏向于理论和思路层面，并结合国际当中的具体实践进行修改。

2. 欧盟数据治理的启示

目前有关数据跨境问题，国际立法框架对于双边、区域性相关规定的借鉴较多。但数据跨境和其他贸易内容存在一些实质区别，这也导致可能就数据跨境流通贸易这一板块，双边或区域为主的贸易模式会持续时间较长。

（1）双边或区域为主的持续性

首先，数据本身和技术有很大的关联性，而数据跨境流通也直接受到国家之间的技术差异影响。就目前而言，各国之间对于数据的技术水平统一依旧需要一定的时间。其次，各国之间对于数据的态度目前也不相一致。具体表现为各国对于数据的法律属性界定、权利归属问题本身存在较大差异，有些国家的立法当中至今处于空白。因此，借鉴国际货物贸易当中对于争议产品的回避经验来看，协调大多数国家而形成相对统一的贸易规则难度较大，对于数据短期内大概率无法形成统一规定。最后，针对数据的场景化十分多样，立法体系十分完善的欧盟尚且存在具体场景适用的不确定性，国际立法必然会存在相同的问题。因此，针对数据方面的问题依旧需要国际贸易实践当中通过双边或区域性贸易进行场景积累。

（2）原则性规定的细化问题

根据参考文献，目前针对数据跨境流通贸易当中的安全问题，国际组织大多采用的是条款的扩大化解释等方式进行规制和保护。而纵观欧盟的相关立法体系和原则，总体来看，在维护国家安全和公共利益的保证下开放的市场、稳定的体制，以及明确的国内法律法规对跨境数据流动规则的形成与制定提供了相对优良的环境。[①] 因此，国际针对跨境数据流通规则可以就现有的欧盟立法和实践，针对原则进行进一步完善。具体而言，笔者认为应当做到如下两点。

首先，应当确定对数据的保护原则，明确数据属于国家安全的一部分这一原则。目前国际对于数据属于国家安全的问题大多采取国内法确定的形式，诸如我国的《国家安全法》等。而国际贸易规则对此采用安全例外原则，将具体的数据安全问题划归到国内法进行"国家安全判断"，没有明确规定相关原则。笔者认为，数据在国内已经作为生产要素之一，具有重大的价值，因此，国际相关立法应当明确数据的国家安全原则，从而才能够进一步促进数据流通，助力全球经济发展。

其次，可以针对数据根据具体维度进行必要大类划分，从而增强数据跨境监管的确定性。借鉴欧盟对于根据数据权属进行的"个人数据""非个人数据"划分，以及在《欧洲互操作法案》中对于政府可操作数据的划

[①]　时业伟：《跨境数据流动中的国际贸易规则：规制、兼容与发展》，《比较法研究》2020年第 4 期。

分，可以对数据进行维度划分。从而增强数据跨境监管的确定性。而具体维度的选择，笔者认为应当进一步参考双边或者区域性数据贸易进行慎重选择。

三、中国数据治理模式

我国主要通过制定规范性文件，将个人数据作为网络空间安全的一部分进行规制。《全国人民代表大会常务委员会关于维护互联网安全的决定》赋予了相关部门在网络空间范围内对个人数据资料处理进行监管的权力。《全国人民代表大会常务委员会关于加强网络信息保护的决定》首次以个人数据保护为核心制定法律制度，要求有关主管部门依法打击网络信息违法犯罪行为，总体规定较为笼统。《信息安全技术公共及商用服务信息系统个人信息保护指南》是我国首个个人信息保护国家标准，创新性提出了引入第三方机构对个人数据保护状况进行测评的监督机制。

随着数字经济快速发展，数据安全问题频发，规范性文件逐渐落后于时代发展，我国将目光转向基础法律的制定。作为我国首部专门规范网络空间管理的基础法，《网络安全法》确立了由国家网信部门负责统筹协调，国务院电信主管部门、公安部门和其他有关机关依法负责职责范围内的监督管理工作的两级协调监管机制。《数据安全法》注重宏观安全，在数据监管方面取得了新的进展。一是建立了行业数据监管机制，强调在两级监管之外，工业、电信、交通、金融等主管部门也须承担行业领域的数据安全监管职责，加强对数据监管的统筹。二是关注对重要数据、核心数据、政务数据的监管，推动建立国家层面的数据安全风险评估机制，严格落实监管。三是加大对违法行为的处罚力度，通过提高罚款上限、设定刑事责任等手段，对企业数据合规提出了更高要求。《个人信息保护法》关注个人数据保护，对一般数据和敏感数据进行分类监管，要求落实从事前合规审计到事后救济处罚的全过程监督。在三大基础法的框架之下，2022 年 6 月，国家互联网信息办公室起草了《个人信息出境标准合同规定（征求意见稿）》，提出个人信息处理者向境外提供个人信息前，应当开展个人信息保护影响评估，推动我国数据跨境流动监管机制的完善。

我国数据监管前期注重个人数据，立法层级较低，监管部门及具体责任分配不明，可操作性不强。相较于规范性文件，《网络安全法》《数据安全法》《个人信息保护法》三大基础法位阶更高，各有侧重，明确了各方的权利义务，规定了主要监督部门，细致划分违法行为的处罚标准及范围，构建起我国数据监管的基本法律框架，并不断完善。在加强数据人权保护的同时，我国还增强了对关系国家安全、公共利益等重要数据的监管，将个人数据与其他数据两手抓，形成了较为全面的数据监管体系。

欧盟在数据治理方面的经验和做法，对中国在数据治理方面的发展具有重要的启示意义：

首先，欧盟强调数据保护和隐私权的重要性。欧盟于 2018 年 5 月 25 日实施了《一般数据保护条例》（GDPR），该条例规定了数据处理者必须遵守的严格规定，包括数据处理的合法性、目的限制、数据最小化、正确性、存储限制、安全性、透明性等。这为欧盟个人信息保护和数据隐私提供了有力的保障。中国在未来的数据治理立法中，可以借鉴 GDPR 的理念和规定，加强个人信息保护和数据隐私保护。

其次，欧盟在数据流动方面提出了"数据主权"概念，即数据的掌握权应该在国家层面上得到保障。欧盟鼓励欧洲国家在数字经济中发挥更大的主导权，强调数字主权的重要性。中国作为世界上最大的互联网用户和最大的互联网市场，也应该通过数据主权的理念，提高国家的数字竞争力和主导地位。

最后，欧盟注重跨境数据流动的规范和管理。欧盟通过与其他国家签署数据保护协议，推动数据流动的安全和可控。中国也需要加强与其他国家的合作和交流，推进跨境数据流动的规范化和管理，实现数据的安全流动和合理利用。

但相较欧盟，我国数据监管仍存在亟须改进的地方。一是起步较晚，法律制度尚不成熟，国内立法仍须优化；二是监管权力分散，部门之间存在职能交叉，对执法资源造成了浪费；三是国内监管水平不足，导致我国在国际数据规则的制定、实施和应用等方面的话语权较弱。

第一，立足我国实际，优化国内立法。借鉴欧盟的数据保护官制度，要求企业设置数据监督专员，赋予专员在企业内部开展数据保护评估、处理数据主体的权益诉求等权利，完善数据处理者的自我监管；学习欧盟二级监管模式，设置全国层面的监管机构，对各省市大数据管理局进行统一管理，形成国家与地方"1+N"的监管力量。

第二，建立健全制度，注重立法落地。一是对现有立法的部分原则性条款进行细化，完善数据分类分级保护、数据安全风险评估机制等制度的表达，提高执行效率。二是重视已有立法在基层实务部门的落地，出台配套法律法规，细化地方与部门的数据安全保护、数据处理监管等责任。三是根据现有法律框架完善部门之间的职能衔接，避免"九龙治水"的混乱局面，优化行政资源配置。

第三，占据舆论阵地，做好对外发声。完善国内立法，加快形成国内规则并推向世界，在保障数据主权的同时，利用多边对话机制开展国际交流合作，参与数据领域的国际规则制定，积极宣传中国数据治理主张。

四、欧盟数据治理对我国的启发

习近平总书记强调："要强化基础研究，提升原始创新能力，努力让我国在区块链这个新兴领域走在理论最前沿、占据创新制高点、取得产业新优势。"在经济治理层面充分理解区块链是对生产关系的变革，其最大的意义是调整人与人之间的利益分配关系，能够改变过去由股东垄断利润的局面，让更多的消费者、普通的劳动者等相关的提供数据的主体能够获得合理的利益分配，充分体现了利益分配机制的公平性和平等性。因此，应当充分注意到区块链带来的制度革新前景。围绕区块链等自主创新核心技术不断深化改革，真正释放区块链的巨大潜能，赢得数字时代的领先契机。由于在数据权属配置、交易制度设计等方面存在争议，数据的流动分享机制构建迟滞，需要借助新的工具。

（一）数据治理与区块链技术——共票

共票是区块链上集投资者、消费者与管理者三位一体的共享分配机制，同时也能对数据赋权、确权、赋能，作为大众参与数据流转活动的对价，可以充分调和个人与企业数据权利的内在冲突，为以数据为核心的数字经济激发新动能。[1] 这个过程中相关利益参与方都获得了数据生产要素劳动贡献的利益分配[2]，通过区块链技术解决对于个人数据的确权、定价、交易、流通、共享等问题，从而更加合理、公平地分配数据所产生的价值，推动大众分享数据经济红利。[3]

在该理论中，基于技术力量是数据流转与价值实现的基础，技术力量自身的发展趋势呈现为对数据的正向和深入的利用，随着技术进一步对数据进行确权、定价、共享、赋能，数据在共票制度的理论设想下能够让消费者分享数据经济的红利[4]。

在众多技术手段中，区块链时间戳是协助共票机制实现的有效工具。

[1]　杨东：《完善数据作为生产要素的利益分享机制》，见 https://mp.weixin.qq.com/s/tDF-9c84SXu_vbE47ce0lxg。

[2]　杨东：《数据治理与区块链技术——共票》，见 https://mp.weixin.qq.com/s/SMTbyKqrn-1M9HzQyrvpaJQ。

[3]　杨东：《数据争夺是新一轮国际竞争核心》，《中国金融》2019 年第 15 期。

[4]　杨东：《"共票"：区块链治理新维度》，《东方法学》2019 年第 3 期。

时间戳是指在服务器上为逐个区块加上的时间序列，使用后该区块产生的时间得以记录，由于采用了 Unix（一种操作系统）的时间计数方式，记录的时间一般可精确到秒。① 如此，共票可以与数据嵌合，某一段数据可以被单独标识，在不断使用、交换、再使用、再交换的循环中以单一匹配的共票作为定价工具在公开交易市场中发挥价值发现的功能，进而锁定高价值特殊数据。这是进行数据价值分配的前提准备。②

（二）加快规制数据权属标准和权益属性，为数据要素流通交易和价值创造提供制度保障

在数据利益分享机制中，最为根本的问题在于数据权利内涵并不明晰，带来数据交易成本的急剧攀升。从经典意义上说，产权归属不清一是指财产的所有权人未明确界定，二是指在产权出现分割分离的过程中主体变得不确定，对社会而言模糊的产权将极大地提高谈判成本。数据的可复制性使得数据的排他性依赖于加密等技术手段来保障，这一特点造成数据的流转往往带来相应信息的泄露。只有对权利归属进行明确，才能够建立起明确的权责体系，保护各方的合法权益，推动大数据交易秩序的完善。随着数据越来越有可能成为影响当前社会经济体制的一个要素时，前述矛盾则日益突出。当数据进入数据要素市场进行流转时，就面临严峻的问题：数据属于谁？数据权属的模糊使得个人数据的交易难以进行，成为数据要素市场化发展的桎梏。③

当前，我国以《网络安全法》《数据安全法》《个人信息保护法》为基

---

① 梁伟亮等：《基于 TransEditor 的轻量化人脸生成方法及其应用规范》，《计算机科学》2023 年第 2 期。
② 杨东、梁伟亮：《重塑数据流量入口：元宇宙的发展逻辑与规制路径》，《武汉大学学报（哲学社会科学版）》2023 年第 1 期。
③ 杨东：《数据要素市场化重塑政府治理模式》，《人民论坛》2020 年第 34 期。

础，初步构建了数据治理的法律框架，深圳、上海等市已分别出台《深圳经济特区数据条例》《上海市数据条例》，并展开探索，整体聚焦于数据交易、公共数据开放利用等方面。在此背景下，我国亟须从数据的访问权等方面入手，补齐在数据权属划分、数据权益保护方面的短板。

加速规制数据流通中的权益属性。一是规范数据持有者、使用者等数据要素市场各参与方的合法权利及义务。二是规范数据流通准入原则，严格实施数据全流程合规标准，确保数据来源渠道合理、隐私信息受到保护。三是探索以"用户数据可携带权"为切入点的流通机制和交易模式。四是规范公共部门对私营部门数据的获取、访问，明确监管标准。

1. 构建个人数据可携带权，以此撬动企业之间数据流动

欧盟《一般数据保护条例》为加强个人对数据的控制赋予其数据可携带权，不仅便于个人在其他企业处获得个性化定制服务，同时也能够促进数据共享，推动企业间竞争。数据可携带权的实现需要付出一定成本确立通用的数据传输格式，如果"一刀切"地在整个行业实行，对于规模较小的企业而言合规成本较高，可能仍然导致其处于竞争劣势地位。因此，应当事先调研相关行业的市场集中度情况，依此推行数据可携带原则，促进企业向个人分享数据收益。在技术维度中，通过区块链等技术及理念范式，以科技共识和科技信任承载数据确权需求。目前，区块链线下权益、线上确权和交易已有实践范例。今后可以探索将数据的相关权属和权益标记在区块链上，便利数据利益分享与交易。[1]

我国提出要制定数据资源确权、开放、流通、交易相关制度，完善数据产权保护制度。可见，数据权属问题已然上升到国家战略层面，是国家大数据战略中的关键环节。个人数据由被收集方与收集方共同作用产生，

---

[1] 杨东:《个人数据该归谁所有？对超级平台数据垄断不能无动于衷 | 法宝推荐》，见 https://mp.weixin.qq.com/s/4YMs1DNe1OJuLxO27YFApQ。

个人数据权也应为被收集方与收集方共同所有，且被收集方因数据中蕴含的人身属性而具有较收集方更重要的地位。

被收集方与收集方的共有权利主要发生在数据的使用与转让方面。在被收集方同意收集方对个人数据进行记录与存储并因此实际产生个人数据时，双方均可在合理范围内使用该数据。对于收集方而言，在被授权的范围之外使用被收集者个人数据的行为具有违法性，收集者应负担相应的侵权责任和其他法律责任。在转让方面，则需被收集者与收集者的一致同意，双方亦可通过特殊协议的方式约定转让相关事项。第三方未经两方共同同意而获取相关数据并用于商业目的的行为属于侵权行为，收集方与被收集方都有权诉诸法律，这对于解决此前出现的企业数据之争，如大众点评诉百度不正当竞争案、华为与腾讯的微信数据争夺战等都具有正向意义。[1]

数据在产生上的独特性，以及与之相应的在权属上的特殊性，要求法律在确认被收集者的权利的同时，也应维护收集者合法享有的民事权益，人工智能时代，个人隐私、个人信息保护与数据治理极为迫切，建议从数据生命的全周期出发加强个人数据治理。保障数据安全，发展数据经济。

2. 构建企业数据权利的责任规则

加快明确数据要素的权属标准。一是积极探索推动数据持有权和使用权的"管用分离"，制定可操作性强的标准法规。二是明确非个人数据的概念内涵、共享范围及交易边界，制定公共数据、个人数据、企业数据等数据分类分级标准，针对不同类别、不同级别数据赋予不同使用权限。三是在法律层面规制对非个人数据的盗用、操作违规的惩罚措施。

如果愿意为一项法授权利支付被客观确定的价值，那么可以消灭此项法授权利即为责任规则。而通过自由交易以卖方同意的价格购买法授权利则为财产规则，对应为赋予企业数据权利并开展大数据交易。但是鉴于数

---

[1] 杨东、李子硕：《审慎对待数据垄断》，《中国国情国力》2019 年第 8 期。

据价值难以评估、转让，法律规范不甚明确，逐一谈判大幅提高交易费用，相关交易并不活跃，这也是导致数据封锁相对容易的原因。如果通过额外的国家干预，事先确立公允价值，允许按照责任规则获得数据，将有助于数据自由流转。

公正构建数据权利义务规则。应通过法律机制填补普通民众和平台之间的科技鸿沟，维护公民个人信息相关权利，同时，应当在合理公正的基础上构建企业的数据权利义务体系。鉴于数据价值难以评估、转让的法律规范不甚明确，并且逐一谈判会大幅提高交易费用，因此，相关交易并不活跃，这也是导致数据封锁相对容易的原因。可以通过必要的干预，事先确立公允价值允许按照责任规则获得数据和分享数据价值，这有助于数据自由流转，建构公正的数据利益分享机制。在保证企业经济利益的同时，可以要求其承担更多的个人信息保护和数据安全义务。通过科技维度的补强，国家可以通过区块链等手段实时监控数据利用情况，保证企业数据使用实时记录、不可篡改，从而加强在数据利用中企业的保护责任并强化问责机制。[1]

以反垄断规制数据隐私保护可能在一定程度上限制了数据的流动，反垄断执法机构也不得不考量数据隐私保护与基于大数据、算法技术的产品创新等反垄断法追求的内在价值的关系。数据隐私保护、数据安全与数据流动、共享的紧张关系由来已久，数据的流动与共享存在引起隐私与数据安全风险的可能，但这并不能从根本上否定数据流动与共享的价值，尤其是数字经济背景下数据作为重要生产要素成为经济发展与创新的基础，如何平衡数据安全与流动背后的利益成为关键。[2]

---

[1]　杨东：《完善数据作为生产要素的利益分享机制》，2020 年 5 月 27 日，见 https://mp.weixin.qq.com/s/tDF9c84SXu_vbE47ce0lxg。

[2]　杨东、高清纯：《数据隐私保护反垄断规制必要性研究》，《北京航空航天大学学报（社会科学版）》2021 年第 6 期。

基于区块链技术的共票理论为这一问题的解决提供了指引。作为共票底层技术的具有分布式记账、去中心化、防篡改等特征的区块不应过于依赖反垄断法处理数据隐私保护问题。将数据隐私保护反垄断规制扩大化的观点与实践可能导致反垄断规制的泛化与不当干预，甚至助长"反垄断万能论"的谬误。

第二节　数据要素安全治理之 PDA 范式

目前，我国国内数据安全承受着多方面的风险，既有数字平台对数据、流量的垄断，又有它们对数据的剥削和滥用。数据被认为是数字时代的"石油"，但数据的传播效率远远大于石油，对于数据资源的管控已经不能适用传统工业时代管理有形资产的方式。作为数字经济中独立的、新兴的法律客体，数据安全不仅需要多部法律法规协同保护，更需要回到"平台、数据、算法三维结构"（PDA 范式）并利用基础设施原则、区块链、双维监管进行综合治理。面向元宇宙时代，数据安全治理模式并不存在统一的模式，而是在数据开发利用和数据保护之间展开，以达成三元价值目标融合。

数字经济时代根植于中国大地的原创理论"平台、数据、算法：三维结构"分别从三个维度为完善数据市场化配置改革提供了切实可行的路径。[1] 第一，数字时代的超大型平台具有特殊的公共职能，形成了数字时代的基础设施，应当承担保障数据安全的公共义务。[2] 第二，数据安全作为公共利益的一部分，平台数据既需要进行分类分级管理，也需要利用区块链技术实现溯源和储存。同时，将"以链治链"作为区块链监管的理

---

[1]　杨东、徐信予：《数字经济理论与治理》，中国社会科学出版社 2021 年版，第 2 页。

[2]　徐信予、杨东：《平台政府：数据开放共享的"治理红利"》，《行政管理改革》2021 年第 2 期。

念，提高区块链生态安全监管和治理能力。第三，借助双维监管的理念实现以数据安全为目标的算法治理，即在传统维度的算法可解释性的基础上加上科技监管。同时借助新型算法，可以在重要数据不可见的情况下，完成数据资源便捷式共享。在完善法律法规的基础之上，利用 PDA 范式有利于实现动态且持续的综合治理，如图 12-2 所示。

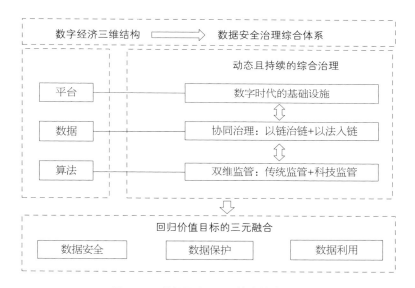

图 12-2　数据要素 PDA 范式综合治理

资料来源：笔者自绘。

一、将超级平台认定为数字时代的新型基础设施

"把权力关进制度的笼子"，数据处理者处理数据的一系列行为应当纳入科学监管体系，在法治轨道上进行平台治理。数字巨头的技术力量过于强大，须采取规制措施以免造成对竞争的损害。[①] 平台的权力在于其既

---

① 杨东、李子硕:《监管技术巨头：技术力量作为市场支配地位认定因素之再审视》，《学术月刊》2021 年第 8 期。

可以通过修改用户授权协议等手段迫使用户共享数据，又可以通过自身的生态系统排斥甚至封杀竞争对手，实行数据垄断。平台治理的关键在于制定一套分配价值、解决纠纷的规则。① 一般来讲，政府管制核心目标是提升公共利益，平台扩张的根本途径是自身利益最大化。当平台自身利益与公共利益发生冲突时，就需要权衡利弊并对平台治理的规则进行完善。元宇宙将成为平台的"平台"，平台治理更需要平衡安全和发展之间的关系。元宇宙的核心是"去中心化"，利用区块链技术构建去中心化自治组织（decentralized autonomous organization）的治理经验可以为元宇宙内部的组织自治提供一定的借鉴。②

数字时代的新型基础设施具有双层含义。一方面类比网络安全法中的关键信息基础设施概念，应当承担与其处理数据重要性相当的数据安全保障义务，参照《网络安全法》第三十五条，由国家网信部门会同国务院有关部门组织的国家安全审查；另一方面类比反垄断法中的必需设施，将对下游数字市场的开放核心业务作为一般原则，实现共享基础上的数据安全。尤其是即时通信平台作为整个数字经济的产业链的上游，在一般原则上应对所有平台承担数据接入的义务。③ 数据安全作为平台拒绝接入的正当理由之一，将受到统一数据安全风险评估，而非由平台自身拟定评估标准。结合《数据安全法》第二十七条，以统一的标准衡量市场主体的风险系数，促进全国统一的数字市场的形成，进一步落实"全国一盘棋政策"。在大数据背景下，用户隐私数据保护作为消费者核心利益之一，应当纳入反垄断法的多元立法目的。④

---

① Geoffrey Parker, Marshall Van Alstyne, "Platform Strategy Survey", *The Palgrave Encyclopedia of Strategic Management*, No.4（2014），pp. 1–14.

② 陈永伟、程华：《元宇宙的经济学：与现实经济的比较》，《财经问题研究》2022 年第 1 期。

③ 杨东、黄尹旭：《超越传统市场力量：超级平台何以垄断？——社交平台的垄断源泉》，《社会科学》2021 年第 9 期。

④ 杨东、高清纯：《数据隐私保护反垄断规制必要性研究》，《北京航空航天大学学报（社会科学版）》2021 年第 12 期。

超级平台作为重要数据处理者，其数据处理的全过程将受到有效监管，从而提高我国数据安全的保障水平，推动政府治理能力和治理体系现代化。政府平台化的趋势也意味着政务数据在确保数据安全的前提下，进一步实现开放共享。平台是数字的基础设施。[①] 如果基础设施对数据享有排他性和支配性的财产权，那么数据要素的流动便会受到阻碍，并且可能刺激数据抓取等技术的滥用。互联网巨头借用网络中立的名义开展免费的信息服务，其本质是为了构建"纵向一体化模式"。[②] 使得原本去中心化的分布式因特网，进入了再中心化的流程，数据、资本、劳动力等生产要素进一步集中。

如果对超级数字平台的基础设施地位进一步附以有限度的数据开放共享义务，那么数据垄断现象将得到有效缓解。平台作为数字经济的核心之一，将数字市场中的不同主体联系在了一起，并且逐步构建成全新的秩序网络。各类的数字平台与政府、各类组织开展多维度的交流合作，在国计民生方面具有举足轻重的意义。在这张庞大的网络之下，平台成为主导者，平台制定的规则主导了平台内部的秩序。然而当这张网越来越大，能容纳的主体越来越多的时候，如何保证平台内部规则的公正合理？针对数据安全这个关键议题，超级平台应当让渡部分权力，将核心业务认定为数字时代的新型基础设施，继而参照《网络安全法》《数据安全法》《反垄断法》等法律法规落实相应的义务。

二、双维监管规范算法黑箱

算法作为自动化决策的核心技术，在数字经济时代获得了海量的应用

---

① Nick Srnicek, *Platform Capitalism*, Cambridge: Polity, 2016, p.50.
② 胡凌：《网络中立在中国》，《文化纵横》2014 年第 5 期。

场景。利用先进的算法有助于解决数据孤岛问题，在不互相共享重要数据的情况下，安全多方计算、联邦学习、可信执行环境等技术有助于实现重要数据的共享，即在终端数据不出本地的情况下实现数据"可用不可见"。然而算法技术利用其黑箱属性，尤其是"大数据杀熟"等算法歧视现象的出现，对用户数据安全造成巨大的风险。

　　基于算法可解释性的监管面临巨大挑战。目前，算法可解释性的合规要求已经成为世界各国智能科技立法的规制基础。[①] 设立算法解释权的目的是在信息处理关系中搭建信任的桥梁，继而在公民与算法之间构建信任。[②] 算法推荐规制需要建立在消费者与平台互相信任的基础之上，而在传统模式下信任关系的建立困难重重。其原因在于政策制定者、立法者和法院仅对人类决策行为有监管约束措施，现有的监管框架无法有效适用于计算机所产生的错误、不公平或者不公正情形。[③] 算法可解释性似乎落入了两难的困境，过度的透明或者不透明似乎都无法满足目前算法规制的需要。对于自动化体系而言，相较于强制披露体系的设计代码，可信的算法约束和执行更有利于增强人们对体系的信任。[④] 但是算法设计的复杂程度的增加导致可解释性越来越难以实现，若要求平台企业公开披露算法可能违反对商业秘密的保护，并且可能削弱算法对网络攻击的防御。[⑤] 简单披露源代码或者技术细节的算法透明可能会影响创新动力。[⑥] 可解释性义务

---

① 张欣：《算法解释权与算法治理路径研究》，《中外法学》2019 年第 6 期。

② 丁晓东：《基于信任的自动化决策：算法解释权的原理反思与制度重构》，《中国法学》2022 年第 1 期。

③ Joshua A. Kroll, et al.,"Accountable Algorithms", *University of Pennsylvania Law Review*, Vol.165, No.3（2017）, pp. 633-705.

④ 杨东：《监管科技：金融科技的监管挑战与维度建构》，《中国社会科学》2018 年第 5 期。

⑤ 唐林垚：《隐私计算的法律规制》，《社会科学》2021 年第 12 期。

⑥ 张凌寒：《风险防范下算法的监管路径研究》，《交大法学》2018 年第 4 期。

需要进一步优化，以满足算法提供者通过更简洁的规则尽可能地预测算法运行原理；让消费者尽可能地了解算法逻辑以满足算法透明度义务。① 基于此，除了算法可解释性，还需要借助敏捷治理手段强化用户与算法决策者之间的信任。

在传统的算法监管模式下，应当加入科技监管手段，构建双维监管体系，以实现数据安全视角下算法科技治理。从社会价值这一参考系出发，算法不能以技术中立之名作恶。针对算法黑箱对数据安全的挑战，算法治理需要回归到科技治理的理论基础。传统的"自上而下"的监管体系将监管者与被监管者对立起来，被监管者往往有逃避监管的诱因，容易出现"一管就死，一放就乱"的局面。在依据科技治理理念所构建的科技驱动型监管模式下，监管者可以借助科技手段及时有效地获得算法逻辑，监管由被动变为主动，监管者与被监管者处于平等获取信息的地位，双方将构建平等的信息共享机制，通过共享形成一个有机的交互系统。因此，监管模式将由监管方单一治理转为利益相关方共同治理，监管扁平化结构将取代过去层级制的监管。在科技治理模式下构建新型的关系，监管者、数字平台、平台内经营者和消费者都是平等的参与主体，从而可以进行开放式的谈话，从监管者的视角了解监管的目标以及从平台的视角观察监管要求。双维监管理论要求从传统监管模式和科技监管模式对算法实行监管，以构建事前、事中、事后的全方位数据安全算法治理。对算法实行科学监管，以填补算法目的与元宇宙价值实现之间的鸿沟。算法需要受到社会伦理价值的规范，并结合社会多方力量实现协同治理。②

---

① 苏宇：《优化算法可解释性及透明度义务之诠释与展开》，《法律科学》2022 年第 1 期。
② 张吉豫：《构建多元共治的算法治理体系》，《法律科学》2022 年第 1 期。

三、完善数据安全体系需要回归数据治理价值目标三元融合

在既有法律法规的基础之上，更需要构建平台数据治理的三元融合，即以数据安全为中心，强调数据保护、数据利用同等重要，以实现隐私保护和数据市场化配置的利益平衡，最终增加社会整体福利，而非仅强调单方面价值。例如，数据抓取问题具有两面性：一方面，该行为客观上促进了数据价值的进一步发掘，为创新商业模式提供了更多的可能性，有利于促进数字经济发展；另一方面，数据抓取行为破坏了数据安全以及隐私保护。数据抓取行为的客体是数据，其作为新兴的法律客体，虽然具有独立的法益，但是绝不能以割裂的视角看待数据抓取问题。数据的物理空间与网络空间的二元论思维是不可取的，应当回归网络本质属性——跨越性。[①] 同样地，PDA 分析范式并不是以割裂的视角看待平台、数据、算法，这三者本质上是你中有我、我中有你的密切关系。具体而言，该范式的综合运用可以从以下四个方面对数据治理目标三元融合贡献价值。

其一，实现平台数据长治久安的前提就是有法可依，即需要健全的数据安全法治体系。数据安全中的数据不限于网络数据，还包括了其他形式的数据；其中的安全应被理解为整体性的、抽象的安全而非具体的安全，与之对应的概念应为风险，而非危险。作为数据安全法治体系重要内容之一的《数据安全法》是以《中华人民共和国宪法》为上位法的"基本法律"之外的一般法律，虽然与《网络安全法》《个人信息保护法》有着各自不同的宗旨和目标，但是数据安全与个人信息保护、网络安全息息相关，其原因在于数据已经融入到了人民群众日常的生产生活当中。在网络信息法治体系中，这三部法律具有基础性作用，构成了数字社会治理与数

---

① 张翼：《网络空间安全立法的双重基础》，《中国社会科学》2021 年第 10 期。

字经济发展的基本法。① 同时《网络安全审查办法》《互联网信息服务算法推荐管理规定》等部门规章的出台，完善了网络空间安全法治化的细节。例如《网络安全审查办法》第二条："关键信息基础设施运营者采购网络产品和服务，网络平台运营者开展数据处理活动，影响或者可能影响国家安全的，应当按照本办法进行网络安全审查。"该规定既确立了网络平台运营者需要承担更高的数据安全保障义务，又体现出数据安全对于平台、国家的重要意义。同样地，《互联网信息服务算法推荐管理规定》第八条："算法推荐服务提供者应当定期审核、评估、验证算法机制机理、模型、数据和应用结果等。"数据驱动型经济下，算法与数据的交互性变得更强了，数据促进算法归纳进程的完善；算法则进一步优化了数据的挖掘和利用。基于此，抛开平台、算法的数据安全，将无法使数据安全回归到具体的应用场景，阻碍了数据安全体系完善的进程。

其二，数据安全治理具有多主体性，需要平衡多方利益。多元共治是智能社会治理的题中应有之义，也是破解"治理赤字"的重要法宝。② 在欧盟的立法模式下，数据被分为个人数据与非个人数据，前者由《一般数据保护条例》（GDPR）保护，而后者由《非个人数据自由流动条例》保护，公共数据纳入基础设施予以保护。然而，个人数据与非个人数据的边界越来越模糊，通过算法分析非个人数据可以获取个人数据。③ 例如，剑桥分析案中 Facebook（现 Meta）虽然根据用户协议不收集用户姓名等个人数据，但是通过算法构建的用户画像仍然可以达到进行精准推送的目的。数据流动与数据安全构成了数据价值的一体两翼。坚持人民主体原

---

① 王利明、丁晓东：《论〈个人信息保护法〉的亮点、特色与适用》，《法学家》2021 年第 6 期。

② 张文显：《构建智能社会的法律秩序》，《东方法学》2020 年第 5 期。

③ Linxin Dai,"A Survey of Cross-Border Data Transfer Regulations through the Lens of the International Trade Law Regime", *NYU J Int'l L & Pol*,Vol. 52（2020）,pp.955-966.

则，应当充分发挥公民在数据安全治理中的主体作用。首先要落实《数据安全法》规定的公民投诉、举报的制度并保护投诉人、举报人的合法权益。其次是鼓励数字平台建立群众对数据安全的自治机制，使公民有更多参与数据安全治理的渠道。公民作为网络空间安全领域的重要权利主体，公民有动力也有能力，可以更好地在政府监管所触及不到的角落发挥监督作用，并且实现网络空间安全治理的即时性与有效性。数据的流通广泛分布于国家、企业与公民个人之间，工业经济时代的物权理论无法对应用于数据安全治理，需要更为多元化、扁平化的治理理论的出现。

其三，打破平台数据垄断，促进数据的共享利用。"默示共谋的数字化卡特尔""大数据杀熟"等行为既破坏了数字市场的竞争生态、损害了消费者利益，又严重危害了数据安全。目前数字平台的数据垄断大有向流量垄断发展的趋势，后者形成的数据锁定效应：第一，外部平台无法获取该平台内的用户数据；第二，该平台处理数据的行为将更加不透明化。该效应阻断了数据流动的渠道，不利于数字市场的创新，也对数据安全体系构成了威胁。更为重要的是，数据垄断、流量垄断的发展模式并不利于做优做强做大数字经济。数字平台之间的屏蔽封杀，限制平台数据的外流或外部产品的接入，严重影响了数字市场的创新发展和商业模式的更迭。互联网头部企业凭借其先发优势，独占用户数据，利用自我优待行为占据数字经济市场的上下游，抹杀了供给端的创新和升级，阻碍了深化供给侧结构性改革的步伐。一方面，封杀行为拖延了消费端产品与服务质量的提升、诱发消费疲倦，影响全面促进消费，形成了经济内循环重大堵点；另一方面，封杀行为也迫使初创企业的产品退出市场，限制了原本"百花齐放"的数字市场，严重挤压了中小微企业的生存空间，阻碍了先富带动后富的进程。目前仅从反垄断法的角度对以上行为进行规制，其相对复杂的分析模式需要消耗大量的司法资源。在数据权属规则还未完善的情况下，三元融合体系从数据安全的角度出发为打破平台的数据垄断提供新思路。

其四，共票理论作为国内原创的数字治理理论，在数据安全、数据保护、数据利用三元价值融合实现的进程中亦有其贡献，并最终让人民群众共享数字红利。结合《个人信息保护法》中提出的数据携带权、个人信息的删除权等权利，共票利用区块链等新型技术实现个人数据上链。去中心化的区块链技术改善了传统的数据结构的风险，也可以赋能数字经济，加速数字市场的培育。利用"以链治链＋以法入链"协同监管理念可以有效避免区块链技术存在的安全风险。由时序交易串接起来的区块链构成信息执行证据的载体，形成数字时代的股票、粮票、钞票，完善数据利益的分配机制。[①] 共票根据贡献数据的价值分配财富，其重要意义在于可以防止社会阶层固化，畅通向上流动通道，给更多人创造致富机会，形成人人参与的发展环境，避免"内卷""躺平"。更为重要的是，数据财富的再分配有助于社会总福利的提升，继而使全体人民朝着共同富裕目标扎实迈进。

第三节　数据要素安全治理之 Regchain 模式

数据要素不同于一般的生产要素，需依赖于大数据、区块链、人工智能等技术展开。故对其的治理机制也应当不同于普通生产要素的监管路径，而区块链本身就是一种监管技术，将其应用到数据要素之中相对较为合适。

一、区块链是通向数字经济的"钥匙"、"通行证"和"基础设施"

从技术角度来说，区块链是一种已有的跨领域、跨学科的技术整

---

① 杨东：《共票：区块链治理新维度》，《东方法学》2019 年第 3 期。

合创新，涉及数学、密码学、计算机科学等多个领域。但是，我们可以简单地将区块链视作一个分布式的数据库或者账本，在这个账本中，每一个节点都是一个中心，且通常情况下每个节点储存所有的信息，仅仅修改一个节点中的数据难以影响其他节点中所存内容。也正因为如此，区块链被称作"创造信任的机器""下一代互联网的基础技术"。即使是节点故障、中央处理器崩溃、全网数据库崩溃，也不会影响其他节点、客户端和全网数据库中信息的完整性。区块链技术可以带来生产关系的变革。首先，它可以实现规则层面的调整与重构，因为它的技术不但在陌生人之间"创造了信任"，甚至可能对规则与法律产生一定的影响。其次，它可以留下准确、真实且不可篡改的数据使用记录。同时，区块链还可以在保障安全性的前提下，尽可能地实现数据共享，从而为人工智能、大数据等需要海量数据支持的新兴技术提供安全保障。从这个角度来讲，区块链是通向数字经济的"钥匙""通行证"和"基础设施"。

二、区块链的运作机理与技术革新

区块链技术最大的问题是治理机构难以改变他们制定的基本规则。区块链可能会运作的类似行业标准，其规则变化是通过集体协商而非公司治理来实现。任何不完善的治理结构最终都会被后人修改。"区块链治理系统"使区块链的运作更像是基于人类的法律或治理机制，但仍留下了传统机构必须填补的空白。

建基于共识机制之上的区块链技术。金融科技通过建构有效的信用体系，以减少信息不对称之弊端，提升交易效率、降低交易成本。当今一种新型技术——分散存储数据和管理信息的区块链技术——有可能导致监管机构的角色减少。由于信息经常容易被篡改和介入，因而需要"去中介化"。在区块链技术出现之前，由中心化的组织来管理商业或国家，既有的基本共识机制主要包括法律、联合国、宗教、血缘、民族等，都是依靠中介化的机制。长久以来，银行通过记账来管理财富的流入流出，从而扮演了中间人角色，促进了商业和贸易的繁荣。随着区块链技术的应用，这些中心化权力组织的作用将会式微。任何数据都可以通过加密形式记录呈现在区块链上，从而使交易直接、快速且匿名，给人们提供了美好的未来愿景：一个更灵活且公正的互动空间，其中只有少量中心化的组织来连接更多的分散主体。因此，区块链技术通过点对点的分布式共识性记账网络解决了该问题，同样是一种共识机制。法律修改的成本较高，宗族血缘权威性不足，区块链则具有成本低、效率高的优势，可以解决陌生空间之间的信任问题，对世界上的个人信息进行定位，实现国与国、不同民族宗教之间的共识。

区块链技术在根本上改变了中介化的信用创造方式。具言之，区块链通过一套基于共识的数学算法，在机器之间建立"信任"网络，借助技术背书实现信用创造。在区块链的算法证明机制之下，参与整个系统的每个节点之间进行数据交换

无须重新建立信任过程，就可以通过点对点网络同步记录的数据，实现数据的分布式共享。共识机制是在组织稀缺资源创造价值及在不同经济主体之间分配价值过程中的作用机理，通过特定的密码学算法，使得参与系统的节点能够对新区块的生成达成共识。

区块链的应用可以有效预防故障与攻击，即使其中某个单一节点出现故障，也不会影响其他节点上信息的完整，从而有助于提升数据的透明性和真实性，降低构建现代信用中心的成本。作为区块链社区的核心制度和组织激励机制，共识机制的核心经济学意义在于降低了交易成本，即区块链通过加密算法、点对点网络以及共识算法等技术，为交易参与者提供了一种可信、可靠、透明的商业处理框架，有益于减少交易的费

用和复杂度。但是，"去中介化"本身就是一个伪命题，因为国家在相当长的一段时间内还不会消失，区块链技术也处于国家的规制之下。区块链可能会改变法律，但是不会改变金融科技的本质，而是一个本质的回归。

区块链技术能够使交易主体系统产生信任，然而，信任本身同样面临不确定性或脆弱性的风险。即使算法技术日臻完善，但区块链同样是由自然人设计、执行与使用的系统，虽然其通过客观的代码来表达，但其中嵌入的主观因素在所难免，区块链易受自利、攻击和操纵行为的影响。构建于区块链技术基础之上的系统，其合法行为范围属于治理问题，而非单纯的计算机科学问题。因此，基于区块链的核心机制是信任，同样需要法律规制。

三、"以链治链 + 以法入链"协同管理区块链数据

数据结构方面的安全治理离不开区块链技术。区块链作为具有防篡改等特性的新兴技术手段，将大幅改进重要数据的共享和储存模式。将区块链应用到核心数据、重要数据储存中，有助于在信息对称的基础上实现信任对称。在传统中心化的数据存储模式中，中央机构系统整体或构件缺失会增加数据丢失或泄露风险，影响数据应用安全性。在具体应用环节，区块链技术不可篡改和安全追溯的特征，也提升了数据安全，为数据实时高质量应用提供可靠保证。相关人员将区块链技术与数据库技术整合应用，分离数据和用户使用权限，能够对个人数据信息进行高效管理，并且实现点对点传输，达到去中心化的目的。区块链系统使用过程中，用户可随时更好访问权限，并且相关操作具有透明、可审计的优势，用户可明确数据具体应用性质，使得数据安全性得到保障。数据安全对于元宇宙中商品的生产、确权、交易等一系列行为具有重要意义。不同于现实世界的有形商

品，元宇宙中的数字商品属于"任何以电子或者其他方式对信息的记录"，故受到《数据安全法》的保护。同时，利用区块链技术可以提升交易的安全性。

"以链治链"的监管模式可以满足链群的安全风险防护需求。互联网跨链技术促使区块链技术向更高维度演进的同时，也暴露了区块链技术的弊端①。具体而言，区块链技术存在安全管控手段匮乏、风险感知预警滞后、企业治理系统高强度负担等挑战。针对区块链数据的攻防博弈仍在持续升级，并衍生出包括粉尘攻击、女巫攻击、双花攻击、自私挖矿攻击等在内的诸多新型安全问题。②针对区块链生态中存在的安全风险和多维监管需求，建立协同监管技术框架、共性安全风险指标体系。在落实数据分类分级管理机制的基础上，开放共享先从政府数据做起，将政务数据上链，然后平台数据和政府数据之间平台不同的这个数据之间的互联互通。例如，德国与法国都在致力于建立政务数据本地云存储服务；俄罗斯、越南等国家在本地建立数据存储服务器以防止国外的数据监控③。

"以法入链"的智能化监管，可以节约监管成本以及提升监管效率。利用 Petri 网等形式化方法构建监管法规的形式化表征机制，并通过智能合约或共识机制映射接入到监管链，生成具有精确性、一致性和完备性的监管合约或协议，实现监管法规的"以法入链"。其本质在于将监管法律法规语言转换为计算机可识别的干代码，并探索监管法规代码化的精确性、一致性和完备性校验机制，为实现区块链安全风险合规监管提供业务

①　袁勇、王飞跃:《区块链理论与方法》，清华大学出版社 2019 年版，第 81 页。

②　李玉等:《基于区块链的去中心化众包技术综述》，《计算机科学》2021 年第 11 期。

③　Andrew D. Mitchell, Jarrod Hepburn, "Don't Fence Me in: Reforming Trade and Investment Law to Better Facilitate Cross-Border Data Transfer", *Yale Journal of Law & Technology*, No.19（2017），pp. 182-237.

支撑。监管法规的形式化合约表达是"以法入链"的重要基础，也是弱信任区块链生态中实现信任构建的合规依据。具体而言，聚焦于监管法规的形式化表达技术，突破形式化监管法规向链上智能合约和共识协议的映射技术，提出监管法规代码化的精确性、一致性和完备性校验方法，并针对典型业务场景中的监管法规实现形式化合约表达。

责任编辑：曹　春

封面设计：汪　莹

图书在版编目（CIP）数据

数据要素教程 / 杨东，白银　著 . — 北京：人民出版社，2024.3

ISBN 978－7－01－026406－6

I.①数…　II.①杨…②白…　III.①数据管理－教材　IV.① TP274

中国国家版本馆 CIP 数据核字（2024）第 054058 号

数据要素教程

SHUJU YAOSU JIAOCHENG

杨 东　白 银　著

人 民 出 版 社 出版发行

（100706　北京市东城区隆福寺街 99 号）

北京汇林印务有限公司印刷　新华书店经销

2024 年 3 月第 1 版　2024 年 3 月北京第 1 次印刷

开本：710 毫米 ×1000 毫米 1/16　印张：22.25

字数：290 千字

ISBN 978－7－01－026406－6　定价：118.00 元

邮购地址 100706　北京市东城区隆福寺街 99 号

人民东方图书销售中心　电话（010）65250042　65289539

中国人民大学交叉科学研究院

习近平总书记指出，要用好学科交叉融合的"催化剂"，加强基础学科培养能力，打破学科专业壁垒，对现有学科专业体系进行调整升级，瞄准科技前沿和关键领域，推进新工科、新医科、新农科、新文科建设，加快培养紧缺人才。中国人民大学交叉科学研究院是学校立足优势学科发展基础，统筹整合校内外优质资源，以推进学科交叉融合与交叉学科孵化建设为核心使命的实体教研机构，是人大全面推进改革创新的"学科特区"和"人才培养特区"。

在人才培养方面，交叉科学研究院积极推动新技术背景下的多学科交叉和跨学科人才培养，进一步打破学科、专业壁垒，打造以人工智能、大数据、区块链为底层架构的"数字社会科学"集群，开展交叉型博士生培养和学科交叉专项博士后项目，并逐步开展复合型本、硕人才培养探索，集中在交叉科学研究院开展学习、科研和实践。在科研成果方面，交叉科学研究院组建跨学科团队，与中国移动、中国光大银行等机构深度合作，目前已经形成《通信运营商助力我国数字经济发展》《数据要素推动国家治理现代化的模式与路径研究》《数据要素在国家治理现代化发展趋势及启示研究》《企业数据资源会计核算实施方案》《商业银行数据要素金融产品与服务研究报告》等多项研究成果。这些研究成果将为我国建立以数据为驱动的国家治理新模式，深化数据要素市场化改革、促进数据要素自主有序流动提供支持和指导。

交叉科学研究院突出人文理工深度交叉融合的核心特色，打造研究水平高、发展潜力大、战略聚焦性强的高水平跨学科团队，加快培养复合型高层次创新人才，促进自然科学与人文社会科学间深度交叉融合，培育新兴交叉学科，推进学科交叉政产学研协同。

中国人民大学元宇宙研究中心

中国人民大学于 2022 年 2 月 27 日成立了全国高校首家元宇宙研究中心。元宇宙概念及其引发的系列问题涉及众多学科，如哲学、理论经济学、应用经济学、法学、社会学、新闻传播学、统计学、公共管理、信息与资源管理、智能科学与技术、区块链等，是中国人民大学元宇宙研究中心开展"数字经济 +"、"人工智能 +"学科交叉和交叉学科建设的重点领域，进一步实现"学科发展极""学术创新源""人才育成地"的关键步骤。

借助元宇宙研究中心，中国人民大学积极推动全国元宇宙技术、元宇宙产业、元宇宙风险防范、元宇宙治理、元宇宙监管与法律、元宇宙文化传播等发展，搭建全国元宇宙领域政产学研合作交流平台。为党和政府科学决策提供智力支持与决策咨询，促进政产学研的深度融合和创新发展。

元宇宙研究中心发挥数据生产要素功能，推出研究报告，出版中英文书籍和发表高质量论文，在中国人民大学开设"元宇宙导论"等国内首批元宇宙课程，并在本科人才培养中设立"区块链与数字经济"荣誉辅修学位，推送组织国内外元宇宙学术活动及行业峰会，承接地方政府及相关部门委托课题。元宇宙研究中心正在与中国光大银行、中国移动、中国石化、阿里巴巴、北京国际大数据交易所、深圳数据交易所等机构开展合作，促进我国元宇宙行业的规范化发展。

中国人民大学区块链研究院

中国人民大学区块链研究院是国内最早成立的人文理工交叉的区块链研究机构。中国人民大学在区块链领域人才培养起步较早。2014年起率先开设"数据竞争理论与案例""区块链与数字货币""元宇宙导论"等10多门本科和硕士区块链与数字经济等相关课程，并设立了全国首个"区块链与数字经济"荣誉辅修学位。团队教学研究成果"国家急需法学交叉人才培养模式探究——以区块链与数字经济为例"获北京市高等教育教学成果一等奖。

团队成员杨东教授率先提出法链、以链治链、共票等7个中英文原创性理论。国内知名财经媒体零壹财经数据显示，中国人民大学在区块链领域的学术论文发表数量居国内首位。据知网年度报告，中国人民大学2021年度在与区块链密切相关的数字经济领域发文114篇，居国内首位。杨东教授有18篇学术成果，位列高产作者TOP10榜首。截至2024年1月，袁勇教授2016年发表的《区块链技术发展现状与展望》已获得4606次引用和近10.4万余次下载，居区块链论文引用数量国内第一。团队主持"加密数字货币监管技术框架研究""区块链环境下海量多模态数据管理关键技术与系统"等国家重点研发计划课题4项，以及工信部课题1项。

研究院多名专家应邀赴中南海国务院办公厅、全国人大、教育部、中央网信办、中国人民银行、国家发展改革委等单位讲授区块链理论与实践，受广东、云南、四川、贵州、重庆等地常委、政法委书记等领导邀请为累计数十万名干部和公务员作区块链专题报告。

2019 年教师节，研究院执行院长杨东教授在人民大会堂受到习近平、李克强、王沪宁等党和国家领导人的亲切接见。

2016 年成立了中国第一个大数据区块链与监管科技实验室，为政府和企业布局区块链战略提供了指导。研究院执行院长杨东教授早在 2014年底把区块链介绍给时任贵阳市委书记陈刚率先在贵阳落地，2015 年开始对青岛、娄底、深圳、重庆、成都等地方政府区块链实践进行了指导推广，并担任四川省、贵阳市、杭州市、深圳市、青岛市、重庆市、娄底市等地方政府的专家顾问或担任课题组负责人。

在研究院指导下，诞生了中国第一个大学生区块链创业公司金股链，该公司在湖南省娄底市不动产区块链信息共享平台建设项目中，发行了全国乃至全球首张不动产区块链电子凭证，目前正在参与北京、重庆、成都等地的区块链系统建设，为区块链场景应用作出贡献。

2022 年 1 月 19 日，联合国环境署发布题为《全球南方可持续能源和气候的区块链：用例和机遇》的报告。报告中区块链案例部分包含基于人大区块链研究院核心概念所建立的区块链应用 ECO2Ledger。ECO2Ledger是人大区块链研究院的一项重大研究成果，由杨东教授带领的林宇阳博士生区块链团队主创，可为全球气候问题提供重要解决方案。

北京数字经济与数字治理法治研究会

为适应新一轮科技革命和产业变革趋势，探索促进数字技术和实体经济深度融合，赋能传统产业转型升级，中国人民大学联合九家单位发起成立北京数字经济与数字治理法治研究会。中国人民大学交叉科学研究院院长杨东教授任会长，研究会秘书处设在中国人民大学。

研究会率先成立了元宇宙专委会、数据要素专委会，并团结全国其他相关组织联合发起全国数字经济与数字治理研究联盟，加深对数字经济发展与法治的专门研究，提供数字经济基础制度建设的学理基础，提高数字经济的创新水平和治理能力，开展法律、经济、科技等跨学科、多维度的交叉科学研究，促进数据要素作用发挥，提升重点领域的数字治理能力，为服务中国式现代化贡献力量。

研究会团结凝聚首都数字经济与数字治理的理论界、实务界、工商企业界和有关各方关心数字经济与数字治理法治理论与实务研究的人士和机构；开展数字经济与数字治理法治理论研究、学术交流和课题研究；为党委、政府、人民法院、人民检察院以及企事业单位提供政策咨询论证服务和法律专业培训；为数字经济与数字治理相关条例、规章制度、政策文件等的制定提供必要支撑；开展数字经济与数字治理等对外学术研讨、交流与合作、承办委托事项；编辑数字经济与数字治理法治理论专业刊物和研究报告；开展数字经济与数字治理发展评估工作；设置鼓励与促进数字经济与数字治理发展的相关奖项；组织开展数字经济与数字治理普及宣传活动等。

自研究会成立以来，发布了《数字经济立法研究报告》《数据要素市场化推进力指数报告》《数据要素市场化推进十大典型案例》《发展数字经济、打造具有国际竞争力的数字产业集群研究》重点研发、社科重大等研究成果。